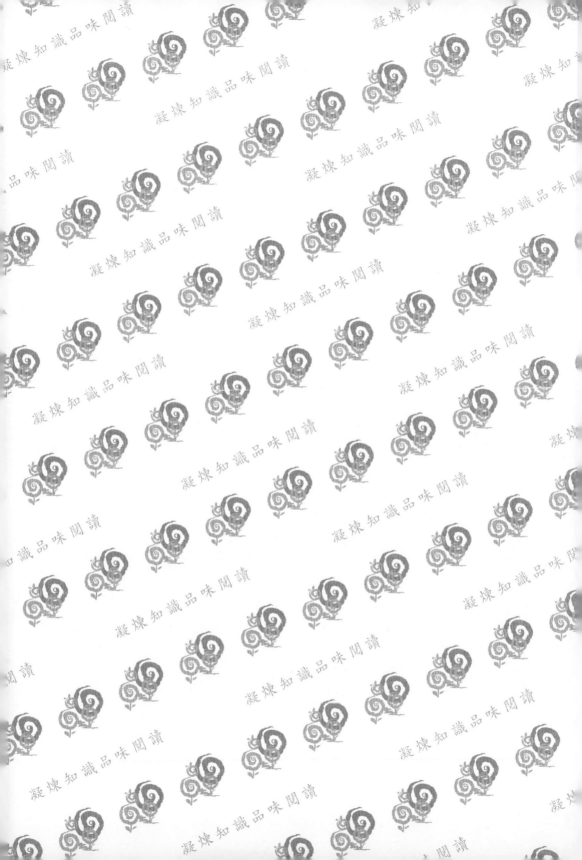

研究&方法

量表編製與統計分析：
使用Python語言

陳新豐　著

五南圖書出版公司 印行

自　序

　　《量表編製與統計分析：使用 Python 語言》這本書共分爲七章，分別是 Python 語言簡介、量表題目分析、量表信度與效度分析、平均數差異考驗、共變數分析、相關與迴歸以及卡方考驗等。全書的結構是以撰寫學位論文中調查與實驗研究法的撰寫流程來加以安排，首先第一章的内容是簡介 Python 語言，並介紹 Visual Studio Code 的視覺化 Python 語言之分析環境。接下來介紹學位論文中研究工具需要進行之測驗與量表分析，包括題目分析與測驗分析，其中的測驗分析則是説明如何進行信度與效度分析。除此之外，在研究工具部分，考量部分的研究會利用驗證性因素分析之測量模型來説明研究工具之建構效度，因此於量表的信度與效度部分增加一節的方式來介紹驗證性因素分析及其實務上之應用。第四章開始即介紹學位論文中探討不同背景變項下平均數是否有所差異的研究目的，包括二個類別變項的 t 考驗以及三個以上類別變項之變異數分析。第五章則是針對實驗研究方法需要以統計方法來排除前測影響的共變數分析。第六章是以探討兩兩變項間的相關及由自變項來預測依變項的迴歸分析。第七章是説明問卷調查中類別變項的卡方考驗。綜括而論，本書介紹免費軟體 Python 語言的 pandas 與相關套件在量化資料分析上的應用，之後即開始從量化資料的各種分析方法中，以理論配合實例分析加以説明，本書中所有的範例資料檔請至五南圖書官網中下載。

　　本書是以實務及理論兼容的方式來介紹量化資料的分析方法，並且各章節均用淺顯易懂的文字與範例來説明量化資料的統計分析策略。透過 Python 程式設計與統計科學相關知能的學習，培養邏輯

思考、系統化思考等運算思維能力。本書期待由範例 Python 程式設計與實作中，可以增進讀者量化分析的應用能力、解決問題能力、團隊合作以及創新思考能力。對於初次接觸量化資料的讀者，運用於研究論文的結果與分析上，一定會有實質上的助益。對於已有相當基礎的量化資料分析者，這本書讀來仍會有許多令人豁然開朗之處。不過圍於個人知識能力有限，必有不少偏失及謬誤之處，願就教於先進學者，若蒙不吝指正，筆者必虛心學習，並於日後補正。

　　本書的完成要感謝的人相當地多，尤其是曾指導過筆者的師長前輩。感謝五南圖書出版公司主編侯家嵐小姐對於本書的諸多協助，並慨允出版本書。

　　最後，要感謝家人讓我有時間在繁忙的研究、教學與服務之餘，還能夠全心地撰寫此書。

陳新豐　謹識

2023 年 03 月於國立屏東大學教育學系

Contents

自 序

Contents

Chapter

01

Python 語言簡介

　　Python，免費（freeware）的套裝軟體，也是一種直譯的程式語言。Python 具有以下幾個特性，首先它是免費的，Python 是以開放原始碼的授權釋出，完全免費；另外它具有開放的架構，Python 具有跨平臺的特性，可在各種平臺上運作，包含 Windows、Macintosh、Linux 等數十種平臺；Python 的使用彈性大，使用者可以自行撰寫適合自己的分析程式。Python 具有互動的特性，可以互動式的一步一步處理，類似早期程式語言中的 BASIC 語言，使用者可以依照每一步的結果而決定下一步該如何處理。綜合而之，Python 程式語言包括 (1) 簡單且易於學習；(2) 完全採用物件導向；(3) 具有豐富的擴充模組；(4) 免費的開發環境；(5) 跨多平臺的特性，本書即是利用 Python 程式語言的特色來介紹如何進行量表編製分析與論文統計分析。

　　以下為本章使用的 Python 套件：

1. pandas

2. os

3. openyxl

4. pyreadstat

5. numpy

壹、Python 的安裝與使用介面

　　以下將依 Python 的安裝與操作、套件的安裝等部分，說明如下：

一、Python 的安裝與操作

　　Python 常見的開發環境，主要有官方的整合式發展與學習環境（Integrated Development and Learning Environment, IDLE）、PyCharm、WinPython 與 Anaconda 等，上述四者都是安裝在本地端的 Python 開發環境，另外也可以安裝一些軟體開發環境的編輯器再套入 Python 的擴增模組，例如：Visual Studio

Code，除此之外，Python 另外還有許多雲端開發環境，利用雲端開發環境，只需要利用瀏覽器連上該雲端開發環境，不管是寫程式、執行程式、程式除錯，都能直接在雲端的開發環境中來加以進行，另外亦可將寫好的程式碼下載到本地端的硬碟來加以儲存，或者將程式碼上傳至雲端開發環境中，以下將介紹 Python IDLE 與 Microsoft Visual Studio Code 等二種本地端的開發環境之安裝設定，以及 PythonAnywhere、TutorialsPoint、Replit、Colaboratory 等四種雲端開發環境。

（一）Python 的取得與安裝

安裝 Python 之前，先連線到官方網站（https://www.python.org/），如下圖所示。

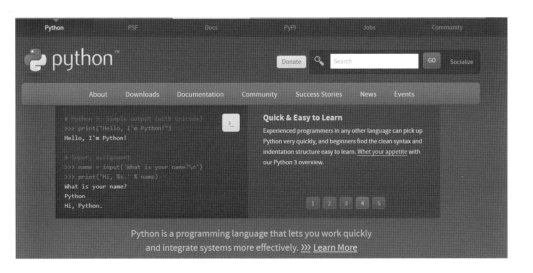

點選 Downloads 的標籤，即會出現各種平臺（Windows、Mac OS X、Linux/UNIX 等）的下載連結，若是 Windows 的作業平臺則可以直接點選較新釋放的軟體 Python 3.10.7 來下載，假設是要安裝 Python 3 即可直接點選 Python 3.10.7，即會出現下載的視窗。

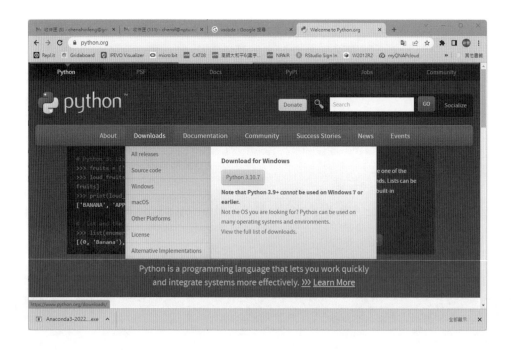

出現下載的視窗後，選擇下載的目錄位置，如下圖所示。

　　下載完成後，開啟下載的目錄位置，滑鼠連點兩下開啟安裝程式（python-3.10.7-amd64.exe）後，即會出現安裝的畫面，目前大部分電腦所安裝的作業系統都是 64 位元，但若是使用者的電腦是安裝 32 位元，則建議使用者可以在下載的畫面中點選「Windows」選擇 32 位元或其他型式的安裝軟體，如下圖所示。

Python ≫ Downloads ≫ Windows

Python Releases for Windows

- Latest Python 3 Release - Python 3.10.7
- Latest Python 2 Release - Python 2.7.18

Stable Releases

- Python 3.7.14 - Sept. 6, 2022

  Note that Python 3.7.14 *cannot* **be used on Windows XP or earlier.**

  - No files for this release.
- Python 3.8.14 - Sept. 6, 2022

  Note that Python 3.8.14 *cannot* **be used on Windows XP or earlier.**

  - No files for this release.
- Python 3.9.14 - Sept. 6, 2022

  Note that Python 3.9.14 *cannot* **be used on Windows 7 or earlier.**

  - No files for this release.
- Python 3.10.7 - Sept. 6, 2022

  Note that Python 3.10.7 *cannot* **be used on Windows 7 or earlier.**

  - Download Windows embeddable package (32-bit)
  - Download Windows embeddable package (64-bit)
  - Download Windows help file
  - Download Windows installer (32-bit)
  - Download Windows installer (64-bit)
- Python 3.10.6 - Aug. 2, 2022

Pre-releases

- Python 3.11.0rc1 - Aug. 8, 2022
  - Download Windows embeddable package (32-bit)
  - Download Windows embeddable package (64-bit)
  - Download Windows embeddable package (ARM64)
  - Download Windows installer (32-bit)
  - Download Windows installer (64-bit)
  - Download Windows installer (ARM64)
- Python 3.11.0b5 - July 26, 2022
  - Download Windows embeddable package (32-bit)
  - Download Windows embeddable package (64-bit)
  - Download Windows embeddable package (ARM64)
  - Download Windows installer (32-bit)
  - Download Windows installer (64-bit)
  - Download Windows installer (ARM64)
- Python 3.11.0b4 - July 11, 2022
  - Download Windows embeddable package (32-bit)
  - Download Windows embeddable package (64-bit)
  - Download Windows embeddable package (ARM64)
  - Download Windows installer (32-bit)

　　本範例是下載「Windows installer(64-bit)」Python 3.10.7 64 位元的可執行的安裝檔，另外還有其他種安裝程式可依使用者個別需求選擇適當的安裝檔案。下載完成後，開啟下載的目錄位置，滑鼠連點兩下開啟安裝 64 位元的程式（python-3.10.7-amd64.exe）後，即會出現安裝的畫面，如下圖所示。

上圖安裝的畫面中，可以直接點選「Install Now」直接安裝，或者是點選「Customize installation」自訂安裝，本範例是點選自訂安裝，出現畫面如下圖所示。

　　上圖是自訂安裝的畫面，選項包括文件檔、安裝套件的程式、IDLE 的發展環境、測試標準資源測試套件、Python 啟動器以及選擇是否可供所有人使用的環境等，內定「Install for all users」選項並未被勾選，建議勾選以利若此電腦有多個使用者帳戶時仍可使用，如下圖所示。

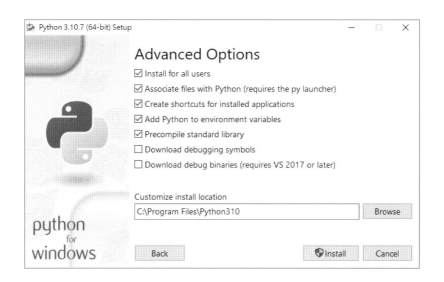

　　進階選項中，包括許多讓安裝程式時有更多的選擇，另外若要選擇安裝目錄即可以點選「Browse」的按鈕，選擇安裝目錄，本範例是選擇內定讓所有使用者帳戶使用時的安裝目錄 C:\Program Files\Python310。若安裝時是選擇「Install Now」的選項時，或者是「Install for all users」採用內定選項未勾選時，Windows 作業系統下的預設安裝位置為 C:\Users\[UserName]\AppData\Local\Programs\Python\Python310，其中 [UserName] 是登入 Windows 作業系統的使用者名稱，310 則是 Python 的版本編號，因為本書撰寫時的最新版本是 Python 3.10.7，所以範例所安裝的版本編號即為 310。點選「Install」按鈕後即會開始安裝，安裝過程如下圖所示。

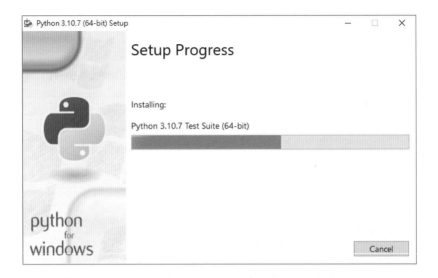

下圖則為安裝完成的畫面，請按「Close」關閉安裝程式。

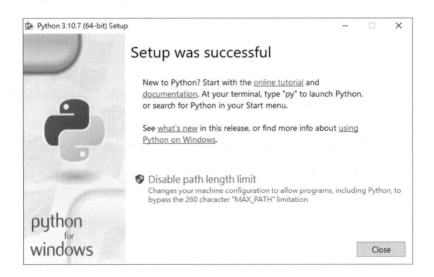

（二）Python 命令行介面的操作

1. 執行 Python 直譯程式

安裝完 Python 後，點選開始→ Python 3.10 → Python 3.10(64-bit)，即會啟動 Python 直譯程式，畫面如下所示，>>> 為 Python 的作業提示符號，表示 Python 直譯程式已經準備好要接受 Python 程式，若輸入 print("Welcome") 後，再按 Enter，即會發現直譯程式會立刻執行該敘述並且出現執行結果。

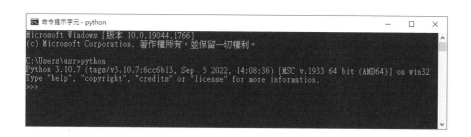

上圖中，第一行是 Python 直譯程式與作業系統的資訊，如上圖所示，所執行的版本是 Python 3.10.7；第二行則是說明輸入 help、copyright、credits、license 則可以取得更多的資訊；第三行則是執行 print("Welcome") 的指令，第四行則是指令執行的結果。若要結束 Python 直譯程式，於提示符號後輸入 exit()，再按 Enter 後即會結束。

2. 執行 Python 的 IDLE 程式

Python 的執行，除了直譯程式外，Python 官方所提供的整合開發環境（IDLE）更適合用來發展 Python 程式，Python IDLE 具有 100% 使用 Python 開發、所有平臺操作方式皆相同、具有多重文字編輯視窗以及內建偵錯器等特點，以下即說明 Python IDLE 程式，如下所示。

安裝完 Python 後，點選開始→ Python 3.10 → IDLE (Python 3.10print 64-bit)，即會出現 Python IDLE 的視窗畫面，如下圖所示，在提示符號>>>之後輸入指令即會如直譯程式般執行所輸入的指令，這種互動模式雖然方便，可以立刻看

到所執行的結果，這些在提示符號後所輸入的指令並無法儲存，也無法撰寫較複雜的指令程式碼，此時若利用腳本模式（script mode），先建立 Python 的程式碼檔案，然後再執行即可避免無法撰寫較複雜指令程式的情形。

上圖是 Python IDLE 互動模式的畫面，若要開啟腳本模式請點選 File 功能表中的 New File，即會出現文字編輯視窗，並可以在編輯視窗中輸入程式指令，以本範例為例，即輸入如下圖的三行指令。

程式碼輸入完成之後需要加以存檔才能執行，此時請點選 File → Save，然後將檔案存檔，請注意 Python 檔案的副檔名為 .py。存檔完成後點選功能表中的 Run → Run Module，或直接按 F5 鍵即可執行 Python 的程式檔案，此時 Python Shell 視窗即會出現執行結果，如下圖所示。

上圖中的 3 即為程式碼執行的輸出結果。利用 Python IDLE 的腳本模式所輸入的程式碼之編碼方式為 UTF-8，它是純文字檔，所以其實可以利用任何習慣的文字編輯器來加以編輯程式碼，例如：記事本、VIM、NotePad++ 等，存檔時需要特別注意要將檔案的編碼方式選擇 UTF-8，再利用前述 Python 的直譯程式即可執行 Python 的程式，如下圖所示。

二、Python 視窗介面軟體的安裝

Python 語言擁有許多專屬的整合開發環境，本書推薦使用 Visual Studio Code，後續書中的範例皆是以 Visual Studio Code 來加以執行，並且在 WinPython、Anaconda、Spyer、Jupter 等 Python 的 IDE 程式環境下亦皆可正常執行，以下即介紹 Visual Studio Code 的下載與安裝等說明如下。

（一）Visual Studio Code **的安裝**

Visual Studio Code 是目前相當受到程式撰寫者歡迎的編輯器，它是由微軟開發，並同時支援 Windows 、Linux 和 Mac OS 等作業系統的「免費」程式碼編輯器，支援偵錯，內建了 Git 版本控制功能，同時也具有開發環境功能，例如：代碼補全（類似於 IntelliSense）、代碼片段和代碼重構等。尤其是其中有許多支援的程式套件，對於程式開發者有非常大的幫忙，對於 Python 語言也是有相關的套件支援，以下即介紹如何下載、安裝並建置 Python 語言的程式開發環境。

1. 下載並安裝 Visual Studio Code

安裝 Visual Studio Code 之前需要先前往 https://code.visualstudio.com/ 下載安裝程式，首頁如下圖所示。

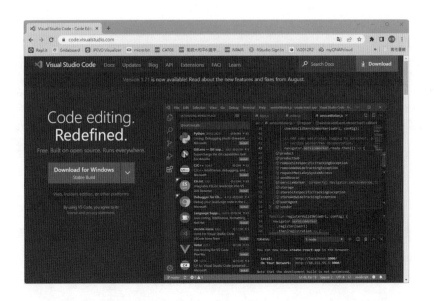

上圖為 Visual Studio Code 的首頁，點選「Download for Windows」即可下載安裝 Windows 作業系統中最新穩定版本的 Visual Studio Code 的軟體，撰寫此書時，Visual Studio Code 的最新版本是 1.71.0，請將安裝檔案下載至安裝目錄，如下圖所示。

　　點選所下載的 VSCodeUserSetup-x64-1.71.0.exe 安裝檔之後即可安裝，以下
為 Visual Studio Code 安裝精靈的第一個畫面，如下圖所示。

　　請點選「我同意」Microsoft 軟體授權條款後，再點選「下一步」後即開始
選擇 Visual Studio Code 安裝的目的資料夾，如下圖所示。

　　若使用者需要將 Visual Studio Code 安裝在其他目錄時，請點選「瀏覽」後選擇安裝目錄，否則點選「下一步」的按鈕，選擇開始功能表的資料夾，安裝內定為在開始功能表中建立資料夾。若使用者不需要可以點選不要建立，選擇完成後，開始選擇安裝 Visual Studio Code 的附加工作，如下圖所示。

　　安裝 Visual Studio Code 的附加工作中，建議點選「建立桌面圖示」，以利日後執行時可以在桌面點選即可開啟 Visual Studio Code，選擇完成後請再點選「下一步」按鈕至檢視安裝 Visual Studio Code 的選項內容，如下圖所示。

　　檢視時，若需要再修正，請點選「上一步」後修改，否則請點選「安裝」的按鈕後開始進行 Visual Studio Code 的安裝，如下圖所示。

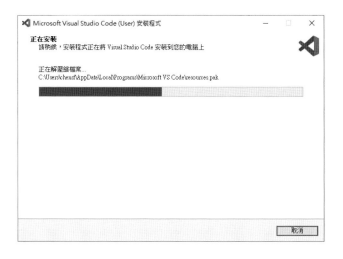

上圖為 Visual Studio Code 安裝的進度，若要取消可以在安裝進度未完成前點選「取消」按鈕來取消安裝，否則安裝進度完成後即會出現「安裝完成」的畫面，如下圖所示。

上圖為完成 Visual Studio Code 的安裝畫面，點選「完成」的按鈕後即會啟動 Visual Studio Code 的軟體畫面。若使用者不想安裝完成之後即直接啟動，可以將啟動 Visual Studio Code 的選項取消。

2. 設定 Visual Studio Code 的自訂項目

安裝 Visual Studio Code 的色彩布景主題內定為深色系列，Visual Studio Code 安裝後首次啟動的畫面中即可自訂項目，如布景主題選為淺色系列，如下圖所示。

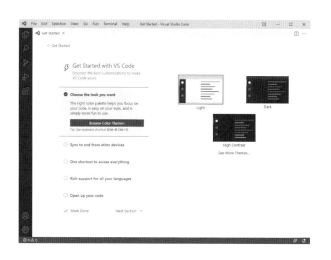

　　日後若需要更換色彩布景主題，亦可點選「檔案（File）」→「喜好設定（Preferences）」→「色彩布景主題（Color Theme）」後更改，選擇外觀選項後，點選下一個選項「Next Section」，可進行編輯功能的設定，如下圖所示。

完成後，若不想繼續設定可以點選標記完成「Mark Done」離開設定，或者繼續設定選擇如何利用螢幕空間來並排、垂直和水平開啟檔案，如下圖所示。

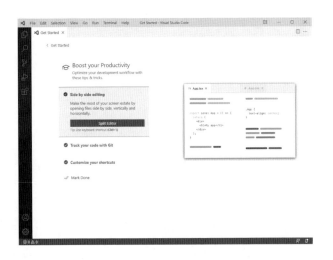

使用者完成設定後即可點選標記完成「Make Done」，完成點選設定，當然上述的選擇都可以日後再加以調整，點選標記完成後即會出現 Visual Studio Code 的首頁，如下圖所示。

3. 安裝 Visual Studio Code 的 Python 語言套件

Visual Studio Code 內定並無開發 Python 語言的模組套件，開發 Python 語言時，建議至少安裝「Python 語言」模組套件，說明如下。

首先請在 Visual Studio Code 的編輯畫面中，選擇「延伸模組」的按鈕，如下圖所示。

請搜尋 Python 語言模組套件「Python」並安裝，如下圖所示。

　　此時請點選畫面中 Python 語言模組套件中的安裝「Install」，即可將此模組安裝至 Visual Studio Code 的編輯環境中，如下圖所示。

　　在 Visual Studio Code 中開始執行 Python 的程式編寫前，請先確認 Python 是否已經完成安裝，若沒有的話，使用者可以選擇安裝 Python 的編譯器，如上圖中的第一個選項後並安裝，因本書於第 2 頁 Python 的安裝與操作一節中已經介紹並完成 Python3.10.7 的安裝，所以請選擇「Select a Python Interpreter」，如下圖所示。

選擇建議的 Python 編輯器之後即可開始在 Visual Studio Code 的環境中執行
Python 程式的撰寫工作，以下即是在 Visual Studio Code 的編輯環境中，建立一
個文字檔 demo1.py，並輸入 print("welcome to python") 的一行 Python 指令，點
選執行「Run」功能後所呈現的執行結果。

Visual Studio Code 提供各國的語言套件可供使用者使用，安裝 Visual Studio Code 之後，會出現安裝語言套件以將顯示語言變更爲中文（繁體）的選項，使用者只要點選安裝並重新啓動的按鈕，Visual Studio Code 的使用介面即會轉換爲中文繁體的介面，如下圖所示。

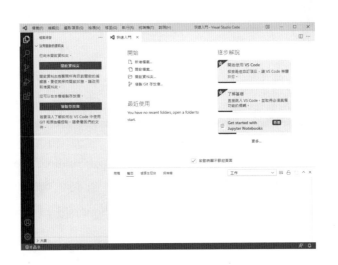

若日後需要再更換顯示的語系，可以直接按下「Ctrl+Shift+P」鍵，即會出現輸入設定的命令視窗，此時輸入「Configure Display Language」並選取設定命令，再選擇所要顯示的語系即可修改 Visual Studio Code 編輯環境的顯示語系。

以上的說明即完整地介紹 Visual Studio Code 的下載、安裝、環境設定、Python 語言相關套件的安裝與設定、執行。

4. 執行 Visual Studio Code 的 Python 相關套件

以下即說明如何在 Visual Studio Code 的編輯環境中，安裝 Python 模組的相關套件後，如何執行 Python 語言。首先請點選「開啓資料夾」，如下圖所示。

　　本範例在硬碟 D 槽中新增「DATA」的目錄，並且開啟為 Python 的資料夾，如下圖所示。

　　請點選「新增檔案」，如下圖所示。

新增「ex01.py」的 Python 檔名後，即可以開始編輯 Python 語言，如下圖所示。

舉以下範例為例，請輸入 Python 語言程式，例如：「print("welcome to Python language")」，如下圖所示。

請選擇「檔案」→「儲存檔案」，如下圖所示。

此時請在 Python 語言程式碼中，點選滑鼠右鍵，並選擇「Run Code」，或者是直接輸入「Ctrl+Alt+N」，即可利用「Code Runner」模組套件來執行 Python 語言，如下圖所示。

　　此時即會在編輯環境的輸出視窗中，出現「welcome to Python language」的程式執行結果。

　　另外一種執行方式可以在 Python 語言的程式碼中，輸入「Ctrl+Enter」即會逐行執行，如下圖所示。

上述的互動執行視窗亦可輸入「Ctrl+Shift+S」，會出現相同的結果。

以上的說明即完整地介紹 Visual Studio Code 的下載、安裝、環境設定、Python 語言相關套件的安裝與設定、執行。

三、Python 雲端開發環境

以下將介紹 PythonAnywhere、TutorialsPoint、repl.it、Colaboratory 等四種 Python 雲端開發環境。

（一）PythonAnywhere

PythonAnywhere 是 Python 的雲端開發環境，可從 Python 的官方網站中（http://www.python.org/）登入，Python 官方網站中的首頁即有連結可以執行 Python 的互動模式（Launch Interactive Shell），如下圖所示。

　　點選上圖的「Launch Interactive Shell」之後即會出現 Python 的提示符號，此時即可進行雲端的 Python 互動模式，如下圖所示。

　　上圖 Python 的雲端執行環境中，只要在命令提示符號（>>>）後，輸入 Python 的指令，即可執行。上圖中即輸入「print("welcome")」後，再輸入 Enter，所出現的「welcome」即為執行結果。

　　上圖的右下角有 PythonAnywhere 的連結，點選之後即會進入 Python Anywhere 的網站，使用者亦可以直接於瀏覽器輸入 https://www.pythonanywhere. com/ 來登入 PythonAnywhere，網站首頁如下圖所示。

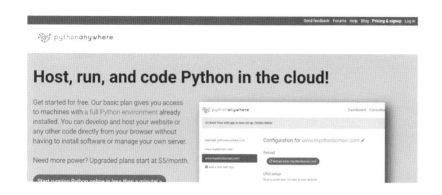

　　PythonAnywhere 這個網站可以讓使用者直接在雲端執行 Python，使用者註冊之後即可免費使用 Python，但是免費版本功能稍有侷限，每天只能執行 100 秒的 Python 程式，但若要更完整的功能，可以選擇付費版本，以下為註冊之後每次登入 PythonAnywhere 網站的畫面。

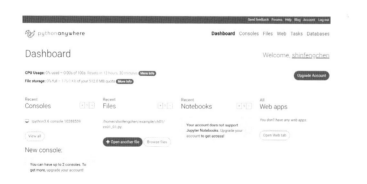

　　PythonAnywhere 可以選擇開啟各種 Python 版本的 Console，進入 Console 執行 Python 程式，而免費版本限制同時只能開啟兩個 Console。

　　檔案管理中，可以線上編輯 Python 的程式碼檔案，也可以自行上傳已寫好的 Python 檔案。PythonAnywhere 也提供 Web Hosting 的功能，可以託管用 Python 寫的網頁程式，免費版本只能開一個 Web App，也不能自訂網域名稱。

PythonAnywhere 也具有排程（Scheduler）的功能，可執行批次程式，免費版本每天有 100 秒的執行時間限制。另外，PythonAnywhere 提供後端資料庫的平臺，免費版本只能使用 MySQL，Postgres 是付費版本才有。

（二）TutorialsPoint

TutorialsPoint 針對 C、C++、Java、Python、R、C#……語言都提供支援，讓程式設計者可以在線上編寫程式碼、執行程式碼、除錯、或下載原始碼。開啟瀏覽器後在網址列輸入 https://www.tutorialspoint.com/codingground.htm 即可進入 TutorialsPoint 的雲端程式設計首頁，如下圖所示。

網頁往下拉選至 Online Compilers and Interpreters 即可出現 TutorialsPoint 雲端所提供的語言介面，如下圖所示。

點選 Python 3 圖示即會出現雲端程式設計介面，如下圖所示。

　　TutorialsPoint 的內容豐富，介面華麗，針對已經有經驗的程式設計師，可以嘗試使用 TutorialsPoint 來進行 Python 的程式設計。

（三）Replit

　　Replit 是另外一種可在雲端執行 Python 程式的開發環境，Replit 的語言程式

雲端開發環境網址為 https://replit.com/templates，下圖為 Replit 的首頁，可以在首頁選擇所要使用的語言。

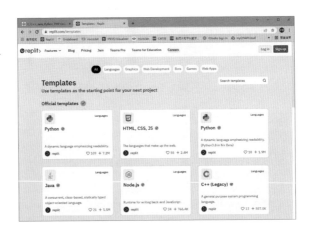

點選語言中 Python 之後即會出現 Python 的互動式畫面，此時若沒有登入帳號時，則會要求登入線上系統，如下圖。

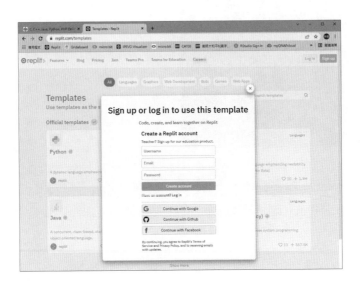

　　若是首次登入則可以選擇創建一個新帳號或者是使用 Google、GitHub、Facebook 的帳號登入，登入後即會進入 Python 線上程式編寫的畫面，如下圖。

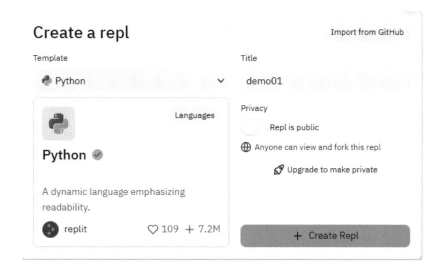

　　編寫 Python 程式開始，要求輸入程式的標題，輸入如上圖，本範例輸入 demo01，完成後輸入 Create Repl 後即會進入如下的編輯畫面。

上圖中的左半部為程式碼輸入的區域，圖中輸入 4 行程式碼，輸入完成之後點選執行按鍵，即會將程式執行結果呈現在右半部的區塊中。

Replit 的介面雖然樸素，但簡單大方，程式設計該有的功能大部分都有，是非常建議初次接觸程式設計的使用者入門使用。

（四）Colaboratory

Colaboratory 是 Google 所發展一種可在雲端執行 Python 程式的開發環境，Colaboratory 的語言程式雲端開發環境網址為 https://colab.research.google.com/。Google Colaboratory 是 Google 的一個研究專案，主要目的是想要幫助機器學習和教育的推廣，它提供 Jupyter Notebook 服務的雲端環境，無需額外的設定就可以撰寫 Python 與執行，現在還提供免費的 GPU。另外 Google Colaboratory 預裝了一些做機器學習常用的套件，像是 TensorFlow、scikit-learn、pandas，讓使用者可以直接使用，使用者也可以安裝個人需要的套件，下圖為 Colaboratory 的首頁。

　　使用 Colaboratory 的第一步是登入 Google Colaboratory，登入時需要輸入 Google 帳號，輸入 https://colab.research.google.com/ 登入後即會出現 Colaboratory 的初始頁面，之後輸入檔名，選擇右下角的「新建 PYTHON3 筆記本」即可開始編輯 Python 程式。如果使用者對於使用 Jupyter Notebook 熟悉的話，基本上 Colaboratory 的操作是完全一樣的。

　　雖然 Google Colaboratory 已經預裝許多實用的套件，但是若使用者需要使用的套件沒有安裝者，使用者可以利用 pip 來進行安裝，只要將下述的指令在 jupyter notebook 輸入執行，即可順利安裝個人需要的套件。

```
!pip install <your-package>
```

四、Python 的輔助文件

　　Python 軟體中的每個函式程式套件都有相對應的輔助文件，使用 Python 的過程中，可隨時查看輔助說明檔，例如：想要了解「pandas」套件的功能及其使用方法，可以使用「help()」來查詢 pandas 套件，如下所示。

```
PS C:\Users\chensf> python
Python 3.9.2 (tags/v3.9.2:1a79785, Feb 19 2021, 13:44:55) [MSC v.1928 64 bit
(AMD64)] on win32
Type "help", "copyright", "credits" or "license" for more information.
>>> help()
Welcome to Python 3.9's help utility!
If this is your first time using Python, you should definitely check outthe
tutorial on the Internet at https://docs.python.org/3.9/tutorial/.
Enter the name of any module, keyword, or topic to get help on writingPython
programs and using Python modules.  To quit this help utility andreturn to the
interpreter, just type "quit".
To get a list of available modules, keywords, symbols, or topics, type"modules",
"keywords", "symbols", or "topics".  Each module also comeswith a one-line summary
of what it does; to list the modules whose nameor summary contain a given string
such as "spam", type "modules spam".
help>
```

　　此時若輸入要查看「pandas」套件的輔助說明檔，只要輸入 pandas 時，Python 就會輸出 pandas 套件的具體說明，包括套件的說明、使用語法、參數設定以及參考文獻資料，最後一般都會出現簡單的範例讓使用者可以操作。因此使用 Python 時若有不清楚的函式，可以利用 help() 來得到即時的解答。

```
Help on package pandas:
NAME
    pandas
DESCRIPTION
    pandas - a powerful data analysis and manipulation library for Python
    ================================================================
    **pandas** is a Python package providing fast, flexible, and expressive data
    structures designed to make working with "relational" or "labeled" data both
    easy and intuitive. It aims to be the fundamental high-level building block for
    doing practical, **real world** data analysis in Python. Additionally, it has
    the broader goal of becoming **the most powerful and flexible open source data
    analysis / manipulation tool available in any language**. It is already well on
    its way toward this goal.
    Main Features
    -------------

    Here are just a few of the things that pandas does well:

      - Easy handling of missing data in floating point as well as non-floating
        point data.
      - Size mutability: columns can be inserted and deleted from DataFrame and
        higher dimensional objects
      - Automatic and explicit data alignment: objects can be explicitly aligned
        to a set of labels, or the user can simply ignore the labels and let
        `Series`, `DataFrame`, etc. automatically align the data for you in
        computations.
-- More --
```

　　若要離開 Python 的輔助說明系統，只要輸入 Ctrl-C 即可終止輔助說明系統。

五、套件的安裝

　　Python 除了其本身核心所提供的運算功能之外，還有非常大量的附加套件（packages）可以使用。這些套件是由來自於世界各地的開發者所開發的，不僅為數眾多、功能也相當豐富，因此對於 Python 的使用者而言，安裝與使用這些套件是非常重要的技能。

一個模組簡單來說就是一個 Python 檔案，而在模組中會出現的不外乎就是運算、函式與類別了。模組就是一個檔案，而套件就是一個目錄，假若一個擁有 __init__.py 檔案的目錄就會被 Python 視為一個套件，一個套件裡面收集了若干相關的模組或是套件，簡單來說套件就是個模組庫、函式庫，以下將說明如何匯入模組或者是套件。

（一）import 模組或套件

當程式設計者要使用模組所提供的功能時，必須使用 import 命令來進行匯入的工作，語法如下所示。

```
import 模組名稱
```

以 Python 內建的 calendar 模組為例，其檔名為 calendar.py，只要使用 import 命令即可匯入此模組，並且可以呼叫其中的函式，如下所示。

```
1.    import calendar
2.    print(calendar.month(2022,10))
```

[執行結果]

```
     October 2022
Mo Tu We Th Fr Sa Su
                1  2
 3  4  5  6  7  8  9
10 11 12 13 14 15 16
17 18 19 20 21 22 23
24 25 26 27 28 29 30
31
```

　　若要查看模組的路徑與檔名，可以透過模組的「__file__」屬性來查看，例如：上述 calendar 模組的路徑及檔名可以由下列程式碼來查看，如下所示。

```
import calendar
print(calendar.__file__)
```

[執行結果]

```
c:\Users\chensf\AppData\Local\Programs\Python\Python310\lib\calendar.py
```

　　上述即為 calendar 模組的檔案路徑及檔名。

　　套件與模組相較，套件即是存放了數個模組的資料夾，套件的匯入亦是利用 import 命令。以下以 Python 內建的 tkinter 套件為例，說明如何匯入套件供程式設計者使用。

[程式碼]

```
1.      import tkinter
2.      win = tkinter.Tk()
3.      win.geometry("200x100")
4.      win.title("Main")
5.      win.maxsize(300,200)
6.      win.mainloop()
```

　　上述的程式碼中即是匯入 Python 內建的 tkinter 套件，通常套件中會存在許多函式可供程式設計者使用，而這些函式的使用語法如下所示。

```
套件名稱.函式名稱
```

例如：上述程式碼中的第 2 行即是呼叫 tkinter 中的 Tk() 函式，所以要使用 tkinter 中的 Tk() 函式即可輸入 tkinter.Tk() 來使用。但是每次使用套件的函式時皆要輸入套件名稱非常麻煩，而有些套件的名稱又非常地長，更會造成輸入上的困擾，也直接或間接地增加程式錯誤的機會，因此可以利用 import 的另一種語法來避免如此的困擾，語法如下所示。

from 套件名稱 import *

若以此種方法來匯入套件，使用套件函式即不用再輸入套件的名稱，直接輸入函式即可，例如：上述匯入 tkinter 套件為例。

```
from tkinter import *
win = Tk()
```

此種方式雖然方便，但是卻隱藏著極大的風險，亦即每一個套件都會有許多的函式，若兩個套件具有相同名稱的函式，由於未標明套件名稱，使用函式時可能會造成錯誤，所以為了兼顧便利性與安全性，可以利用 import 的另外一種語法，如下所示。

from 套件名稱 import 函式 1, 函式 2, ...

上述的語法即可指定匯入的函式名稱，避免函式重複造成錯誤的情形，或者亦可以利用另外一種將套件名稱取一個簡短別名的語法，如下所示。

import 套件名稱 as 別名

例如：使用 pandas 套件，如下所示。

```
import pandas as pd
pdata = pd.read_csv("CH01_1.csv")
r.Tk()
```

（二）安裝套件

Python 中除了官方內建的程式庫之外，還有大量的第三方套件來支援，這使得程式設計者可使用眾人的心血結晶來協助順利完成任務，以下即是一些常見的第三方套件的介紹。

Django、Pyramid、Web2py、Flask：上述的套件可以利用來快速開發網站。

numpy：陣列與科學計算，例如：矩陣運算、傅立葉轉換、線性代數等。

SciPy：科學計算，例如：最佳化、線性代數、積分、微分、特殊函式、傅立葉轉換、圖像處理等。

Matplotlib：2D 圖形工具，可以利用來繪製長條圖、折線圖、數學函式等圖形。

pandas：數值處理與資料分析。

BeautifulSoup：用來解構並擷取網頁資訊的函式套件。

Pillow：圖形處理。

PyGame：多媒體與遊戲軟體開發。

隨著 Python 使用者日益增多，網路上也出現愈來愈多的第三方套件，而如何找到適當的套件呢？建議可以使用 PyPI 網站，PyPI 是 Python Package Index 的縮寫，這是 Python 的第三方套件集中地，幾乎所有能想像到的功能，都可以在這找到合適的套件，使用者只要開啟瀏覽器，輸入 https://pypi.python.org/pypi 的網址，即可進入 PyPI 網站，如下所示。

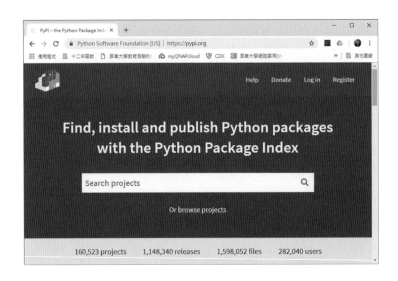

可在網站上搜尋所需的套件，下載後安裝至電腦即可。另外一種常見安裝 Python 套件的方式，即是利用 pip 指令。

pip 是 Python 的套件管理工具，它集合下載、安裝、升級、管理、移除套件等功能，藉由統一的管理，可以使程式設計者在管理套件上事半功倍，更重要的是，也避免了手動執行上述任務會發生的種種錯誤。

因為本範例是安裝於 Windows 平臺，所以於安裝資料夾內的 Scripts 目錄中即會存在 pip 的程式執行檔，以下將介紹常見的 pip 指令。

---

pip list 指令

---

pip list 指令可以查詢目前 Python 內所安裝的套件與版本，其語法如下所示。

pip list

請開啟命令提示字元視窗，並且更換目錄至 Python 的安裝目錄下的 Scripts 的目錄中，即會發現 pip 程式，如下所示。

```
C:\WINDOWS\system32\cmd.exe - cmd.bat                    —    □    ×
testpath (0.3.1)
Theano (0.9.0)
thrift (0.10.0)
toolz (0.8.2)
tornado (4.5.2)
tqdm (4.19.4)
traitlets (4.3.2)
traittypes (0.0.6)
twine (1.9.1)
twitter (1.17.1)
typed-ast (1.1.0)
urllib3 (1.21.1)
vega (0.4.4)
ViTables (3.0.0)
wcwidth (0.1.7)
webencodings (0.5.1)
Werkzeug (0.12.2)
wheel (0.30.0)
widgetsnbextension (3.0.6)
winpython (1.9.20171031)
wordcloud (1.3.2)
wrapt (1.10.11)
xarray (0.9.6)
xlrd (1.1.0)
XlsxWriter (1.0.2)
xlwings (0.11.4)
zarr (2.1.4)
zict (0.1.3)
D:\WinPython3630\scripts>
```

---

pip install 指令

---

pip install 指令可以用來安裝套件，例如：要安裝 numpy 套件時，輸入 pip install numpy 即會安裝 numpy 套件。

---

pip show 指令

---

pip show 指令可以用來查詢所安裝的套件，例如：要查詢 numpy 套件即可在命令提示符號下輸入 pip show numpy，即會顯示套件的版本、摘要、官方網站、作者、安裝路徑等資訊，如下所示。

```
PS C:\> pip show numpy
Name: numpy
Version: 1.23.1
Summary: numpy is the fundamental package for array computing with Python.
Home-page: https://www.numpy.org
Author: Travis E. Oliphant et al.
Author-email:
License: BSD
Location: c:\users\chensf\appdata\local\programs\python\python39\lib\site-packages
Requires:
Required-by: dfply, factor-analyzer, matplotlib, pandas, patsy, pingouin,
researchpy, scikit-learn, scikit-posthocs, scipy, seaborn, semopy, statsmodels,
xarray
```

> pip uninstall 指令

pip uninstall 指令可以用來解除套件的安裝，例如：要解除 numpy 套件的安裝，只要在命令提示符號下輸入 pip uninstall numpy 即可解除 numpy 套件的安裝。

貳、pandas 套件的介紹與說明

pandas 是 Python 中強大資料分析的套件，可以讓使用者快速發現資料中的訊息以及其中所隱含的涵義。以下將從 pandas 的發展歷程，使用特色以及所使用的資料等三個部分，說明如下。

一、pandas 發展歷程

pandas 於 2008 年由 Wes McKinney 發展，目前有許多組織與個人，仍積極地發展 pandas。pandas 一開始是設計供金融服務業，尤其是在時間序列（Time Series）的資料分析，因此 pandas 可以讓使用者提取、索引、整理、結合、分割以及對於一維或者是多維資料的各種分析，而 pandas 即擁有許多強大功能的集

合，與 Python 密切整合下，使得目前在學術及商業、統計、金融、網站分析等皆使用 pandas 來進行資料分析，而且它已成爲目前資料科學家分析資料時，最被青睞的資料分析工具之一。

Python 程式語言在資料的整理表現一直非常地傑出，與 pandas 在資料分析上的互動搭配，相得益彰，使用者只要熟悉 Python 程式語言即可完成資料分析的流程，對於使用者來說，使用 Python 除了可以應用 Python 整個豐富的生態系統，又可以在其程式語言的環境中執行 pandas 所提供的資料分析功能，大大提升使用者的使用動機、意願、分析彈性及效能。

二、pandas 使用特色

pandas 搭配 Python 的應用環境中，讓許多資料分析者只要學習一種 Python 程式語言即可運用 pandas 在資料分析上的豐富功能，pandas 使用的特色與功能主要有以下幾項：

（一）快速有效運用 Series 與 DataFrame 物件。

（二）利用索引與標籤具有整理智慧型資料的功能。

（三）完善處理缺失值的功能特性。

（四）有效地整理凌亂的資料特性。

（五）具有處理多種通用儲存格式的資料。

（六）彈性處理資料重整與樞紐轉換。

（七）強大的資料分組、聚合與轉換資料之特性。

（八）高效率地整合與連結資料庫。

生活世界中每天都會產生資料，尤其是在網路環境中所產生的更是巨量的資料，大數據分析也是目前在資料分析中需要面臨的問題，因此若能善用 Python 程式語言中的 pandas 來處理與分析資料，一定可以獲得對於人類社會中重要的資訊來源。

三、pandas 使用資料

資料科學是以資訊為出發點，應用更複雜與特定領域相關的分析來說明資料的特性以及涵義，這些領域則是包括數學、統計學、資訊科學、電腦科學、機器學習、集群分析、時間序列、資料探勘、資料庫等。特定領域之間所探討的議題不盡相同，也因此分析的方法也會有所差異，使用者可以根據個人領域來進行資料的分析與探討。

Python 程式語中的 pandas 套件明確地將複雜的統計分析任務交由 Python 其他的套件程式庫來加以處理，例如：SciPy、numpy、Pingouin、StatsModels、scikit-learn 等，並依賴 matplotlib、seaborn 等之類的繪圖程式庫，進行資料的視覺化工作。

pandas 本質上是處理與操控結構化型態的資料，但是對於非結構化資料與半結構化的資料也是可以加以處理與分析。另外在變數部分無論是間斷性的名義與類別性資料，或者是連續性的等距與連續變項都是在 pandas 的資料分析中會面臨的變數型態，而許多的分析方法也會需要特定的變項類型。資料分析的策略大致可以分為描述性統計與推論性統計，而描述性統計則是包括集中量數、變異量數與相對地位量數，其中的集中量數則是平均數、中位數與眾數，至於變異量數則是包括全距、平均差、四分差、變異數與標準差，相對地位量數包括百分等級、百分位數與標準分數，描述性統計針對資料的概況會有一定的了解程度。

推論性統計與描述性統計的描述資料不同，推論性統計嘗試著從部分的樣本資料來推論母群的特性，常見的推論性統計包括平均數檢定的 t 考驗與變異數分析、卡方考驗、共變數分析與路徑分析、區別分析、集群分析以及結構方程模式等。

本書主要是針對研究生在撰寫調查性的相關研究時，所需要的統計分析策略介紹與實例應用說明，因此除了描述性統計外，量表編製的試題分析、信度與效度分析、探討二個類別變項的 t 考驗、三個類別變項的變異數分析、重複測量的重複量數分析、共變數分析、類別變項的同質性與適合度檢定等，都會加以說明與應用實務上的資料來分析介紹。

參、資料的讀取與檢視

　　pandas 可讀取文件類型的資料檔案有很多種，例如：常見的 CSV 文字檔、EXCEL、SPSS、HTML 等資料格式檔，以下將說明在 Python 中如何利用 pandas 讀取不同類型格式的資料格式檔。

一、CSV 格式文件

　　pandas 可以從許多來源讀取檔案內容，並且將所讀取的內容轉換至 DataFrame 的變數中，以利使用者可以進行資料的檢視、資料整理、資料轉換以及資料統計等。以下即是說明如何利用 pandas 來讀取 CSV 資料格式文件，讀取的命令如下，以檔案「CH01_1.csv」為例。

```
>>> import pandas as pd
>>> pdata1 = pd.read_csv('CH01_1.csv')
```

　　上述的命令是以讀取工作目錄下的「CH01_1.csv」，假如讀取的檔案並不是在工作目錄下時，則要將完整的目錄加以呈現。而在 Python 中，檔案路徑中的分隔符號是「\\」或者是「/」，因此若「CH01_1.csv」不是存在工作目錄中，而是存在工作目錄外的目錄，例如：是在「D:\DATA\CH01\」目錄下時，此時讀取的命令要修正如下。

```
>>> pdata1 = pd.read_csv('D:\\DATA\\CH01_1.csv')
```

　　或者是

```
>>> pdata1 = pd.read_csv('D:/DATA/CH01_1.csv')
```

在 Python 中，若要讀取目前的工作目錄可以利用 os 函式庫中 getcwd() 這個函式，而要設定或更改工作目錄則可以利用 chdir() 這個函式，例如：要將目前的工作目錄更改至「D:\DATA\CH01\」目錄中，指令如下所示。

```
>>> import os
>>> os.chdir('D:\\DATA\\CH01\\')
>>> print(os.getcwd())
```

上述程式即是先引入 os 這個函式庫，利用 chdir() 這個函式將工作目錄變更至「D:\DATA\CH01\」目錄，並且利用 getcwd() 讀取工作目錄後，利用 print() 輸出目前工作目錄的內容。

因此若使用上述讀取 CSV 檔案的方式，可先變更工作目錄後再讀取相關檔案，如下所示。

```
>>> import os
>>> os.chdir('D:\\DATA\\CH01\\')
>>> import pandas as pd
>>> pdata1 = pd.read_csv('CH01_1.csv')
```

本書往後章節讀取相關檔案的方式，皆是以此方式來進行。

二、EXCEL 格式文件

pandas 要讀取 EXCEL 的檔案時，需要先安裝 openyxl 的套件，亦即需要先執行下列的指令。

```
C:\>pip install openyxl
```

安裝「openyxl」的套件後，即可讀取「xlsx」格式的檔案，讀取的指令如下所示。

```
>>> import os
>>> os.chdir('D:\\DATA\\CH01\\')
>>> import pandas as pd
>>> pdata2 = pd.read_excel('CH01_2.xlsx')
```

　　如此，以 EXCEL 檔案格式儲存的「CH01_2.xlsx」就可以讀取，並且儲存至「pdata2」的變數之中，日後就可以分析「pdata2」中的內容。

三、SPSS 格式文件

　　pandas 若要讀取 SPSS 中的「sav」格式的檔案，則需要先安裝「pyreadstat」套件，亦即需要先執行下列的指令。

```
C:\>pip install pyreadstat
```

　　安裝「pyreadstat」的套件後，即可讀取「sav」格式的檔案，讀取的指令如下所示。

```
>>> import os
>>> os.chdir('D:\\DATA\\CH01\\')
>>> import pandas as pd
>>> pdata3 = pd.read_spss('CH01_3.sav')
```

　　讀取 SPSS 的資料檔案時，若是欄位中有中文時，可能會出現以下的錯誤「pyreadstat._readstat_parser.ReadstatError: Invalid file, or file has unsupported features」，所以請盡量避免。

四、檢視資料

　　當 Python 利用 pandas 套件讀取資料檔之後，並不會直接顯示資料，需要使用指令來加以顯示，如下所示。

```
>>> import pandas as pd
>>> pdata1 = pd.read_csv('CH01_1.csv')
```

　　若要直接檢視資料，可以輸入讀取的變數名稱即可顯示資料，如下所示。

```
>>> pdata1
   ID  S1  S2  S3  S4  S5
0   1  88  90  86  90  83
1   2  85  89  87  91  85
2   3  84  90  83  86  80
3   4  83  81  83  93  81
4   5  84  85  85  89  88
5   6  88  93  86  91  87
6   7  87  87  86  92  83
7   8  88  92  88  88  88
```

　　亦可以利用 print() 函式來顯示 pdata1 變數的內容，如下所示。

```
>>> print(pdata1)
   ID  S1  S2  S3  S4  S5
0   1  88  90  86  90  83
1   2  85  89  87  91  85
2   3  84  90  83  86  80
3   4  83  81  83  93  81
4   5  84  85  85  89  88
5   6  88  93  86  91  87
6   7  87  87  86  92  83
7   8  88  92  88  88  88
```

　　由上述顯示的結果可以得知，此檔案總共有 39 筆資料、六個欄位，而這六個欄位分別是「ID」、「S1」、「S2」、「S3」、「S4」、「S5」，不過直接輸入變數時若資料太多並不會一次顯示。以上述為例，僅顯示 8 筆資料，而若不

論資料檔的筆數多寡，只要顯示前 5 筆資料時，可以採用 head() 來加以表示，如下所示。

```
>>> print(pdata1.head())
   ID  S1  S2  S3  S4  S5
0   1  88  90  86  90  83
1   2  85  89  87  91  85
2   3  84  90  83  86  80
3   4  83  81  83  93  81
4   5  84  85  85  89  88
```

若只要顯示前 2 筆資料，可以在 head 中加入要顯示的數目，如下所示。

```
>>> print(pdata1.head(2))
   ID  S1  S2  S3  S4  S5
0   1  88  90  86  90  83
1   2  85  89  87  91  85
```

若要顯示後 5 筆資料，則可以採用 tail() 函式來完成，如下所述。

```
>>> print(pdata1.tail())
    ID  S1  S2  S3  S4  S5
34  35  92  96  89  91  91
35  36  92  91  88  93  91
36  37  93  94  90  93  89
37  38  96  98  91  94  95
38  39  94  95  90  94  90
```

肆、Python 常用指令及函式

以下將介紹 Python 常用指令及函式，說明如下。

一、Python 指令的基本原則

Python 的指令在撰寫時，若需要註解，可利用「#」，亦即以下的指令並不會有任何動作產生。

```
>>> #註解說明
```

Python 中所用的運算式，包括加、減、乘、除等，只要直接將運算元與運算子結合即可，例如：要計算 3+2，則可以直接用計算式「3+2」來表示，如下所示。

```
>>> 3+2
 5
```

變數的指定在 Python 中可以利用「3+2」和「=」來表示，例如：要將 3+2 的計算結果儲存至 presult 這個變項中，即可如下表示。

```
>>> presult = 3+2
>>> presult
5
>>> print(presult)
5
```

二、更改工作目錄

　　Python 的工作環境中有個內定的工作目錄，若需要更換工作目錄時可以利用 os 套件中的 chdir() 這個函式來加以完成，例如：要將工作目錄切換至「D:\DATA」時則可以如下表示。

```
>>> import os
>>> os.chdir('D:\\DATA\\')
```

　　也可以如下表示。

```
>>> os.chdir('D:/DATA/')
```

　　若需要檢視目前的工作目錄則可以利用 getcwd() 這個函式來加以完成，如下所示。

```
>>> os.chdir('D:/DATA/')
>>> print(os.getcwd())
D:\DATA
```

三、資料型態

　　Python 程式語言常用的資料型態可以分為數值、字串以及布林型態，說明如下。

（一）數值型態

　　Python 的數值型態主要包括整數、浮點數、複數，其中的浮點數又包括 float 與 decimal 等二種。

1. 整數

Python 的整數並沒有最大值與最小值的限制，而整數即是不含浮點數的數值，如下所示。

score = 98

整數預設是用十進位來加以顯示，若是需要採用二進位、八進位或者是十六進位時，可表示如下。

(1) 二進位

0b 或者是 0B，例如：0b1011 表示十進位的 11，$11=1\times2^0+1\times2^1+0\times2^2+1\times2^3=1+2+0+8$。

```
>>> 0b1011
11
```

(2) 八進位

0o 或者是 0O，例如：0o1017 表示十進位的 527，$527=7\times8^0+1\times8^1+0\times8^2+1\times8^3=7+8+0+512$。

```
>>> 0o1017
527
```

(3) 十六進位

0x 或者是 0X，例如：0x101A 表示十進位的 4122，$4122=10\times16^0+1\times16^1+0\times16^2+1\times16^3=10+16+0+4096$，十六進位中，A 表示 10，B 表示 11，C 表示 12，D 表示 13，E 表示 14，F 表示 15。

```
>>> 0x101A
4122
```

2. 浮點數

　　浮點數即是帶有小數點的整數，由於浮點數計算時會有誤差，因此要比較二個浮點數是否相同，不可以直接比較二個浮點數是否相同，而是要將這二個浮點數相減，檢查得到的值是否在誤差範圍之內，如果是則表示這二個浮點數相同，浮點數的範例如下所示。

```
>>> f1=0.23
>>> f2=0.37
>>> f1+f2
0.6
```

　　Decimal 浮點數的建立必須使用「數字字串」，亦即 Decimal 浮點數必須要利用單引號或者是雙引號將數字括起來。Decimal 浮點數如果要與一般的浮點數計算，必須要先轉換為一般浮點數的型態，不過，Decimal 浮點數可以直接和整數一起運算，範例程式碼如下所示。

```
>>> import decimal as dec
>>> d1 = dec.Decimal('1234567890.12345678901234567890')
>>> d2 = dec.Decimal('1E-17')
>>> print(d1+d2)
```

　　執行結果如下所示。

```
1234567890.123456789012345689
```

3. 複數

　　複數包括實數與虛數二個部分，格式為「實數 + 虛數 j」，最後的字母 j 也可以更換為大寫 J，實數與虛數部分可以使用整數或者是浮點數，範例程式碼如下所示。

```
>>> c1 = 7+8.9j
>>> c2 = 5+0.2j
>>> print(c1+c2)
```

執行結果如下所示。

```
12+9.1j
```

（二）字串型態

Python 中字串型態的字串是用單引號「'」或者是雙引號「"」括起來的資料，其中若是數字型態的整數用單引號或者是雙引號括起來仍視為字串，而不是整數，範例如下所示。

```
>>> str1 = "屏東縣"
>>> str2 = "屏東縣又被稱為'國境之南'"
```

字串中若需要包括特殊的字元，例如：換行等，則可在字串中利用脫逸字元，脫逸字元是以「\」為開頭，隨後跟著一定格式的特殊字元代表特定意義，例如：「\n」代表換行、「\'」代表單引號、「\"」代表雙引號、「\t」代表 Tab、「\\」代表反斜線、「\f」代表換頁，範例如下所示。

```
>>> str3 = "屏東大學教育學系教育研究法\n專題研究"
>>> print(str3)
```

執行結果如下所示。

屏東大學教育學系教育研究法
專題研究

此時會發現輸出的結果為 2 行，其中「專題研究」會換行出現在下一行。

（三）布林型態

布林型態是記錄某一個邏輯運算結果，會有二種可能的值，分別是「True」
與「False」，範例程式碼如下所示。

```
>>> b1 = True
>>> b2 = False
```

其中 b1 代表是眞，b2 代表是假。

（四）資料型態轉換

程式設計中變數的轉換相當重要，運算時若資料型態不符時往往會導致程式
出錯，因此通常相同的資料型態才能加以運算。Python 針對資料型態會進行自
動轉換，例如：整數與浮點數運算，Python 會將整數的資料型態先轉換為浮點
數後再加以運算，當然運算結果則為浮點數的資料型態，如下所示。

```
>>> sum1 = 12+6.7
>>> print(sum1)
```

執行結果如下所示。

```
18.7
```

上述的 18.7 即是浮點數。

當數值與布林值運算，Python 會將布林值轉換為數值再加以運算，其中的 True 為 1，False 為 0，範例如下所示。

```
>>> sum2 = 7+True
>>> print(sum2)
```

執行結果如下所示。

```
8
```

假如 Python 無法自動轉換資料型態時，則需要利用資料型態轉換函式來進行資料型態的轉換，Python 資料型態轉換的函式主要有 int()、float()、str() 等。

1. int()

int() 是將資料型態轉換為整數的資料型態，範例如下所示。

```
>>> sum3 = 23+int("72")
>>> print(sum3)
```

執行結果如下所示。

```
95
```

2. float()

float() 是將資料型態轉換為浮點數的資料型態，範例如下所示。

```
>>> sum4 = 23+float("72.3")
>>> print(sum4)
```

執行結果如下所示。

```
95.3
```

3. str()

str() 是將資料型態轉換為字串的資料型態，範例如下所示。

```
>>> math = 79
>>> print(" 楊小明的數學成績為 :"+str(math))
```

執行結果如下所示。

```
楊小明的數學成績為 :79
```

四、四則運算

Python 中的四則運算，分別代表如下。「+」→加、「-」→減、「*」→乘、「/」→除，因此 3 與 2 的四則運算分別表示如下。

```
>>> 3+2
5
>>> 3-2
1
>>> 3*2
6
>>> 3/2
1.5
```

五、指數與對數

Python 內定的函式中，關於指數與對數的相關函式及指令如下。計算自然對數 e 的 x 次方可利用 exp(x) 來表示，因此若是自然對數 e 的 1 次方，可表示如下。

```
>>> import math
>>> math.exp(1)
2.718281828459045
```

若是要計算次方，可利用 pow() 函式或者是 math 套件中的 pow()，也可以利用「**」來表示，例如：要計算 3 的平方，可表示如下。

```
>>> pow(3,2)
9
>>> import math
>>> math.pow(3,2)
9.00
>>> 3**2
9
```

若要計算自然對數 e 的對數值，可以利用 math 套件中的 log(x) 來加以表示，例如：ln(1) 可表示如下。

```
>>> import math
>>> math.log(1)
0
```

另外要計算以 10 為底之 100 的對數值，可利用 math 套件中的 log10(x) 來加以表示，例如：以 10 為底之 100 的對數值可以表示如下。

```
>>> import math
>>> math.logb(100,10)
2.0
```

六、概數與進位

　　Python 的函式中，取概數的函式四捨五入、無條件捨去以及無條件進位的函式分別表示如下。

　　四捨五入的概數函式可利用 round(x,digits) 來加以表示，其中第一個參數是取概數的值，而第二個參數則是概數的小數點位數，例如：要將 3.14156 利用四捨五入的方法取概數到小數點 3 位，則可表示如下。

```
>>> round(3.14156,3)
3.142
```

　　亦可以捨去第二個參數，內定為取至整數，如下所示。

```
>>> round(3.5)
4
```

　　各位使用者需要特別注意，round() 函式是一種 " 四捨六入五成雙 " 的概數，這種取概數的方法，結果受到捨入誤差的影響可降到最低，其規則為若決定是否進位的數字是 5 時，則該數字的前面為偶數時，則採用數值捨棄之方式加以捨去，因此 round(4.5) 取概數至整數時，因 5 前之數 4 為偶數，所以捨去仍為 4。

```
>>> round(4.5)
4
```

　　無條件捨去的函式可以用 math 套件中的 floor(x) 來加以表示，例如：要取 3.14156 利用無條件捨去的方法取概數可表示如下。

```
>>> import math
>>> math.floor(3.14156)
3
```

　　無條件進位的函式可以用 math 套件中的 ceil(x) 來加以表示，例如：要取 3.14156 利用無條件進位的方法取概數可表示如下。

```
>>> import math
>>> math.ceil(3.14156)
4
```

七、串列的建立

　　串列（List）在 Python 中扮演重要的角色，串列是由一連串的資料所組成，串列是一種有順序且可以改變內容的序列，串列的前後是以中括號來標示，其中的資料是以逗號來加以隔開，所包含的資料之資料型態可以不同，以下將說明如何宣告一維串列、空串列以及多維串列。

（一）宣告一維串列

　　建立串列可利用 Python 中的 list() 函式，例如：

```
>>> list1 = list([85,77,69])
```

　　上述即是建立一個包括 85、77、69 三個正整數的數列，建立串列也可以直接利用中括號 [] 來完成，如下所示。

```
>>> list2 = [85,77,69]
```

（二）宣告空串列

至於空串列的建立可表示如下。

```
>>> list3 = list()
```

或者是

```
>>> list4 = []
```

此外串列中的資料可以同時存在不同的資料型態，例如：

```
>>> list5 = [85, " 國語 ", 77, " 數學 ", 69, " 英文 "]
```

結合range()可快速地建立有規則性的串列，例如：下列即建立1到9的數列。

```
>>> list6 = list(range(1,10))
```

（三）宣告多維串列

二維串列即是一維串列的延伸，若說一維串列是呈線性的一度空間，二維串列就是平面的二度空間，至於多維串列即是多度空間。以下列資源為例，是一個5列3行的學生成績單，若利用一個變數 score 來宣告 5×3 的二維串列來儲存這些資料，score 可視為一個巢狀串列，其中每一個元素都是一個串列，存放著每一位學生的三科成績，二維串列宣告如下所示。

```
>>> score = [[89,67,89],[79,77,98],[65,57,74],[65,72,76],[89,72,92]]
```

（四）讀取串列

　　讀取串列中的特定元素，需要以串列中的位置爲索引，利用索引值於中括號內，即可讀取串列的元素資料值。以上述一維串列資料爲例，要讀取 list2 串列中索引爲 1（第二個元素）的內容，讀取的資料爲 77。

```
>>> list2 = [85,77,69]
>>> print(list2[1])
```

　　執行結果則爲 77。請注意，串列的第一個索引元素爲 0，第二個索引元素爲 1，以此類推，因此 list2[0] 爲 85，list2[2] 爲 69。若是索引元素爲負數時，表示由串列的最後往前取出元素，例如：list2[-1] 代表是取出 list2 串列的最後一個元素，即 69，list2[-2] 即爲倒數第二個元素，即 77，以此類推，負數索引值不可超出串列的範圍，否則會出現錯誤。

　　建立串列時可以利用 range() 函式，讀取元素資料時亦可以利用 range() 函式，串列配合迴圈中的 range()，可以精簡有效率地讀取串列的元素。利用 range() 函式之前要先了解串列的長度，Python 中利用 len() 函式即可獲得串列的長度，如下範例所示。

```
>>> list1 = list([85,77,69])
>>> print(len(list1))
```

　　執行結果爲 3，上述的程式中可以得知 len() 可以獲得串列的長度，以下將利用迴圈來讀取串列中的元素，如下所示。

```
1.    list1 = list([85,77,69])
2.    for i in range(len(list1)):
3.    print(list1[i],end=" ")
```

執行結果如下所示。

```
85 77 69
```

（五）增刪串列

串列建立之後，程式執行的過程中，往往需要動態增加或刪除串列中的元素，因此以下即說明如何在動態的程式執行過程中，增刪串列中的元素。

1. 增加串列元素

串列初始值設定之後，如果要增加串列中的元素資料，必須要以 append() 或者 insert() 函式增加串列的元素資料，以下將說明這二種方法。

(1) append

append() 這個函式是將串列的元素資料增加到串列的最後，語法如下所示。

串列 .append(串列元素)

append() 新增串列的元素之後，串列的長度會新增 1，當然串列也可以加入不同資料型態的元素，如以下範例所示。

```
1.    list1 = [50,40,20,40,20,60,20,80,90]
2.    list1.append(70)
3.    print(len(list1))
4.    print(list1[9])
```

上述的程式範例中，第 1 行指定 list1 這個串列的資料值，第 2 行則是在串列最後增加 70 這個元素，第 3 行程式執行結果會傳回 10，原來是 9 因為新增一個元素，第 4 行輸出第十個元素，程式執行結果會傳回 70。

(2) insert

insert() 這個函式是將串列的元素資料插入到串列中指定的索引位置，語法如下所示。

串列 .insert(索引值 , 串列元素)

---

insert() 在指定的索引位置插入串列的元素之後，串列的長度會新增 1，當然串列也可以加入不同資料型態的元素，如以下範例所示。

```
1.    list1 = [50,40,20,40,20,60,20,80,90]
2.    list1.insert(1,70)
3.    print(list1[1])
4.    print(list1)
```

上述的程式範例中，第 1 行指定 list1 這個串列的資料值，第 2 行則是在串列第一個索引位置增加 70 這個元素，第 3 行程式執行結果會傳回第一個索引值位置的輸出結果，程式執行結果會輸出 70 這個元素值，第 4 行則是輸出新增 70 這個元素後的串列資料，執行結果如下所示。

```
70
[50, 70, 40, 20, 40, 20, 60, 20, 80, 90]
```

2. 刪除串列元素

刪除串列元素的方法主要有 remove()、pop()、del 等，以下將簡單說明各種方法的使用時機。

(1) remove

remove() 的函式是刪除串列中第一個指定的目標串列元素，若目標串列元素不在串列之中，則此方法會發生錯誤訊息，語法如下所示。

串列 .remove(目標串列元素)

```
1.    list1 = [50,40,20,40,20,60,20,80,90]
2.    print(list1)
3.    list1.remove(40)
4.    print(list1)
```

執行結果如下所示。

```
[50, 40, 20, 40, 20, 60, 20, 80, 90]
[50, 20, 40, 20, 60, 20, 80, 90]
```

上述的程式範例中，第 1 行指定 list1 這個串列的資料值，第 2 行則是輸出串列的內容，第 3 行程式將串列中的 40 元素加以移除，第 4 行輸出移除完的串列內容。

(2) pop

pop() 的函式是取出串列中目標串列元素的索引位置，若目標串列元素不在串列之中，則此方法會發生錯誤訊息，語法如下所示。

串列 .pop(index)

```
1.    list1 = [50,40,20,40,20,60,20,80,90]
2.    print(list1)
3.    list1.pop(1)
4.    print(list1)
```

執行結果如下所示。

```
[50, 40, 20, 40, 20, 60, 20, 80, 90]
[50, 20, 40, 20, 60, 20, 80, 90]
```

上述的程式範例中，第 1 行指定 list1 這個串列的資料值，第 2 行則是輸出串列的內容，第 3 行程式將串列中的 40 元素加以移除，第 4 行輸出移除完的串列內容。

(3) del

del 指令可以刪除變數、串列以及串列元素，語法如下所示。

```
del 串列 [index]
```

上述中若利用 del 刪除單一串列元素，可以直接輸入 index 串列元素的索引位置，範例如下所示。

```
1.    list1 = [50,40,20,40,20,60,20,80,90]
2.    del list1[1]
3.    print(list1)
```

上述中的第 2 行即是刪除索引值為 1 的串列資料，即為 40，因此程式執行後，串列的內容如下所示。

```
[50, 20, 40, 20, 60, 20, 80, 90]
```

　　假如要同時刪除串列中多個元素時，可以利用「:」來表示所要刪除串列元素索引值的範圍，語法如下所示。

```
del 串列 [index1:index2:step]
```

　　上述的 index1 代表是索引位置的起點，index2 代表是索引值的終點，step 則是代表間隔，因此若要刪除串列的第 1、3、5 個索引位置的串列位置，可以輸入 1:6:2，範例如下所示。

```
1.    list1 = [50,40,20,40,20,60,20,80,90]
2.    del list1[1:6:2]
3.    print(list1)
```

　　上述的程式碼中，第 2 行的刪除指令，因為索引值起點是 1，終點是 6-1(5)，間隔是 2，所以刪除 1、3、5 索引位置的串列元素，因此程式執行結果的串列值如下所示。

```
[50, 20, 20, 20, 80, 90]
```

（六）排序串列

　　串列的排序可以將串列由大到小或者是由小到大加以排序，以下將說明由小到大排序、反轉串列的順序、由大到小排序以及排序之後如何保留原來的序列等，說明如下。

1. 由小到大排序

sort() 函式可以將指定的串列由小到大來加以排序，語法如下所示。

串列 .sort()

---

sort() 函式針對串列排序後，會改變原來的串列內容，範例如下所示。

```
1.    list1 = [50,40,20,40,20,60,20,80,90]
2.    list1.sort()
3.    print(list1)
```

執行結果如下所示。

```
[20, 20, 20, 40, 40, 50, 60, 80, 90]
```

2. 反轉串列順序

reverse() 函式是將串列的順序反轉，語法如下所示。

串列 .reverse()

---

reverse() 是將串列的索引位置反轉，會改變原來的串列內容，範例如下所示。

```
1.    list1 = [50,40,20,40,20,60,20,80,90]
2.    list1.reverse()
3.    print(list1)
```

執行結果如下所示。

```
[90, 80, 20, 60, 20, 40, 20, 40, 50]
```

3. 由大到小排序

以下範例即是說明如何將串列內容，由大到小來加以排序。

```
1.    list1 = [50,40,20,40,20,60,20,80,90]
2.    print(" 原始串列 :",list1)
3.    list1.sort()
4.    list1.reverse()
5.    print(" 由大到小 :",list1)
```

執行結果如下所示。

```
原始串列 : [50, 40, 20, 40, 20, 60, 20, 80, 90]
由大到小 : [90, 80, 60, 50, 40, 40, 20, 20, 20]
```

4. 排序之後保留原值

串列排序之後，前述的三種函式都會使得原來的串列內容改變，若要排序之後仍舊要保留原始的串列內容，可以利用 sorted() 函式，語法如下所示。

排序後的串列 = sorted(原始串列 , reverse=TRUE)

排序後的串列代表將原始串列排序後的串列，reverse 的參數則是代表設定的順序，True 代表是由大至小排序，False 則是由小至大排序，reverse 這個參數省略時預設值為 False，sorted() 這個函式的排序不會更動原始串列的內容，而排序後的串列則是排序的結果，範例如下所示。

```
1.    list1 = [50,40,20,40,20,60,20,80,90]
2.    list2 = sorted(list1)
3.    list3 = sorted(list1, reverse=True)
4.    print("原始串列：",list1)
5.    print("由小到大：",list2)
6.    print("由大到小：",list3)
```

上述的程式中，第 1 行是指定串列內容，第 2 行則是將 list1 由小到大排序，並且將排序結果指定給 list2 變數，第 3 行與第 2 行相較是加入了 reverse=True 這個參數，代表是將 list1 由大到小排序，並且將排序結果的串列指定給 list3 變數，第 4 到第 6 行則是將這三個串列的結果加以輸出。

```
原始串列： [50, 40, 20, 40, 20, 60, 20, 80, 90]
由小到大： [20, 20, 20, 40, 40, 50, 60, 80, 90]
由大到小： [90, 80, 60, 50, 40, 40, 20, 20, 20]
```

八、數列的最小、最大與總和

Python 內定的數值函式中，有最小值、最大值以及總和。首先要介紹最小值，若要計算數列的最小值，可利用 min() 這個函式來完成。

min() 函式

min() 函式是計算一群數值的最小值，範例如下說明。
min(2, 4, 6) 函式計算結果為 2，若是 min([2, 4, 6]) 計算結果亦是為 2。

max() 函式

max() 函式是計算一群數值的最大值，範例如下說明。

max(2, 4, 6) 函式計算結果為 6，若是 max([2, 4, 6]) 計算結果亦是為 6。

---

sum() 函式

---

sum() 函式是計算一群數值的總和，範例如下說明。

sum((2, 4, 6),) 函式計算結果為 12，若是 sum([2, 4, 6]) 計算結果亦是為 12。請注意若利用 sum((2,4,6),) 計算總和是會有二個參數，第二個參數為加總後需要再加的數值，例如：sum((2,4,6),3) 的結果為 15，即為 2+4+6=12 後再加第二個參數值 3，所以為 12+3=15。

九、矩陣資料

Python 中進行資料分析時，矩陣資料即是相當重要的，若是要輸入簡單的矩陣資料（列 × 行），或希望以矩陣形式儲存，可以用 numpy 套件中的指令來加以完成。

假如要建立一個 2 列 ×3 行的矩陣資料，表示如下。

```
1.  import numpy as np
2.  pdata = np.array([
3.      [1,3,4],
4.      [5,7,9]
5.  ])
```

檢視矩陣內容如下。

```
>>> print(pdata)
[[1 3 4]
 [5 7 9]]
```

若要建立轉置矩陣，可利用 t 指令來加以完成，如下所示。

```
>>> pdata2 = pdata.T
>>> print(pdata2)
[[1 5]
 [3 7]
 [4 9]]
```

伍、資料的使用與編輯

處理資料時，往往會針對某些特定欄位來分析，而這時即需要指定特定的分析變數，以下將說明如何選擇特定的資料欄位。

一、資料庫與資料檔案

上述曾提及若 Python 要讀取「csv」的檔案格式時，若檔案中包含標題，則可以使用下列命令。

```
>>> import pandas as pd
>>> pdata = pd.read_csv('CH01_1.csv')
```

此時 Python 已經將「CH01_1.csv」的檔案內容儲存至「pdata」這個變項中，而且變項的類型為 DataFrame，此時若需要將變數「pdata」儲存至檔案中即可以利用指令 to_csv() 來完成，如下所述。

```
>>> pdata.to_csv("CH01_1_1.csv")
```

此時即會將 pdata 的內容儲存成 CH01_1_1.csv 的檔案。若要修改或查詢欄位的名稱，可以採用 rename() 函式，如下所示。

```
>>> print(pdata.head(2))
   ID  S1  S2  S3  S4  S5
0   1  88  90  86  90  83
1   2  85  89  87  91  85
>>> pdata.rename(columns={'S1':'S01','S2':'S02'}, inplace=True)
```

檢視更改欄位名稱後的結果，參數 inplace=True 需要設定才會變更。

```
>>> print(pdata.head(2))
   ID  S01  S02  S3  S4  S5
0   1   88   90  86  90  83
1   2   85   89  87  91  85
```

由上述的結果中可以得知，已經正確地將欄位名稱加以更改，將欄位 S1 更改為 S01，欄位 S2 更改為 S02。

二、DataFrame 類型

DataFrame 是 pandas 套件中除了 Series 資料結構外，另一個非常重要的資料結構。Series 資料結構用於處理單維度資料集，而 DataFrame 具有異構資料的二維陣列，其格式類似於表格化的資料型態，具有行（Column）索引以及列（Row）索引，每一列資料可以是不同型態的資料，這些型態資料包括常見數值型態整數、浮點數、文字型態以及布林值等內容，下表即是 DataFrame 的範例。

序號	姓名	性別	職務	年資
1	戴國祥	男	校長	25
2	李資仁	男	教師兼主任	25
3	林美華	女	教師兼組長	20
4	方雅婷	女	級任教師	10
5	陳怡靜	女	級任教師	22

DataFrame 可以被廣泛地使用主要是因為其資料結構的表示容易讓使用者理解，以上表為例，資料以行（欄）和列來加以表示，每一欄代表著一個變項，而每一列則是代表一筆資料，其中，上表中欄位變項分別是序號、姓名、性別、職務與年資，其中的姓名、性別與職務為名義變項、年資則為連續性的等比變項。其中的性別為二分名義變項，職務則為多個類別（超過二個）的名義變項，在後續的平均數假設考驗中，若要決定各類別的平均數是否有所不同？性別要以t 考驗，而職務則是要以變異數分析（ANOVA）。

三、選定資料欄位

選擇資料檔（CH01_1.csv）並指定讀取的變數（pdata），如下所述。

```
>>> import pandas as pd
>>> pdata = pd.read_csv('CH01_1.csv')
```

選擇第二個欄位（S2），如下所述。

```
>>> print(pdata['S2'].head())
0    90
1    89
2    90
3    81
4    85
Name: S2, dtype: int64
```

或者是多個欄位。

```
>>> print(pdata[['S1','S2','S3']].head())
   S1  S2  S3
0  88  90  86
1  85  89  87
2  84  90  83
3  83  81  83
4  84  85  85
```

此時即可針對所選擇的欄位加以分析，如下所述。

```
>>> print(pdata[['S1','S2','S3']].sum())
S1    3497
S2    3504
S3    3420

>>> print(pdata[['S1','S2','S3']].mean())
S1    89.666667
S2    89.846154
S3    87.692308
```

欄位的選擇也可以利用 iloc() 來進行，例如：選擇第二個欄位。

```
>>> print(pdata.iloc[:,1].head())
0    88
1    85
2    84
3    83
4    84
Name: S1, dtype: int64
```

選擇欄位 1 到 3，如下所示。

```
>>> print(pdata.iloc[:,1:4].head())
    S1  S2  S3
0   88  90  86
1   85  89  87
2   84  90  83
3   83  81  83
4   84  85  85
```

另外一種選擇 1 到 3 的欄位，如下所示。

```
>>> print(pdata.iloc[:,[1,2,3]].head())
    S1  S2  S3
0   88  90  86
1   85  89  87
2   84  90  83
3   83  81  83
4   84  85  85
```

選擇 0 到 3 列（row）的資料，如下所示。

```
>>> print(pdata.iloc[0:4,:])
    ID  S1  S2  S3  S4  S5
0   1   88  90  86  90  83
1   2   85  89  87  91  85
2   3   84  90  83  86  80
3   4   83  81  83  93  81
```

選擇第 3 筆資料，如下所示。

```
>>> print(pdata.loc[3,:])
ID      4
S1     83
S2     81
S3     83
S4     93
S5     81
Name: 3, dtype: int64
```

陸、資料的處理與轉換

　　資料的處理與轉換部分，主要介紹資料類型處理與資料線性轉換等兩個部分，說明如下。

一、資料類型處理

　　資料類型的處理，包括資料結構的轉換與資料類型的轉換等兩個部分，說明如下。

（一）資料結構轉換

　　分析與處理資料時，時常必須將資料結構或者類型加以轉換，例如：將資料框架轉換為矩陣等，或者是轉換成向量，說明如下。

```
>>> import pandas as pd
>>> pdata = pd.read_csv('CH01_1.csv')
```

　　讀取資料，之後加以分析與計算，以下將每筆資料的五育分數予以加總成另外一個變項為「總分」，如下所示。

```
>>> print(pdata.head())
   ID  S1  S2  S3  S4  S5
0   1  88  90  86  90  83
1   2  85  89  87  91  85
2   3  84  90  83  86  80
3   4  83  81  83  93  81
4   5  84  85  85  89  88
>>> pdata['score']=pdata[['S1','S2','S3','S4','S5']].sum(axis='columns')
```

計算每筆資料的五育分數加總，儲存至 score 這個變項。

```
>>> print(pdata.head())
   ID  S1  S2  S3  S4  S5  score
0   1  88  90  86  90  83    437
1   2  85  89  87  91  85    437
2   3  84  90  83  86  80    423
3   4  83  81  83  93  81    421
4   5  84  85  85  89  88    431
```

（二）資料類型轉換

1.查詢資料類型

查詢資料檔中欄位的資訊可以利用 str (structure) 函式，str 函式可以顯示 DataFrame 中所有欄位的資訊。

```
>>> import pandas as pd
>>> pdata = pd.read_csv('CH01_1.csv')
>>> print(pdata.dtypes)
ID    int64
S1    int64
S2    int64
S3    int64
S4    int64
S5    int64
```

　　由上述輸出結果中可以得知，ID、S1、S2、S3、S4、S5 都是整數（int），因此若讀入時並未發現錯誤，但是格式不對，進行資料後續分析時即會出現錯誤。使用 Python 分析資料時，常常很容易發生類似的問題，所以建議在讀取資料之後，記得要使用 dtypes 檢查一下資料是否正確。

2. 數值轉換為類別

　　上述曾說明使用 dtypes 函式查看資料欄位資訊，其中的資料欄位類型除了字元與整數之外，還有許多的資料類型，例如：Gender 常使用 1 與 2 來表示，這樣的資料是屬於典型的類別資料。若是在 EXCEL 中，我們可以很容易地將 Gender 寫成 male 與 female，這樣可以更容易辨識資料所代表的意義，在 Python 中也可以做類似的處理，將資料轉為類別性資料。例如：目前有個資料檔中有一個職務類型（JOB）變項為整數型態（int），利用另一種 info() 函式檢視欄位屬性如下所示。

```
>>> import pandas as pd
>>> pdata = pd.read_csv('CH01_5.csv')
>>> print(pdata.info())
<class 'pandas.core.frame.DataFrame'>
RangeIndex: 120 entries, 0 to 119
Data columns (total 63 columns):
 #   Column  Non-Null Count   Dtype
___  _____  _____  _____
 0   ID      120 non-null     object
 1   GENDER  120 non-null     int64
 2   JOB     120 non-null     int64
 3   A0101   120 non-null     int64
 4   A0102   120 non-null     int64
 5   A0103   120 non-null     int64
```

若要將 JOB 變項轉為類別變項，則可利用 astype() 函式，表示如下。

```
>>> pdata = pdata.astype({'JOB':'object'})
>>> print(pdata.info())
<class 'pandas.core.frame.DataFrame'>
RangeIndex: 120 entries, 0 to 119
Data columns (total 63 columns):
 #   Column  Non-Null Count   Dtype
___  _____  _____  _____
 0   ID      120 non-null     object
 1   GENDER  120 non-null     int64
 2   JOB     120 non-null     object
 3   A0101   120 non-null     int64
 4   A0102   120 non-null     int64
 5   A0103   120 non-null     int64
```

3. 類別轉換為數值

類別型態要轉換為數值型態時，同樣可以利用上述的 astype() 函式來指定欄位屬性，例如：int 如下所示。

```
>>> pdata = pdata.astype({'JOB':'int'})
```

4. 數值轉換為文字

數值型態變數要轉換成文字時，可以利用 astype() 來加以達成，如下所示。

```
>>> pdata = pdata.astype({'JOB':'str'})
```

二、資料線性轉換

資料分析時，若需要針對資料進行直線轉換成標準分數，可以利用以下的指令加以完成。

```
>>> import pandas as pd
>>> pdata = pd.read_csv('CH01_1.csv')
>>> print(pdata.head())
   ID  S1  S2  S3  S4  S5
0   1  88  90  86  90  83
1   2  85  89  87  91  85
2   3  84  90  83  86  80
3   4  83  81  83  93  81
4   5  84  85  85  89  88
```

利用 scipy 套件將 pdata 中的 'S1'、'S2'、'S3' 等三個欄位進行直線轉換成標準分數，結果儲存成 zpdata 這個變數，轉換結果如下所示。

```
>>> import scipy.stats as stats
>>> pdata2 = pdata[['S1','S2','S3']]
>>> zpdata = pdata2.apply(stats.zscore)
```

檢視標準化的資料結果，如下所示。

```
>>> print(zpdata.head())
          S1        S2        S3
0 -0.356444  0.024982 -0.660132
1 -0.998043 -0.137400 -0.270054
2 -1.211910  0.024982 -1.830366
3 -1.425776 -1.436453 -1.830366
4 -1.211910 -0.786926 -1.050210
```

柒、資料的視覺化處理

　　Python 程式語言中有許多繪圖與視覺化的套件，可以展現出資料的視覺化，資料的視覺化可以提升資料理解的效率，原始資料經過視覺化處理後，可以更清楚地檢視數值之間的對比、規律與關聯等，有助於理解資料並從事更進一步的資料分析。

　　以下將介紹以 seaborn 套件進行的長條圖、盒鬚圖以及折線圖等三種視覺化圖形。

　　讀入資料，如下所示。

```
>>> import pandas as pd
>>> sdata1 = pd.read_csv('CH01_1.csv')
```

　　檢視讀入資料的前 5 筆，如下所示。

```
>>> print(sdata1.head())
   ID  S1  S2  S3  S4  S5
0   1  88  90  86  90  83
1   2  85  89  87  91  85
2   3  84  90  83  86  80
3   4  83  81  83  93  81
4   5  84  85  85  89  88
```

計算 S1 欄位的最小值、平均數、中位數、最大值，如下所示。

```
>>> s1=sdata1['S1']
>>> s1.min(), s1.mean().round(4), s1.median().round(4), s1.max()
(74, 89.6667, 91.0, 97)
```

由上述的結果可以獲得 S1 欄位的最小值是 74、平均數為 89.67、中位數為 91.00、最大值為 97，以下的程序是呈現 S1 欄位的描述性統計。

```
>>> print(sdata1.describe().round(4))
            ID       S1       S2       S3       S4       S5
count  39.0000  39.0000  39.0000  39.0000  39.0000  39.0000
mean   20.0000  89.6667  89.8462  87.6923  90.8205  86.7436
std    11.4018   4.7369   6.2388   2.5971   2.9989   4.7391
min     1.0000  74.0000  72.0000  80.0000  81.0000  69.0000
25%    10.5000  88.0000  87.0000  86.5000  89.5000  84.0000
50%    20.0000  91.0000  92.0000  88.0000  91.0000  88.0000
75%    29.5000  93.0000  94.0000  90.0000  93.0000  89.5000
max    39.0000  97.0000  98.0000  93.0000  95.0000  95.0000
```

接下來進行利用 seaborn 套件來視覺化資料，首先為長條圖。

一、長條圖

以下為利用 seaborn 套件來進行長條圖的繪製，首先套用 seaborn 套件，繪製 sdata1 中 S1 欄位的長條圖。

```
>>> import seaborn as sns
>>> sns.histplot(x=sdata1['S1'])
```

結果如下圖所示。

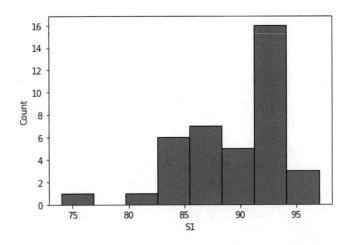

加上參數，包括指定分組的個數 bins=10，以及開啟 kernel density estimate，kde=True 讓繪製的線更為圓滑。

```
>>> sns.histplot(x=sdata1['S1'], bins=10, kde=True)
```

檢視繪製的長條圖如下所示。

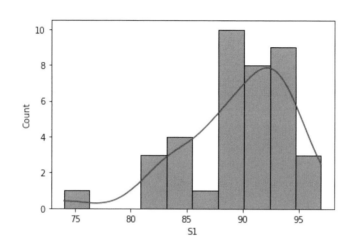

二、盒鬚圖

　　盒鬚圖又稱為盒狀圖、箱線圖或者是箱形圖，具有表徵資料分散情形的視覺化圖形，大部分的盒鬚圖會顯示出最小值、第一四分位數、第二四分位數、第三四分位數以及最大值，seaborn 套件繪製語法如下所示。

```
>>> sns.boxplot(x=sdata1['S1'], color='lightgreen', showmeans=True)
```

　　繪圖結果如下圖所示。

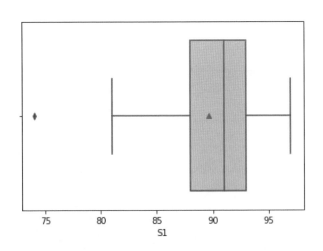

三、折線圖

折線圖適合以曲線來表示，目的在於了解資料隨著次序變數的趨勢發展，以下為利用 seaborn 套件繪製折線圖，橫座標為 ID，縱座標則為 S1 變項。

```
>>> sns.lineplot(x='ID', y='S1', data=sdata1)
```

下圖則為以 sdata0 中的 S1 變項繪製的折線圖。

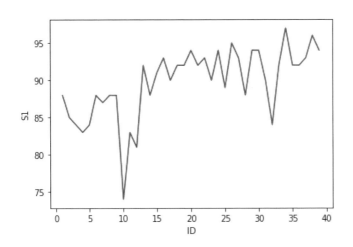

　　視覺化的內容會讓資料分析變得更輕鬆且更快速，更讓重要內容一目瞭然，資料視覺化是進階分析的關鍵，資料視覺化能協助閱讀者理解所有資訊或資料，良好的資料視覺化對分析資料和根據該資料做出決策至關重要，精心設計的圖形不僅能提供資訊，還能透過強大的呈現方式提升資訊影響力，吸引注意力並引起關注，因此資料的視覺化有其必要性。

捌、函式的概念與編寫

　　函式在程式設計中，扮演著不可或缺的角色，當程式設計需要重複某些重要的步驟過程，即可利用將這些重複的步驟撰寫成函式，讓程序更為簡潔有效率。以下將從函式的結構、參數預設值、變數有效範圍以及邏輯的判斷、程式的流程等五個部分來加以說明 Python 語言中的函式，如下所示。

一、函式的結構

　　Python 語言中，具有許多針對數值、文字與描述性統計的內建函式，但若有特殊需求且沒有適當的函式可資運用時，就會有自訂函式的需求，Python 中

是以 def 命令來建立函式，呼叫函式可以傳遞多個參數，執行完成函式也可以傳回多個數值，語法如下所示。

---

def 函式名稱 ([參數 1, 參數 2, ...]):

程式區塊

[return 傳回值 1, 傳回值 2, ...]

說明如下：

def：這個關鍵字是用來表示定義函式。

函式名稱：命名規則與變數相同，由於標準函式或第三方函式庫幾乎都是以英文命名，因此建議不要用英文命名。

[參數 1, 參數 2, ...]：參數可以傳送一個或者是多個，也可以不要傳送參數，若有多數參數，中間以逗號來隔開，參數主要是接收呼叫函式所傳遞的參數資料。

程式區塊：函式中程式主要部分，用來執行指定的動作，程式區塊必須以 def 關鍵字為基準向右縮排，同時縮排要整齊，表示這些程式是在 def 區塊內。

[return 傳回值 1, 傳回值 2, ...]：傳回值可以是一個或者是多個，也可以沒有傳回值，若沒有傳回值，return 敘述也可以省略不寫，若有多個傳回值，中間是以逗號來隔開。

例如：建立一個名稱為 sayhello 的函式，可以顯示「Hello World!」，此函式沒有傳入參數也沒有傳回值，如下所示。

```
def sayhello():
        print("Hello World!")
```

另外，建立一個計算長方形面積的函式，呼叫函式時只要傳入長與寬等二個參數，即會回傳長方形面積，如下所示。

```
def calarea(height, width):
    result = height*width
    return result
```

上述的函式中，函式名稱為 calarea，傳入參數為 height、width 等二個參數，傳回值為 result。

函式建立之後並不會執行，必須要在主程式中加以呼叫才會執行，呼叫函式的語法如下所示。

[變數 1, 變數 2, ...=] 函式名稱 ([參數 1, 參數 2, ...])

如果函式有傳回值，可利用變數來儲存傳回值，如下範例所示。

```
1.    def calarea(height, width):
2.        result = height*width
3.        return result
4.    getarea = calarea(10,6)
5.    print(getarea)
```

執行結果如下所示。

假如函式有多個傳回值，則必須要使用相同數量的變數來儲存函式的傳回值，變數之間則是以逗號來隔開，範例如下所示。

以下的函式為計算二數相除之後的商數與餘數，因此函式傳回值分別有商數與餘數，如下所示。

```
1.    def divmode(x,y):
2.        div = x//y
3.        mod = x%y
4.        return div, mod
5.    pdiv, pmod = divmode(70,6)
6.    print("70除以6的商數為 %d，餘數為 %d"%(pdiv, pmod))
```

程式的執行結果如下所示。

70除以6的商數為 11，餘數為 4

　　如果參數的數量較多，呼叫時往往會弄亂參數的順序而導致錯誤的結果，因此可以在呼叫函式時輸入參數的名稱，而此種方式則與參數的順序就沒有關係了，而且可以減少錯誤，例如：以下三種呼叫函式的結果皆相同。

```
1.    def calarea(height, width):
2.        result = height*width
3.        return result
4.    getarea1 = calarea(10,6)
5.    getarea2 = calarea(height=10, width=6)
6.    getarea3 = calarea(width=6, height=10)
7.    print(getarea1, getarea2, getarea3)
```

二、參數預設值

　　自訂函式時若設定需要傳入參數，呼叫函式時如果沒有傳入參數時就會產生錯誤，而為了避免使用函式時因未傳入正確參數而導致錯誤，建立函式時可以為參數設定預設值，此時呼叫函式時，如果沒有傳入正確參數時，會自動使用參數的預設值，參數設定預設值的方法為函式中的「參數＝值」，參數預設值的範例如下所示。

```
1.      def calarea(height, width=6):
2.          result = height*width
3.          return result
4.      getarea = calarea(10)
5.      print(getarea)
```

　　程式的執行結果如下所示。

```
60
```

　　雖然此函式需要同時傳入 height 與 width 等二個參數，但是因為 width 有設定參數預設值 width=6，所以雖然只傳入一個參數，另外一個參數會自動使用參數預設值，所以傳回值為 $10 \times 6 = 60$。

　　以下為同時傳入二個參數的範例程式。

```
1.      def calarea(height, width=6):
2.          result = height*width
3.          return result
4.      getarea = calarea(10, 7)
5.      print(getarea)
```

　　程式的執行結果如下所示。

```
70
```

　　雖然此函式的 width 參數預設值為 6，但是呼叫時同時傳入 height 與 width 等二個參數，所以仍然會以傳入的參數為主，因此結果為 $10 \times 7 = 70$。

設定參數預設值時必須要置於參數串列的最後，否則仍然會導致錯誤產生，例如：

```
def calarea(height=12, width):
```

上述宣告函式會產生錯誤，因為參數預設值需要列在最後，需將 height=12 移至最後才是正確的寫法。

三、變數有效範圍

變數在程式中依其有效範圍分為全域變數與區域變數。全域變數代表的是定義在函式外的變數，其有效的範圍是整個程式，包括函式。

區域變數代表的是定義在函式中的變數，其有效的範圍僅限於函式之中。

程式撰寫中要特別注意到變數的有效範圍，程式設計中若未精準地注意到變數的有效範圍往往會改變變數中的值，而對於程式產生了無可預期的結果，稱之為邊際效應（side effect）。

Python 的程式撰寫中，若有相同名稱的全域變數與區域變數，以區域變數優先，在函式中會使用區域變數，在函式外時，則會因為區域變數不存在，所以使用全域變數，說明範例如下所示。

```
1.    def scope():
2.        var1 = 1
3.        print(var1, var2)
4.    var1 = 3
5.    var2 = 4
6.    print(var1, var2)
7.    scope()
8.    print(var1, var2)
```

　　程式說明：首先第 6 行輸出 var1 與 var2 時，因爲在函式外，所以呼叫的是全域變數 var1 與 var2，所以爲 3 與 4。第 7 行呼叫 scope() 函式時，其在第 3 行所執行的 var1 爲函式中的區域變數，而 var2 仍然是全域變數，所以輸出時爲區域變數中的 var1=1 以及全域變數 var2 的 4，之後返回主程式時，第 8 行的輸出又恢復到全域變數的 var1 與 var2，所以輸出爲 3 與 4。

　　假如要在函式中使用全域變數，可以使用關鍵字 global 來加以宣告，說明範例如下所示。

```
1.    def scope():
2.        global var1
3.        var1 = 1
4.        print(var1, var2)
5.    var1 = 3
6.    var2 = 4
7.    print(var1, var2)
8.    scope()
9.    print(var1, var2)
```

　　上述的程式中，函式中 var1 宣告爲全域變數，所以第 7 行所輸出的是全域變數的 var1 以及 var2，因此爲 3 與 4，另外在第 8 行中呼叫 scope() 函式，因爲第 2 行宣告函式中的 var1 爲全域變數，並且將全域變數的 var1 指定爲 1，所以第 4 行函式中的輸出仍然是全域變數 var1 與 var2，只是 var1 值已被指定爲 1，所以輸出爲 1 與 4，函式結束後，回到主程式第 9 行的全域變數 var1 與 var2，請注意 var1 全域變數已在函式中被重新指定，所以主程式的輸出仍然爲 1 與 4。

```
function_name <- function(arglist)
{expr
  return(value)
}
```

由上述中函式的架構可知，撰寫自訂函式需要先將自訂函式命名（function_name），之後宣告這是個函式的物件 function()，括號中的 arglist 即是輸入參數，並且在大括號 {} 中撰寫函式的程式，最後將輸出傳回結果置於 return（value）中的 value。

四、邏輯的判斷

Python 語言中常見的邏輯判斷符號，主要有以下幾種類型。

1. <、>：小於、大於。
2. <=、>=：小於等於、大於等於。
3. ==、!=：等於、不等於。

以下將分別說明與介紹，首先將 x 變項值指定為 4，y 變項值指定為 12。

```
>>> x=4
>>> y=12
```

判斷 x 變項是否大於 3，如下所示。

```
>>> x>3
True
```

判斷 x 變項是否大於等於 6，如下所示。

```
>>> x>=6
False
```

判斷 x 變項是否小於等於 6，如下所示。

```
>>> x<=6
True
```

　　判斷 x 變項是否小於 3，如下所示。

```
>>> x<3
False
```

　　邏輯運算子是結合多個關係運算式後，綜合判斷最後的結果，一般用於比較複雜的比較判斷，Python 的邏輯運算子總共有 and、or、not 等三個，分別列述如下。

　　「and」是需要二個運算資料皆要成立才傳回 True，相當於數學中的交集；而「or」只要二個運算資料中任一個成立即傳回 True，所以相當於數學中的聯集。

```
>>> not(4>6)
True
>>> (7>5)and(4>6)
False
>>> (7>5)or(4<6)
True
```

五、程式的流程

　　程式的執行流程主要有循序、判斷以及迴圈等三種，循序是程式依序一行接著一行執行，判斷則是程式遇到需要做決策的情形，再依決策結果執行不同的程式碼，迴圈則是程式重複執行某些事件。

（一）判斷流程

　　判斷式在程式流程中是一個重要的項目，以下將說明程式中的判斷式，分為

單向判斷式、雙向判斷式以及多向判斷式。

1. 單向判斷式

「if...」為單向判斷式，是判斷式中最簡單的型態，語法如下所示。

```
if ( 條件式 ):
    程式區塊
```

上述單向判斷式中的條件式的括號可以移除，當條件式為 True 時，就會執行程式區塊中的程式碼，但是當條件為 False 時，則不會執行程式區塊中的程式碼。條件式可以是關係運算式也可以是邏輯運算式，如果程式區塊中只有一行程式碼，亦可以將兩列合併為如下所示。

```
if ( 條件式 ): 程式碼
```

以下將以範例說明單向判斷式。

```
a=15
if(a>=10):print("%d 這個數值大於 10"%(a))
```

程式執行結果如下所示。

```
15 這個數值大於 10
```

2. 雙向判斷式

上述的單向判斷式中，若條件式成立即執行程式區塊中的程式碼，但是條件不成立時若需要執行某些程式時則無法達成，因此雙向判斷式即可達到這樣的可能情形，雙向判斷式為「if...else...」，語法如下所示。

```
if ( 條件式 ):
    程式區塊 1
else:
    程式區塊 2
```

上述的雙向判斷式中，當條件式成立時，會執行 if 後的程式區塊 1，而當條件式不成立時，則會執行 else 後的程式區塊 2，程式區塊可以是一行或者是多行的程式碼，若是程式區塊中的程式碼只有一行則猶如單向判斷式中的說明，可以合併為一行。

3. 多向判斷式

多向判斷式「if...elif...else...」是當有多個條件的判斷式，且單向與雙向判斷式都無法處理時，即可利用多向判斷式來處理，語法如下所示。

```
if ( 條件式 1):
    程式區塊 1
elif ( 條件式 2):
    程式區塊 2
elif ( 條件式 3):
    程式區塊 3
...
[else:
    程式區塊 else]
```

上述中，如果在多個條件式中，成立時即執行相對應的程式區塊。如果所有的條件都不成立時，則執行 else 後的程式區塊。若省略 else 區塊時，當所有的條件都不成立時，則將不會執行任何的程式區塊。

以下範例為設計一個程式，判斷所輸入分數的等級，大於 90 為優等，80 至 89 為甲等，70 至 79 為乙等，60 至 69 為丙等，其餘則為丁等。

```
1.    score = int(input("請輸入成績:"))
2.    if(score >= 90):
3.        print("優等")
4.    elif(score >= 80):
5.        print("甲等")
6.    elif(score >= 70):
7.        print("乙等")
8.    elif(score >= 60):
9.        print("丙等")
10.   else:
11.       print("丁等")
```

程式執行結果如下所示。

```
請輸入成績:92
優等

請輸入成績:77
乙等
```

4. 巢狀判斷式

判斷式中，若判斷式中又包含判斷式，則可稱之為巢狀判斷式，不過需要注意的是，當巢狀的層數過多時，會降低程式的可讀性，並且對於日後的維護增加困難度，以下將利用一個判斷輸入三個數字中最大值的程式來說明巢狀判斷式。

```
1.     a = int(input("請輸入第 1 個數 :"))
2.     b = int(input("請輸入第 2 個數 :"))
3.     c = int(input("請輸入第 3 個數 :"))
4.     max=-9999
5.     if(a>=b):
6.         if(a>=c):
7.             max=a
8.         else:
9.             max=c
10.    elif(b>=c):
11.        max=b
12.    else:

13.        max=c
14.    print("最大值為 :",max)
```

　　上述程式中第 1 至 3 行讀取輸入的三個數值，並將輸入的資料儲存至 a、b、c 變數。第 4 行先指定一個 max 變數為 -9999。第 5 至 13 行則是利用巢狀判斷式來判斷何者最大，若是最大則指定給 max 這個變數。第 14 行顯示最大值。程式執行結果如下所示。

```
請輸入第 1 個數 :3
請輸入第 2 個數 :2
請輸入第 3 個數 :1
最大值為 : 3
```

（二）迴圈流程

　　迴圈在程式語言中是重要的工作項目之一，以下將介紹 Python 中執行重複工作的迴圈，包括 range 函式、for 與 while 指令。

1.range 函式

　　range 函式的功能就是在建立整數循序的數列，因此在迴圈中扮演著重要的角色，以及將介紹 range 函式的語法。

(1) 單一參數

range 函式中使用單一參數的語法，如下所示。

數列變數 = range(整數)

此時因為只有單一參數，所以所產生的數列皆是由 0 為初始值，直到整數值－1，例如：

```
>>> list1=range(7)
>>> print(list(list1))
```

程式執行結果如下所示。

```
[0, 1, 2, 3, 4, 5, 6]
```

由上述程式執行的結果中可以得知，因為範例的單一參數是輸入 7，所以會產生由 0 開始至 7-1(6) 的數列。

(2) 二個參數

range 函式中若是有二個參數時，其中一個是起始值，另一個參數則為終止值，其語法如下所示。

數列變數 = range(起始值 , 終止值)

上述語法中所產生的數列變數為起始值至終止值－1 的數列，例如：

```
>>> list2=range(2,7)
>>> print(list(list2))
```

程式執行結果如下所示。

```
[2, 3, 4, 5, 6]
```

由上述的結果可以得知，因為起始值為 2，終止值為 7，所以此數列則為 2 至 6(7-1)。

起始值與終止值皆可以為負整數，但若是起始值大於或等於終止值的話，所產生的數列則是空串列，亦即數列中並沒有任何元素。

(3) 三個參數

range 函式中若有三個參數，則是除了起始值、終止值之外，再加上一個間隔值的參數，語法表示如下所示。

數列變數 = range(起始值 , 終止值 , 間隔值)

上述三個參數所產生的數列變數則是由起始值開始，直到終止值−1，其間每次都會遞增第三個參數的間隔值，例如：

```
>>> list3=range(2,7,2)
>>> print(list(list3))
```

程式執行結果如下所示。

```
[2, 4, 6]
```

由上述的執行結果中可以得知，因為起始值是 2，終止值是 7，間隔值是 2，所以產生的數列第一個元素是 2，其次增值間隔值為 2，所以第二個元素是

4(2+2)，以此類推則第三個元素為 6(4+2)，因為終止值是 7，所以最後一個元素即為 6(7-1)。

假如間隔值是負整數時，此時的起始值必須大於終止值，而所產生的數列則是會呈現遞減的情形，例如：

```
>>> list4=range(7,2,-2)
>>> print(list(list4))
```

程式執行結果如下所示。

```
[7, 5, 3]
```

2.for 迴圈

for 迴圈在程式語言中的迴圈是很常用的語法，基本語法如下所示。

```
for 變數 in 數列：
    程式區塊 1
[else:
    程式區塊 2]
```

for 語法中的數列是一個有順序的序列，可能是 range、字串、list、tuple 等，執行時，數列會產生變數的初始值，尚不符合迴圈的終止條件時，就會執行程式區塊中的程式碼，因此若數列中有多少個元素，就會執行幾次程式區塊。此外 Python 的 for 迴圈還有一個異於其他語言的特殊用法，那就是可以使用關鍵字「else」，此用法為當序列所有的元素都被取出，進行完最後一次迴圈後，便會執行 else 裡的內容。for 迴圈簡單範例說明如下。

```
1.      n = int(input("請輸入正整數:"))
2.      for i in range(1, n+1):
3.          print(i, end=" ")
```

```
請輸入正整數:7
1 2 3 4 5 6 7
```

上述的程式碼中，第 1 行為輸入 n 這個變數，以 7 為例，第 2 行迴圈的初始值為 1，因為未達到 8(7+1) 這個結束條件，所以執行第 3 行輸出 1，之後 i 加 1 為 2 時，還是未達到 8 這個結束條件，所以執行第 3 行程式區塊輸出 2，同理，直到第 8 次當 i=8 時，因為達到 8 這個迴圈結束條件，所以終止迴圈的執行。

(1) 巢狀 for 迴圈

假如在 for 迴圈之中再包含 for 迴圈，即稱為巢狀 for 迴圈。使用巢狀 for 迴圈時要特別注意執行次數，巢狀迴圈愈多，每層之間的乘積就會愈大，當執行次數過多的時候，即會有可能耗費過多的時間。

以下將利用巢狀 for 迴圈，製作九九乘法表。

```
1.      for i in range(1,10):
2.          for j in range(1,10):
3.              print("%d*%d=%2d"%(i,j,i*j), end=" ")
4.          print()
```

上述程式說明如下，第 1 行外層執行 1 至 9 的迴圈。第 2 行內層執行 1 至 9 的迴圈。第 3 行輸出外層乘以內層的結果，外層占 2 位數，內層占 2 位數，乘積占 2 位數。第 4 行外層執行 1 次後，輸出換行。

```
1*1= 1 1*2= 2 1*3= 3 1*4= 4 1*5= 5 1*6= 6 1*7= 7 1*8= 8 1*9= 9
2*1= 2 2*2= 4 2*3= 6 2*4= 8 2*5=10 2*6=12 2*7=14 2*8=16 2*9=18
3*1= 3 3*2= 6 3*3= 9 3*4=12 3*5=15 3*6=18 3*7=21 3*8=24 3*9=27
4*1= 4 4*2= 8 4*3=12 4*4=16 4*5=20 4*6=24 4*7=28 4*8=32 4*9=36
5*1= 5 5*2=10 5*3=15 5*4=20 5*5=25 5*6=30 5*7=35 5*8=40 5*9=45
6*1= 6 6*2=12 6*3=18 6*4=24 6*5=30 6*6=36 6*7=42 6*8=48 6*9=54
7*1= 7 7*2=14 7*3=21 7*4=28 7*5=35 7*6=42 7*7=49 7*8=56 7*9=63
8*1= 8 8*2=16 8*3=24 8*4=32 8*5=40 8*6=48 8*7=56 8*8=64 8*9=72
9*1= 9 9*2=18 9*3=27 9*4=36 9*5=45 9*6=54 9*7=63 9*8=72 9*9=81
```

(2) break 命令

執行迴圈時，迴圈中途若需要結束執行，可以利用 break 指令強制離開迴圈，亦即 break 命令為跳出迴圈，範例如下所示。

```
1.    for i in range(1,10):
2.        if(i==5):
3.            break
4.        print(i, end=",")
```

上述的程式中，原來迴圈是由 1 到 9（小於 10），但是在第 2 行的判斷式中，若 i==5 時，即會執行 break 指令，中斷迴圈的執行，因此結果只會出現 1，2，3，4，而不會出現 1 到 9。

(3) continue 命令

假如當迴圈執行到中途時，希望不執行某一次的程式區塊，而直接跳到迴圈的起始處繼續執行，此時即可利用 continue 命令，亦即 continue 命令為跳過迴圈，範例如下所示。

```
1.      for i in range(1,10):
2.          if(i==5):
3.              continue
4.          print(i, end=",")
```

　　上述的程式中，原來迴圈是由 1 到 9（小於 10），但是在第 2 行的判斷式中，若 i==5 時，即會執行 continue 指令，暫時停止這一次的迴圈執行，跳到迴圈處繼續執行，所以結果不會出現5，只會出現「1，2，3，4，6，7，8，9，」。

3.while 迴圈

　　與 for 迴圈利用數列來控制迴圈的執行次數不同，while 這個迴圈指令是以條件式是否成立來判斷是否執行迴圈，亦稱之為條件式迴圈，語法如下所示。

```
while ( 條件式 ):
    程式區塊
```

　　條件式的括號 () 若省略亦可正常執行，上述中的條件式若成立即會執行程式區塊，否則即會中止 while 迴圈的執行，簡單範例如下所示。

```
1.      total = n = 0
2.      pnum = int(input(" 請輸入正整數 :"))
3.      while(n < pnum):
4.          n = n+1
5.          total = total+n
6.      print("%d 到 %d 的總和為 %d"%(1,n,total))
```

　　上述的程式中，第 1 行設定結果 total 與次數 n 的初始值為 0。第 2 行輸入要計算連加總和的正整數，並且儲存至 pnum。第 3 至第 5 行為利用 while 迴圈

來計算總和。剛開始的迴圈當 n=0 小於輸入值時（pnum）時，即會執行第 4 至第 5 行，直到不符合 n<pnum 時，會跳離 while 迴圈而到第 6 行輸出結果。第 6 行輸出總和的計算結果。

請輸入正整數：7
1 到 7 的總和為 28

使用迴圈時要特別注意，當陷入無限迴圈時，唯有按 Ctrl+C 鍵中止程式執行，才能恢復系統的運作。

本章主要的目的在於介紹 Python 程式語言的簡介，其中包括如何安裝 Python 以及其使用介面、資料的讀取與檢視、Python 的常用指令以及函式、資料的使用與編輯、資料的處理與轉換，尤其是本書中重要資料結構 DataFrame 的介紹說明以及 Python 函式的概念與編寫。其中程式流程中，介紹與說明程式設計中的循序、判斷與迴圈等三個流程，每一個部分僅是簡介，若是初學者建議需要再研讀其他 Python 的參考書，不過若依照本書中的範例模仿練習，一樣可以達到本書資料分析的目的。

習題

請以本書範例 CH01_1.csv 檔案，利用 Python 語言來進行分析，並回答以下的問題。

1. 請利用 min()、max()、sum() 來計算各變項的最小值、最大值以及總和。
2. 請利用 sum()，新增一個 total 變項，此變項為前五個變項的總和，並利用 head() 來檢視資料是否正確？

量表題目分析

量表分析包括題目分析與測驗分析，題目分析包括二元計分類型的題目分析與多元計分類型的題目分析，至於測驗分析則包括信度分析與效度分析。以下將分別說明如何進行二元與多元計分的題目分析，其中的多元計分則包括具分量表多元計分的計算說明。

以下為本章使用的 Python 套件。

1. os

2. pandas

3. scipy

4. pingouin

壹、二元計分類型的題目分析

題目分析包括二元計分類型與多元計分類型的題目分析，題目分析的內涵一般來說包括難度、鑑別度、CR 值、試題與總分相關、刪題後 α 值等項目，以下將利用 Python 來進行題目分析，說明如下。

一、讀取資料檔

套用 os 套件並設定工作目錄為「D:\DATA\CH02\」。

```
>>> import os
>>> os.chdir('D:\\DATA\\CH02\\')
```

利用 pandas 套件並讀取資料檔「CH02_1.csv」，將資料儲存至 sdata0 這個變項。

```
>>> import pandas as pd
>>> sdata0 = pd.read_csv('CH02_1.csv')
```

二、檢視資料

　　檢視前 5 筆資料，如下所示。

```
>>> print(sdata0.head())
      ID  P01  P02  P03  P04  P05  P06  P07  P08  P09  ...  P31  P32  P33  \
0    ANS    3    2    4    2    2    3    4    4    1  ...    2    4    1
1  ST001    3    2    4    3    4    3    4    4    1  ...    2    4    1
2  ST002    2    2    4    2    2    1    3    4    1  ...    2    4    3
3  ST003    3    2    4    4    4    3    4    4    1  ...    2    4    1
4  ST004    3    2    4    4    4    3    4    4    1  ...    4    2    3

   P34  P35  P36  P37  P38  P39  P40
0    4    2    4    2    2    2    1
1    4    2    4    2    2    2    1
2    3    2    1    4    3    3    1
3    4    2    3    2    2    2    1
4    4    2    4    2    2    2    1
```

　　檢視前 5 筆資料時，資料檔的第 1 行是二元計分類型資料的答案，第 2 行以後才是受試者的反應資料，總共有 40 題資料，第一個欄位是受試者編號，以下檢視後 5 筆資料，如下所示。

```
>>> print(sdata0.tail())
       ID  P01  P02  P03  P04  P05  P06  P07  P08  P09  ...  P31  P32  P33  \
40  ST040    3    2    4    2    2    3    4    4    1  ...    2    4    1
41  ST041    3    2    4    2    2    3    4    3    2  ...    2    4    1
42  ST042    3    2    4    2    2    1    3    3    4  ...    2    2    1
43  ST043    3    2    4    1    4    3    4    4    1  ...    2    4    3
44  ST044    4    4    4    4    1    4    4    4    1  ...    3    2    1

    P34  P35  P36  P37  P38  P39  P40
40    3    2    4    2    2    2    1
41    2    2    4    2    2    2    1
42    3    2    1    2    3    1    1
43    1    2    3    2    2    2    1
44    3    2    3    2    2    2    1
```

　　由後 5 筆資料中可以得知，總共有 44 筆受試者的反應資料。計算受試者人數與試題數，如下所示。

```
>>> print(sdata0.shape)
(45, 41)
```

　　資料總共有 41 行、45 列，因為第 1 行是受試者的編號，所以題數是行數再減 1，而第 1 列是答案，所以人數是列數再減 1 為 44 人。

```
>>> pnum = sdata0.shape[1]-1
>>> snum = sdata0.shape[0]-1
```

　　檢視測驗題數（pnum）以及人數（snum）。

```
>>> print(" 資料的受試者人數 %4d 測驗題數 %4d"%(snum,pnum))
資料的受試者人數    44 測驗題數    40
```

由上述結果可以得知，此範例檔中題數 40，受試者人數 44。

三、二元計分

接下來開始進行二元計分檔案的計分步驟，利用第 1 行的答案來計分，並將結果儲存至 sdata1 的矩陣中，首先宣告 snum×pnum 的矩陣 sdata1。

```
1.   sdata1 = []
2.   i=0
3.   while (i <= snum-1):
4.       j=0
5.       sdata1_temp=[]
6.       sdata1_temp.append(sdata0.iloc[i+1,0])
7.       while (j <= pnum-1):
8.           if (sdata0.iloc[0,j+1]==sdata0.iloc[i+1,j+1]):
9.               sdata1_temp.append(1)
10.          else:
11.              sdata1_temp.append(0)
12.          j=j+1
13.      sdata1.append(sdata1_temp)
14.      i=i+1
```

上述程式中，先建置一個空的串列 sdata1 並開始計分，而 sdata1_temp.append(sdata0.iloc[i+1,0]) 是因為將受試者的 ID 先置入串列不用計分，之後的內迴圈則是開始計分，而 sdata1 即為計分結果，並將之轉換為資料框架（DataFrame）並另儲成 sdata2 變項，如下所示。

```
>>> sdata2 = pd.DataFrame(sdata1)
```

將 sdata2 欄位名稱轉換為原始檔案 sdata0 的欄位名稱。

```
>>> sdata2.columns = list(sdata0)
```

接著檢視計分前 5 筆的結果，如下所示。

```
>>> print(sdata2.head())
      ID  P01  P02  P03  P04  P05  P06  P07  P08  P09  ...  P31  P32  P33  \
0  ST001    1    1    1    0    0    1    1    1    1  ...    1    1    1
1  ST002    0    1    1    1    1    0    0    1    1  ...    1    1    0
2  ST003    1    1    1    0    0    1    1    1    1  ...    1    1    1
3  ST004    1    1    1    0    0    1    1    1    1  ...    0    0    0
4  ST005    0    1    1    1    1    1    1    1    1  ...    1    1    1

   P34  P35  P36  P37  P38  P39  P40
0    1    1    1    1    1    1    1
1    0    1    0    0    0    0    1
2    1    1    0    1    1    1    1
3    1    1    1    1    1    1    1
4    1    1    1    1    1    1    1
```

檢視結果，已成功地將 sdata0 的內容計分，並且儲存至 sdata2 的變項中。

四、描述性統計

以下將進行試題的描述性統計，分別是平均數、標準差、偏態與峰度的計算，其中的平均數即是二元計分類型試題的難度值，以下為第 1 題的計分結果。

```
>>> print(sdata2.iloc[:,1])
0    1
1    0
2    1
3    1
4    0
5    1
```

接下來計算第 1 題的平均數（mean）、標準差（sd）、偏態係數（skewness）與峰度係數（kurtosis），結果如下所示。

```
>>> print("第1題的難度值為 %6.3f"%sdata2.iloc[:,1].mean())
第1題的難度值為 0.705
>>> print("第1題的標準差為 %6.3f"%sdata2.iloc[:,1].std())
第1題的標準差為 0.462
>>> print("第1題的偏態值為 %6.3f"%sdata2.iloc[:,1].skew())
第1題的偏態值為 -0.929
>>> print("第1題的峰度值為 %6.3f"%sdata2.iloc[:,1].kurt())
第1題的峰度值為 -1.194
```

上述第 1 題的計算結果，平均數（難度）值為 0.705，標準差為 0.462，偏態係數值為 -0.929，峰度係數值為 -1.194。

接下來開始計算所有試題的平均數、標準差、偏態以及峰度係數，並且儲存至 sdata3 變項，如下所示。

```
1.  sdata3 = []
2.  i=0
3.  while (i <= pnum-1):
4.      sdata1_temp=[]
5.      sdata1_temp.append(sdata2.iloc[:,i+1].mean())
6.      sdata1_temp.append(sdata2.iloc[:,i+1].std())
7.      sdata1_temp.append(sdata2.iloc[:,i+1].skew())
8.      sdata1_temp.append(sdata2.iloc[:,i+1].kurt())
9.      sdata3.append(sdata1_temp)
10.     i=i+1
```

　　上述程式中即計算題目的難度（平均數）、標準差、偏態與峰度係數，並且新增（append）至空的 sdata3 變項中，接下來將 sdata3 轉換為 DataFrame 型態的變項，如下所示。

```
>>> sdata3 = pd.DataFrame(sdata3)
>>> sdata3.columns =['Mean','SD','Skew','Kurt']
```

　　上述即是將 sdata3 變項從串列型態轉換為 DataFrame 的變項型態，並且將此變項型態的欄位名稱命名為「Mean」、「SD」、「Skew」、「Kurt」，並顯示所計算結果的前 5 筆資料如下。

```
>>> print(sdata3.head())
      Mean        SD      Skew      Kurt
0  0.704545  0.461522 -0.928606 -1.194145
1  0.659091  0.479495 -0.695176 -1.591253
2  0.840909  0.369989 -1.930557  1.807165
3  0.522727  0.505258 -0.094247 -2.088255
4  0.522727  0.505258 -0.094247 -2.088255
```

　　由上述的結果可以得知，計算結果總共有 4 列，第 1 列爲平均數、第 2 列爲標準差、第 3 列則爲偏態係數、第 4 列則爲峰度係數。因此爲了方便識別，分別將這 4 列計算結果的變項加以命名爲「Mean」、「SD」、「Skew」與「Kurt」。

五、計算分組難度、鑑別度以及 CR 值

　　接下來要進行分組難度、鑑別度以及 CR 值的計算。二元計分的難度百分比法有二種，一種是將答對人數除以全部的受試者，另外一種算法即是將所有的人分成高分組與低分組，再藉由高分組與低分組的平均數來代表試題的難度，而以下即是利用這種方法來呈現試題難度。至於分組的方法，最常見的方式即是將所有的受試者分爲前 27% 的高分組與後 27% 的低分組，另外則有取前後 33% 或者是 25%。

　　首先計算受試者答題的總分，如下所示。

```
>>> c_sdata2 = list(sdata2)
>>> c_sdata2.pop(0)
'ID'
>>> print(c_sdata2)
['P01', 'P02', 'P03', 'P04', 'P05', 'P06', 'P07', 'P08', 'P09', 'P10', 'P11', 'P12',
 'P13', 'P14', 'P15', 'P16', 'P17', 'P18', 'P19', 'P20', 'P21', 'P22', 'P23', 'P24',
 'P25', 'P26', 'P27', 'P28', 'P29', 'P30', 'P31', 'P32', 'P33', 'P34', 'P35', 'P36',
 'P37', 'P38', 'P39', 'P40']
```

　　因爲要計算總分，將所要計算的串列標題儲存至 c_sdata2 變項中，而且因爲第一個欄位是 ID 不用計算，所以將它彈出 c_sdata2.pop(0)，並檢視 c_sdata2 變項，接下來進行總和與平均數的計算至 sdata2 變項中。

```
>>> sdata2['psum']=sdata2[c_sdata2].sum(axis='columns')
>>> sdata2['pmean']=sdata2['psum']/pnum
>>> print(sdata2['psum'])
0      29
1      20
2      31
3      29
4      36
5      20
...
>>> print(sdata2['pmean'])
0      0.725
1      0.500
2      0.775
3      0.725
4      0.900
5      0.500
...
```

上述程式為計算題目的總和以及平均數，並且檢視計算的結果。

```
>>> print(sdata2['psum'].describe())
count    44.000000
mean     27.181818
std       6.545983
min      14.000000
25%      21.000000
50%      29.000000
75%      31.000000
max      40.000000
Name: psum, dtype: float64
```

檢視總和的描述性資料，分別是平均數 27.18，標準差 6.55，最小值 14.00，最大值 40.00，百分等級 25 值 21.00，百分等級 50 值 29.00，百分等級 75 值 31.00。

計算高分組與低分組分組的界限分數 LB（27%）與 HB（73%），如下所示。

```
>>> lb=sdata2['psum'].quantile(0.27)
>>> hb=sdata2['psum'].quantile(0.73)
```

顯示 LB 與 HB 的值，如下所示，低分組的上限為 21.61，高分組的下限為 31，介於之間的則為中分組。

```
>>> print(lb)
21.61
>>> print(hb)
31.0
```

由上述資料可以得知，低於 21.61 即為低分組，而高於 31 即為高分組。以下即將在組別的欄位（grp）指定高、中、低分組。

```
>>> sdata2.loc[sdata2.psum>0, 'grp']='M'
>>> sdata2.loc[sdata2.psum>=hb, 'grp']='H'
>>> sdata2.loc[sdata2.psum<=lb, 'grp']='L'
```

檢視前 5 筆資料分組的結果，如下所示。

```
>>> print(sdata2.head())
     ID  P01  P02  P03  P04  P05  P06  P07  P08  P09  ...  P34  P35  P36  \
0  ST001   1    1    1    0    0    1    1    1    1   ...    1    1    1
1  ST002   0    1    1    1    1    0    0    1    1   ...    0    1    0
2  ST003   1    1    1    0    0    1    1    1    1   ...    1    1    0
3  ST004   1    1    1    0    0    1    1    1    1   ...    1    1    1
4  ST005   0    1    1    1    1    1    1    1    1   ...    1    1    1

   P37  P38  P39  P40  psum  pmean  grp
0    1    1    1    1    29  0.725    M
1    0    0    0    1    20  0.500    L
2    1    1    1    1    31  0.775    H
3    1    1    1    1    29  0.725    M
4    1    1    1    1    36  0.900    H
```

由上述的結果可以得知第 2 筆資料因爲總分爲 20，小於 21.61，所以爲低分組，至於第 5 筆資料總分 36，因爲大於等於 31，所以爲高分組。

以下的程式主要是計算高分組的難度、低分組的難度、分組難度、鑑別度以及 CR 值，因爲計算 CR 值即是進行高低分組二組間獨立樣本 t 考驗，所以需先引入 scipy.stats 套件。

```
>>> import scipy.stats as stats
```

先進行第 1 題 CR 值的計算，如下所示，並顯示結果。

```
>>> group1 = sdata2['P01'][sdata2['grp']=='H']
>>> group2 = sdata2['P01'][sdata2['grp']=='L']
>>> cr = stats.ttest_ind(group1,group2)
>>> print(cr)
Ttest_indResult(statistic=1.696272296919541, pvalue=0.1022535505047268)
```

　　由上述的計算結果可以得知第 1 題的 CR 值為 1.696，而其 p 值為 0.102 未達顯著水準 0.05，考驗結果接受虛無假設，表示第 1 題的低分組與高分組之間並沒有差異。

　　計算第 1 題分組的難度與鑑別度，並檢視計算結果，如下所示。

```
>>> ph = (sdata2['P01'][sdata2['grp']=='H']).mean()
>>> p1 = (sdata2['P01'][sdata2['grp']=='L']).mean()
>>> group3m = (ph+p1)/2
>>> group4m = (ph-p1)
>>> print(group3m)
0.7250000000000001
>>> print(group4m)
0.2833333333333333
```

　　由上述的結果可以得知，第 1 題的分組難度值為 0.725，鑑別度則為 0.283。

六、計算題目與總分相關係數

　　接下來要進行的是題目與總分的相關，利用 from scipy.stats import pearsonr 套件來計算題目與總分相關，並且利用 corr() 函式來計算，如下所示。

```
>>> npr=sdata2[c_sdata2[1]].corr(sdata2['psum'], method='pearson')
>>> print(npr)
0.18320985180015067
```

　　上題為第 2 題與總分之間的相關係數，檢視計算結果為 0.183。

七、計算刪題後信度

　　接下來利用 pingouin 套件來計算刪題後的信度係數，並且利用 scipy.stats 套件來計算相關係數，如下所示。

```
>>> import pingouin as pg
>>> from scipy.stats import pearsonr
```

檢視刪題後的信度以及題目信度，如下所示。

```
1.   sdata3 = []
2.   i=0
3.   while (i <= pnum-1):
4.       sdata1_temp=[]
5.       sub_df = sdata4.drop(c_sdata2[i], axis=1)
6.       ac = pg.cronbach_alpha(sub_df)
7.       scale_mean = sub_df.mean().sum()
8.       variance = sub_df.sum(axis=1).var()
9.       pr = pearsonr(sub_df.mean(axis=1), sdata4[c_sdata2[i]])
10.      sdata1_temp.append(scale_mean)
11.      sdata1_temp.append(variance)
12.      sdata1_temp.append(pr[0])
13.      sdata1_temp.append(ac[0])
14.      sdata3.append(sdata1_temp)
15.      i=i+1
16.  sdata3 = pd.DataFrame(sdata3)
17.  sdata3.columns =['SMean','SVar','Ir','IA']
```

上述程式中迴圈的第 5 行，即是將該題刪除，然後在第 6 行計算 α 信度，即為刪題後信度。另外第 9 行為利用 pearsonr() 函式來計算題目與總分之相關係數，並且在第 10 行至第 13 行將計算結果儲存至暫時的變項中，而於第 16 行將所有的計算結果變項 sdata3 轉換成 DataFrame 的變項型態。

檢視計算後的結果，將 sdata3 串列變項轉為 DataFrame，並且為了清楚欄位內容，將檔案名稱命名為 SMean(Scale Mean if Item Deleted)、SVar(Scale Variance if Item Deleted)、Ir(Corrected Item-Total Correlation)、IA(Cronbach's Alpha if Item Deleted)。

```
>>>print(sdata3)

        SMean       SVar        Ir         IA
0   26.477273   41.464588   0.197233   0.853722
1   26.522727   41.929704   0.111160   0.856050
2   26.340909   40.136892   0.549507   0.846066
3   26.659091   40.369450   0.346570   0.850114
4   26.659091   41.206660   0.213967   0.853694
5   26.340909   42.276427   0.090738   0.855188
6   26.659091   41.485729   0.170370   0.854856
7   26.477273   40.069239   0.439449   0.847711
...
```

八、合併二元計分題目分析結果

　　將上述分組難度、鑑別度、CR 值、題目與總分相關、刪題後信度、題目信度等題目分析結果合併，並儲存至 sdata3 變項。

```
>>> import pingouin as pg
>>> from scipy.stats import pearsonr
```

```
1.   sdata3 = []
2.   i=0
3.   while (i <= pnum-1):
4.       sdata1_temp=[]
5.       sdata1_temp.append(sdata2.iloc[:,i+1].mean())
6.       sdata1_temp.append(sdata2.iloc[:,i+1].std())
7.       sdata1_temp.append(sdata2.iloc[:,i+1].skew())
8.       sdata1_temp.append(sdata2.iloc[:,i+1].kurt())
9.       ph = (sdata2[c_sdata2[i]][sdata2['grp']=='H']).mean()
10.      pl = (sdata2[c_sdata2[i]][sdata2['grp']=='L']).mean()
11.      sdata1_temp.append(ph)
12.      sdata1_temp.append(pl)
13.      sdata1_temp.append((ph+pl)/2)
14.      sdata1_temp.append(ph-pl)
15.      cr = stats.ttest_ind(sdata2[c_sdata2[i]][sdata2['grp']=='H'],sdata2[c_
     sdata2[i]][sdata2['grp']=='L'])
16.      sdata1_temp.append(cr.statistic)
17.      sdata1_temp.append(cr.pvalue)
18.      sdata1_temp.append(sdata2[c_sdata2[i]].corr(sdata2['psum'],
     method='pearson'))
19.      sub_df = sdata4.drop(c_sdata2[i], axis=1)
20.      ac = pg.cronbach_alpha(sub_df)
21.      scale_mean = sub_df.mean().sum()
22.      variance = sub_df.sum(axis=1).var()
23.      pr = pearsonr(sub_df.mean(axis=1), sdata4[c_sdata2[i]])
24.      sdata1_temp.append(scale_mean)
25.      sdata1_temp.append(variance)
26.      sdata1_temp.append(pr[0])
27.      sdata1_temp.append(ac[0])
28.      sdata3.append(sdata1_temp)
29.      i=i+1
30.  sdata3 = pd.DataFrame(sdata3)
31.  sdata3.columns =['Mean','SD','Skew','Kurt','PH','PL','P','D','CR','p','r','SMea
     n','SVar','Ir','IA']
```

　檢視合併二元計分題目的分析結果，如下所示。

```
>>> print(sdata3.head())
      Mean        SD      Skew      Kurt        PH        PL         P  \
0  0.704545  0.461522 -0.928606 -1.194145  0.866667  0.583333  0.725000
1  0.659091  0.479495 -0.695176 -1.591253  0.733333  0.583333  0.658333
2  0.840909  0.369989 -1.930557  1.807165  1.000000  0.500000  0.750000
3  0.522727  0.505258 -0.094247 -2.088255  0.733333  0.333333  0.533333
4  0.522727  0.505258 -0.094247 -2.088255  0.666667  0.416667  0.541667

          D        CR         p         r      SMean       SVar        Ir  \
0  0.283333  1.696272  0.102254  0.264523  26.477273  41.464588  0.197233
1  0.150000  0.800641  0.430883  0.183210  26.522727  41.929704  0.111160
2  0.500000  3.726780  0.000996  0.588348  26.340909  40.136892  0.549507
3  0.400000  2.182179  0.038704  0.413576  26.659091  40.369450  0.346570
4  0.250000  1.290994  0.208517  0.287010  26.659091  41.206660  0.213967

         IA
0  0.853722
1  0.856050
2  0.846066
3  0.850114
4  0.853694
```

　將 sdata3 的資料內容轉寫成文字檔案（result3.csv），如下所示。

```
>>> sdata3.to_csv('result3.csv',encoding='utf-8')
```

　亦可以利用迴圈將 sdata3 的資料內容轉寫成文字變項，如下所示。

```
1.  Cresult = ''
2.  Cresult = Cresult + 'Mean SD Skew  Kurt  PH  PL  P  D  CR  p  r  SMean  SVar  Ir
    IA \n'
3.  for i in range(0, sdata3.shape[0]-1):
4.      Cresult = Cresult +' 第 '+str(i)+' 題 '
5.      for j in range(0,sdata3.shape[1]-1):
6.          Cresult = Cresult+" "+str(sdata3.iloc[i][j].round(4))+" "
7.      Cresult = Cresult +'\n'
```

檢視合併結果文字變項的前 7 筆資料，如下所示。

```
>>> print(Cresult)
```

No	Mean	SD	Skew	Kurt	PH	PL	P	D	CR	p	r	SMean	SVar	Ir	IA
第 0 題	0.7045	0.4615	-0.9286	-1.1941	0.8667	0.5833	0.725	0.2833	1.6963	0.1023	0.2645	26.4773	41.4646	0.1972	0.8537
第 1 題	0.6591	0.4795	-0.6952	-1.5913	0.7333	0.5833	0.6583	0.15	0.8006	0.4309	0.1832	26.5227	41.9297	0.1112	0.8561
第 2 題	0.8409	0.37	-1.9306	1.8072	1.0	0.5	0.75	0.5	3.7268	0.001	0.5883	26.3409	40.1369	0.5495	0.8461
第 3 題	0.5227	0.5053	-0.0942	-2.0883	0.7333	0.3333	0.5333	0.4	2.1822	0.0387	0.4136	26.6591	40.3695	0.3466	0.8501
第 4 題	0.5227	0.5053	-0.0942	-2.0883	0.6667	0.4167	0.5417	0.25	1.291	0.2085	0.287	26.6591	41.2067	0.214	0.8537
第 5 題	0.8409	0.37	-1.9306	1.8072	0.8667	0.75	0.8083	0.1167	0.7547	0.4575	0.1467	26.3409	42.2764	0.0907	0.8552
第 6 題	0.5227	0.5053	-0.0942	-2.0883	0.6	0.3333	0.4667	0.2667	1.3752	0.1813	0.2448	26.6591	41.4857	0.1704	0.8549

　　將二元計分題目的分析結果儲存至文字檔，並且將檔案的內容編碼為 utf-8，如下所示。

```
>>> fp = open('result1.txt','w', encoding="utf-8")
>>> print(Cresult, file=fp)
>>> fp.close()
```

　　此時可以將結果的文字檔（result.txt）匯入 EXCEL 檔案中，開啟 EXCEL 後，點選檔案＼開啟舊檔，選擇 result.txt，此時即會出現匯入精靈，如下圖。

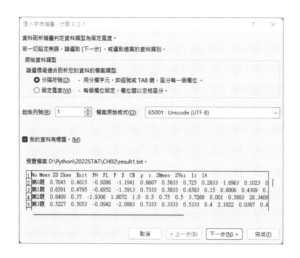

點選分隔符號以及我的資料有標題，之後點選下一步。

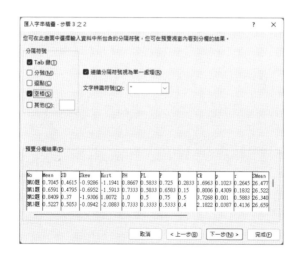

點選分隔符號，Tab 鍵與空格後再點選下一步。

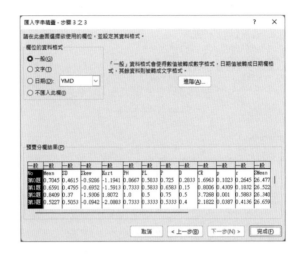

點選下一步之後即可在 EXCEL 檢視匯入的結果，如下圖。

No	Mean	SD	Skew	Kurt	PH
第0題	0.7045	0.4615	-0.9286	-1.1941	0.8667
第1題	0.6591	0.4795	-0.6952	-1.5913	0.7333
第2題	0.8409	0.3700	-1.9306	1.8072	1.0000
第3題	0.5227	0.5053	-0.0942	-2.0883	0.7333
第4題	0.5227	0.5053	-0.0942	-2.0883	0.6667
第5題	0.8409	0.3700	-1.9306	1.8072	0.8667
第6題	0.5227	0.5053	-0.0942	-2.0883	0.6000
第7題	0.7045	0.4615	-0.9286	-1.1941	0.8667
第8題	0.8864	0.3210	-2.5216	4.5639	1.0000
第9題	0.4545	0.5037	0.1891	-2.0601	0.5333
第10題	0.2500	0.4380	1.1959	-0.5993	0.4667

此時可以設定格式，另存新檔或者是複製至 WORD 文書處理程式來加以應用。

九、二元計分題目分析程式

以下為二元計分題目分析完整的程式。

```
1.  #Filename: CH02_1.py
2.  #二元計分的題目分析
```

```
3.    import os
4.    os.chdir('D:\\DATA\\CH02\\')
5.    import pandas as pd
6.    sdata0 = pd.read_csv('CH02_1.csv')
7.    pnum = sdata0.shape[1]-1
8.    snum = sdata0.shape[0]-1
9.    print("資料的受試者人數 %4d 測驗題數 %4d"%(snum,pnum))
10.   sdata1 = []
11.   i=0
12.   while (i <= snum-1):
13.       j=0
14.       sdata1_temp=[]
15.       sdata1_temp.append(sdata0.iloc[i+1,0])
16.       while (j <= pnum-1):
17.           if (sdata0.iloc[0,j+1]==sdata0.iloc[i+1,j+1]):
18.               sdata1_temp.append(1)
19.           else:
20.               sdata1_temp.append(0)
21.           j=j+1
22.       sdata1.append(sdata1_temp)
23.       i=i+1
24.   sdata2 = pd.DataFrame(sdata1)
25.   sdata2.columns = list(sdata0)
26.
27.   sdata4 = sdata2.drop(columns=['ID'])
28.   c_sdata2 = list(sdata2)
29.   c_sdata2.pop(0)
30.   sdata2['psum']=sdata2[c_sdata2].sum(axis='columns')
31.   sdata2['pmean']=sdata2['psum']/pnum
32.
33.   lb=sdata2['psum'].quantile(0.27)
34.   hb=sdata2['psum'].quantile(0.73)
35.
36.   sdata2.loc[sdata2.psum>0, 'grp']='M'
37.   sdata2.loc[sdata2.psum>=hb, 'grp']='H'
38.   sdata2.loc[sdata2.psum<=lb, 'grp']='L'
39.
40.   import scipy.stats as stats
41.   group1 = sdata2['P01'][sdata2['grp']=='H']
```

```
42.  group2 = sdata2['P01'][sdata2['grp']=='L']
43.  cr = stats.ttest_ind(group1,group2)
44.  ph = (sdata2['P01'][sdata2['grp']=='H']).mean()
45.  pl = (sdata2['P01'][sdata2['grp']=='L']).mean()
46.  group3m = (ph+pl)/2
47.  group4m = (ph-pl)
48.
49.  import pingouin as pg
50.  from scipy.stats import pearsonr
51.
52.  sdata3 = []
53.  i=0
54.  while (i <= pnum-1):
55.      sdata1_temp=[]
56.      sdata1_temp.append(sdata2.iloc[:,i+1].mean())
57.      sdata1_temp.append(sdata2.iloc[:,i+1].std())
58.      sdata1_temp.append(sdata2.iloc[:,i+1].skew())
59.      sdata1_temp.append(sdata2.iloc[:,i+1].kurt())
60.
61.      ph = (sdata2[c_sdata2[i]][sdata2['grp']=='H']).mean()
62.      pl = (sdata2[c_sdata2[i]][sdata2['grp']=='L']).mean()
63.      sdata1_temp.append(ph)
64.      sdata1_temp.append(pl)
65.      sdata1_temp.append((ph+pl)/2)
66.      sdata1_temp.append(ph-pl)
67.
68.      cr = stats.ttest_ind(sdata2[c_sdata2[i]][sdata2['grp']=='H'],sdata2[c_
     sdata2[i]][sdata2['grp']=='L'])
69.      sdata1_temp.append(cr.statistic)
70.      sdata1_temp.append(cr.pvalue)
71.
72.      sdata1_temp.append(sdata2[c_sdata2[i]].corr(sdata2['psum'], method='pearson'))
73.
74.      sub_df = sdata4.drop(c_sdata2[i], axis=1)
75.      ac = pg.cronbach_alpha(sub_df)
76.      scale_mean = sub_df.mean().sum()
77.      variance = sub_df.sum(axis=1).var()
78.      pr = pearsonr(sub_df.mean(axis=1), sdata4[c_sdata2[i]])
79.      sdata1_temp.append(scale_mean)
```

```
80.      sdata1_temp.append(variance)
81.      sdata1_temp.append(pr[0])
82.      sdata1_temp.append(ac[0])
83.
84.      sdata3.append(sdata1_temp)
85.      i=i+1
86. sdata3 = pd.DataFrame(sdata3)
87. sdata3.columns =['Mean','SD','Skew','Kurt','PH','PL','P','D','CR','p','r','SMean'
    ,'SVar','Ir','IA']
88.
89. print(sdata3)
90.
91. sdata3.to_csv('result4.csv',encoding='utf-8')
92.
93. Cresult = ''
94. Cresult = Cresult + 'No Mean SD Skew  Kurt  PH  PL  P  D  CR  p  r  SMean  SVar
    Ir  IA \n'
95. for i in range(0, sdata3.shape[0]-1):
96.      Cresult = Cresult +' 第 '+str(i+1)+' 題 '
97.      for j in range(0,sdata3.shape[1]):
98.          Cresult = Cresult+" "+str(sdata3.iloc[i][j].round(4))+" "
99.      Cresult = Cresult +'\n'
100.fp = open('result5.txt','w', encoding="utf-8")
101.print(Cresult, file=fp)
102.fp.close()
```

貳、多元計分類型的題目分析

　　多元計分類型的題目分析與二元計分類型的題目分析有許多的觀念及做法都是雷同的。例如：CR 值、試題與總分相關、刪題後 α 值等，以下將利用 Python 的 pandas 套件進行多元計分類型的題目分析，說明如下。

一、讀取資料檔

　　設定工作目錄為「D:\DATA\CH02\」。

```
>>> import os
>>> os.chdir('D:\\DATA\\CH02\\')
```

讀取資料檔「CH02_2.csv」，並將資料儲存至 sdata0 這個變項。

```
>>> import pandas as pd
>>> sdata0 = pd.read_csv('CH02_2.csv')
```

二、檢視資料

檢視前 5 筆資料，如下所示。

```
>>> print(sdata0.head())
     ID  B101  B102  B103  B104  B105  B106  B201  B202  B203  ...  B303  \
0  ST001     4     4     4     4     4     4     4     4     4  ...     4
1  ST002     4     4     4     4     4     4     4     4     4  ...     4
2  ST003     3     3     3     3     3     3     3     3     3  ...     3
3  ST004     3     3     3     3     4     3     3     3     3  ...     3
4  ST005     3     3     3     3     3     3     3     3     3  ...     4

   B304  B305  B306  B401  B402  B403  B404  B405  B406
0     4     4     4     3     3     3     3     3     3
1     4     4     4     3     3     4     3     4     3
2     3     3     3     3     2     3     3     3     3
3     3     3     3     3     3     3     3     3     3
4     4     3     3     3     3     3     3     3     3
```

檢視前 5 筆資料時，資料檔的第 1 行是第一筆受試者的反應資料，總共有 100 筆資料（0-99），第一個欄位是受試者編號，以下檢視後 5 筆資料，如下所示。

```
>>> print(sdata0.tail())
     ID   B101  B102  B103  B104  B105  B106  B201  B202  B203  ...  B303  \
95  ST096    4     4     4     4     4     4     4     4     4  ...    4
96  ST097    3     3     3     3     3     3     3     3     3  ...    3
97  ST098    4     3     4     4     4     4     4     4     4  ...    4
98  ST099    3     3     3     3     3     3     3     3     3  ...    3
99  ST100    4     4     4     4     4     4     4     4     4  ...    4

     B304  B305  B306  B401  B402  B403  B404  B405  B406
95    4     4     4     4     4     3     4     4     4
96    3     3     3     4     3     3     3     4     3
97    4     4     4     4     4     4     4     4     4
98    3     3     3     3     2     3     3     3     3
99    4     4     4     4     3     4     4     4     4
```

　　由後 5 筆資料中可以得知，總共有 100 筆（0-99）受試者的反應資料。計算
受試者人數與試題數，如下所示，因為第 1 行是受試者的編號，所以題數是行數
再減 1，而人數即是列數。

```
>>> print(sdata0.shape)
(100, 25)
>>> pnum = sdata0.shape[1]-1
>>> snum = sdata0.shape[0]
```

　　檢視題數（pnum）以及人數（snum），如下所示。

```
>>> print(" 資料的受試者人數 %4d 測驗題數 %4d"%(snum,pnum))
資料的受試者人數  100 測驗題數   24
```

　　由上述結果可以得知，此範例檔中題數 24，受試者人數 100。

三、描述性統計

　　接下來開始進行多元計分檔案的描述性統計，首先將原始資料 sdata0 複製至 sdata2，如下所示。

```
>>> sdata2 = sdata0.copy()
```

　　檢視第 1 題的反應資料，如下所示。

```
>>> print(sdata2.iloc[:,1])
0     4
1     4
2     3
3     3
4     3
     ..
95    4
96    3
97    4
98    3
99    4
Name: B101, Length: 100, dtype: int64
```

　　檢視結果，已成功地將 sdata0 的內容儲存至 sdata1 的變項中。

　　接下來將進行試題的描述性統計，分別是平均數、標準差、偏態與峰度的計算，如下為第 1 題的平均數、標準差、偏態以及峰度係數等描述性統計資料。

```
>>> print(" 第 1 題的平均數爲 %6.3f"%sdata2.iloc[:,1].mean())
第 1 題的平均數爲 3.360
>>> print(" 第 1 題的標準差爲 %6.3f"%sdata2.iloc[:,1].std())
第 1 題的標準差爲 0.482
>>> print(" 第 1 題的偏態值爲 %6.3f"%sdata2.iloc[:,1].skew())
第 1 題的偏態值爲 0.592
>>> print(" 第 1 題的峰度值爲 %6.3f"%sdata2.iloc[:,1].kurt())
第 1 題的峰度值爲 -1.683
```

　　顯示計算結果資料，平均數爲 3.360、標準差爲 0.482、偏態值爲 0.592 與峰度值爲 -1.683。

```
1.    sdata3 = []
2.    i=0
3.    while (i <= pnum-1):
4.        sdata1_temp=[]
5.        sdata1_temp.append(sdata2.iloc[:,i+1].mean())
6.        sdata1_temp.append(sdata2.iloc[:,i+1].std())
7.        sdata1_temp.append(sdata2.iloc[:,i+1].skew())
8.        sdata1_temp.append(sdata2.iloc[:,i+1].kurt())
9.        sdata3.append(sdata1_temp)
10.       i=i+1
```

　　上述程式中即計算題目的難度（平均數）、標準差、偏態與峰度係數，並且新增至空的 sdata3 變項中，接下來將 sdata3 轉換爲 DataFrame 型態的變項，如下所示。

```
>>> sdata3 = pd.DataFrame(sdata3)
>>> sdata3.columns =['Mean','SD','Skew','Kurt']
```

　　上述即是將 sdata3 從串列型態轉換爲 DataFrame 的變項型態，並且將此變

項型態的欄位名稱命名為 'Mean'、'SD'、'Skew'、'Kurt'，並顯示所計算結果的前 5 筆資料如下。

```
>>> print(sdata3.head())
   Mean      SD      Skew      Kurt
0  3.36  0.482418  0.592254 -1.683312
1  3.38  0.508116  0.265123 -1.379920
2  3.46  0.500908  0.162969 -2.014136
3  3.41  0.514340  0.143488 -1.459521
4  3.51  0.522136 -0.257758 -1.450430
```

由上述的結果可以得知，計算結果總共有 4 列，第 1 列為平均數、第 2 列為標準差、第 3 列則為偏態係數、第 4 列則為峰度係數。因此為了方便識別，分別將這 4 列計算結果的變項加以命名為「Mean」、「SD」、「Skew」與「Kurt」。由結果可以得知，第 4 題的平均數為 3.41、標準差 0.51、偏態 0.14、峰度 -1.46。

四、計算分組平均數、差異以及 CR 值

接下來要進行分組平均數、差異以及 CR 值的計算。多元計分鑑別力 CR 值的計算需要將所有的人分成高分組與低分組，再藉由高分組與低分組的平均數進行 t 考驗，所計算的 t 值即為 CR 值。至於分組的方法，最常見的方式即是將所有的受試者分為前 27% 的高分組與後 27% 的低分組，另外則有取前後 33% 或者是 25%。

首先因為要計算刪除後信度的資料，建立 sdata2 變項 ID 欄位去除變項 sdata4，並且將欄位儲存成 c_sdata2 變項。

```
>>> sdata4 = sdata2.drop(columns=['ID'])
>>> c_sdata2 = list(sdata2)
>>> c_sdata2.pop(0)
'ID'
>>> print(c_sdata2)
['B101', 'B102', 'B103', 'B104', 'B105', 'B106', 'B201', 'B202', 'B203', 'B204',
 'B205', 'B206', 'B301', 'B302', 'B303', 'B304', 'B305', 'B306', 'B401', 'B402',
 'B403', 'B404', 'B405', 'B406']
```

　　因為計算不必用到 ID 欄位，所以將 ID 的欄位去除（sdata2.pop(0)），程式如上。接下來計算受試者答題的總分，並且顯示所計算的結果，如下所示。

```
>>> sdata2['psum']=sdata2[c_sdata2].sum(axis='columns')
>>> print(sdata2['psum'])
0     88
1     92
2     70
3     73
4     74
      ..
95    95
96    74
97    92
98    71
99    92
Name: psum, Length: 100, dtype: int64
```

　　由前述資料中可以得知，新增一個總分的欄位（psum），接下來計算平均數（pmean），並顯示平均數的描述性統計資料，如下所示。

```
>>> sdata2['pmean']=sdata2['psum']/pnum
>>> sdata2['pmean'].describe()
count    100.000000
mean       3.373750
std        0.394728
min        2.458333
25%        3.000000
50%        3.333333
75%        3.791667
max        4.000000
Name: pmean, dtype: float64
```

上述平均數的描述性統計資料計算結果，平均數為 3.37，標準差為 0.39，最小值為 2.46，百分等級 25 值為 3.00，百分等級 50 值為 3.33，百分等級 75 值為 3.79，最大值為 4.00。接下來要依據總分來加以分組，計算高分組與低分組分組的界限分數 LB（27%）與 HB（73%）。

```
>>> lb=sdata2['psum'].quantile(0.27)
>>> hb=sdata2['psum'].quantile(0.73)
```

顯示 LB 與 HB 的值，如下所示。

```
>>> print(lb)
72.0
>>> print(hb)
91.0
```

由上述資料可以得知，低於 72.00 即為低分組，而高於 91.00 即為高分組。接下來新增一個組別的欄位（grp），以下即將在組別的欄位（grp）指定高、中、低分組。

```
>>> sdata2.loc[sdata2.psum>0, 'grp']='M'
>>> sdata2.loc[sdata2.psum>=hb, 'grp']='H'
>>> sdata2.loc[sdata2.psum<=1b, 'grp']='L'
```

　　檢視前 5 筆資料分組的結果，如下所示。

```
>>> print(sdata2.head())
     ID  B101  B102  B103  B104  B105  B106  B201  B202  B203  ...  B306  \
0  ST001     4     4     4     4     4     4     4     4     4  ...     4
1  ST002     4     4     4     4     4     4     4     4     4  ...     4
2  ST003     3     3     3     3     3     3     3     3     3  ...     3
3  ST004     3     3     3     3     4     3     3     3     3  ...     3
4  ST005     3     3     3     3     3     3     3     3     3  ...     3

   B401  B402  B403  B404  B405  B406  psum     pmean  grp
0     3     3     3     3     3     3    88  3.666667    M
1     3     3     4     3     4     3    92  3.833333    H
2     3     2     3     3     3     3    70  2.916667    L
3     3     3     3     3     3     3    73  3.041667    M
4     3     3     3     3     3     3    74  3.083333    M
```

　　由上述的結果可以得知第 2 筆資料因為總分為 92，高於 91.00 所以為高分組，至於第 3 筆資料，總分 70 因為小於等於 72.00，所以為低分組，介於二者之間則為中分組。

　　以下的程式主要是計算高分組的難度、低分組的難度、分組難度、鑑別度以及 CR 值，如下所示。其中計算 CR 值即是進行獨立樣本 t 考驗，所以需要先匯入 scipy.stats 的套件。

```
>>> import scipy.stats as stats
```

首先以第 1 題為例，定義要比較的二組，如下所示。

```
>>> group1 = sdata2[c_sdata2[0]][sdata2['grp']=='H']
>>> group2 = sdata2[c_sdata2[0]][sdata2['grp']=='L']
```

進行獨立樣本 t 考驗，並顯示考驗結果，如下所示。

```
>>> cr = stats.ttest_ind(group1,group2)
>>> print(cr)
Ttest_indResult(statistic=11.34545275630788, pvalue=5.006784728581144e-16)
```

由上述的結果可以得知，第 1 題高低分組的 t 考驗結果為 11.345，亦即第 1 題的 CR 值為 11.345，並且高低分組的差異達顯著水準（<0.05），亦即第 1 題的高分組與低分組的表現呈顯著性的差異。

接下來進行分組難度與鑑別度的計算，先計算第 1 題高低分組的平均數，即難度如下所示。

```
>>> ph = (sdata2[c_sdata2[0]][sdata2['grp']=='H']).mean()
>>> pl = (sdata2[c_sdata2[0]][sdata2['grp']=='L']).mean()
```

接著計算第 1 題的分組難度與鑑別度，並顯示計算結果，如下所示。

```
>>> group3m = (ph+pl)/2
>>> group4m = (ph-pl)
>>> print(group3m)
3.4107142857142856
>>> print(group4m)
0.8214285714285716
```

　　如上計算結果，第 1 題分組難度為 3.41，而鑑別度則為 0.82。

```
1.   sdata3 = []
2.   i=0
3.   while (i <= pnum-1):
4.       sdata1_temp=[]
5.       sdata1_temp.append(sdata2.iloc[:,i+1].mean())
6.       sdata1_temp.append(sdata2.iloc[:,i+1].std())
7.       sdata1_temp.append(sdata2.iloc[:,i+1].skew())
8.       sdata1_temp.append(sdata2.iloc[:,i+1].kurt())
9.       sdata3.append(sdata1_temp)
10.      i=i+1
```

　　上述程式中即計算題目的難度（平均數）、標準差、偏態與峰度係數，並且新增至空的 sdata3 變項中，接下來將 sdata3 轉換為 DataFrame 型態的變項，如下所示。

```
>>> sdata3 = pd.DataFrame(sdata3)
>>> sdata3.columns =['Mean','SD','Skew','Kurt']
```

　　上述即是將 sdata3 從串列型態轉換為 DataFrame 的變項型態，並且將此變項型態的欄位名稱命名為「Mean」、「SD」、「Skew」、「Kurt」，並顯示所計算結果的前 5 筆資料如下。

```
>>> print(sdata3.head())
      Mean        SD      Skew      Kurt
0  0.704545  0.461522 -0.928606 -1.194145
1  0.659091  0.479495 -0.695176 -1.591253
2  0.840909  0.369989 -1.930557  1.807165
3  0.522727  0.505258 -0.094247 -2.088255
4  0.522727  0.505258 -0.094247 -2.088255
```

　　由上述的結果可以得知，計算結果總共有 4 列，第 1 列為平均數、第 2 列為標準差、第 3 列為偏態係數、第 4 列則為峰度係數。因此為了方便識別，分別將這 4 列計算結果的變項加以命名為「Mean」、「SD」、「Skew」與「Kurt」。

五、計算題目與總分相關係數

　　接下來要進行的是題目與總分的相關，利用 scipy.stats 套件來計算題目與總分相關，並且利用 pearsonr() 函式來計算，如下所示。

```
>>> from scipy.stats import pearsonr
```

以第 1 題為例，計算題目與總分相關，並且檢視計算結果，如下所示。

```
>>> pcr=sdata2[c_sdata2[0]].corr(sdata2['psum'], method='pearson')
>>> print(pcr)
0.7030215031114242
```

　　如上述的計算結果，第 1 題的題目與總分相關為 0.70。

六、計算刪題後信度

接下來利用 pingouin 的套件來計算刪題後的信度係數，如下所示。

```
>>> import pingouin as pg
```

接下來進行刪題後及相關係數的計算，如下所示。

```
1.   sdata3 = []
2.   i=0
3.   while (i <= pnum-1):
4.       sdata1_temp=[]
5.       sub_df = sdata4.drop(c_sdata2[i], axis=1)
6.       ac = pg.cronbach_alpha(sub_df)
7.       scale_mean = sub_df.mean().sum()
8.       variance = sub_df.sum(axis=1).var()
9.       pr = pearsonr(sub_df.mean(axis=1), sdata4[c_sdata2[i]])
10.      sdata1_temp.append(scale_mean)
11.      sdata1_temp.append(variance)
12.      sdata1_temp.append(pr[0])
13.      sdata1_temp.append(ac[0])
14.      sdata3.append(sdata1_temp)
15.      i=i+1
16.  sdata3 = pd.DataFrame(sdata3)
17.  sdata3.columns =['SMean','SVar','Ir','IA']
```

檢視計算後的結果，將 sdata3 串列變項轉為 DataFrame，並且為了清楚欄位內容，將檔案名稱命名為 SMean(Scale Mean if Item Deleted)、SVar(Scale Variance if Item Deleted)、Ir(Corrected Item-Total Correlation)、IA(Cronbach's Alpha if Item Deleted)，如下所示。

```
>>> print(sdata3)
     SMean       SVar          Ir          IA
0    77.61   83.553434   0.675834   0.954424
1    77.59   82.971616   0.704003   0.954106
2    77.51   83.727172   0.629275   0.954840
3    77.56   84.087273   0.571908   0.955397
4    77.46   83.018586   0.678451   0.954340
5    77.46   83.624646   0.638761   0.954747
6    77.51   83.060505   0.704812   0.954112
7    77.56   83.663030   0.645737   0.954688
8    77.53   83.039495   0.654702   0.954572
9    77.67   82.304141   0.637257   0.954833
10   77.51   82.414040   0.746943   0.953652
11   77.46   82.412525   0.744871   0.953670
12   78.02   80.888485   0.662761   0.954781
13   77.73   82.037475   0.669981   0.954441
14   77.58   82.852121   0.637201   0.954768
15   77.53   81.928384   0.676296   0.954371
16   77.49   82.050404   0.755602   0.953518
17   77.57   82.530404   0.645461   0.954698
18   77.64   81.606465   0.691825   0.954202
19   77.76   80.992323   0.724007   0.953833
20   77.66   82.873131   0.662949   0.954486
21   77.65   82.027778   0.697480   0.954111
22   77.59   82.769596   0.671694   0.954393
23   77.66   81.499394   0.730854   0.953730
```

七、檢視多元計分題目分析結果

　　將上述分組平均數、差異、CR 值、題目與總分相關、刪題後信度、題目信度等題目分析結果合併，並儲存至 sdata3 變項，如下所示。

```
1.   sdata3 = []
2.   i=0
3.   while (i <= pnum-1):
4.        sdata1_temp=[]
5.        sdata1_temp.append(sdata2.iloc[:,i+1].mean())
6.        sdata1_temp.append(sdata2.iloc[:,i+1].std())
7.        sdata1_temp.append(sdata2.iloc[:,i+1].skew())
8.        sdata1_temp.append(sdata2.iloc[:,i+1].kurt())
9.        ph = (sdata2[c_sdata2[i]][sdata2['grp']=='H']).mean()
10.       pl = (sdata2[c_sdata2[i]][sdata2['grp']=='L']).mean()
11.       sdata1_temp.append(ph)
12.       sdata1_temp.append(pl)
13.       sdata1_temp.append((ph+pl)/2)
14.       sdata1_temp.append(ph-pl)
15.        cr = stats.ttest_ind(sdata2[c_sdata2[i]][sdata2['grp']=='H'],sdata2[c_
     sdata2[i]][sdata2['grp']=='L'])
16.       sdata1_temp.append(cr.statistic)
17.       sdata1_temp.append(cr.pvalue)
18.        sdata1_temp.append(sdata2[c_sdata2[i]].corr(sdata2['psum'],
     method='pearson'))
19.       sub_df = sdata4.drop(c_sdata2[i], axis=1)
20.       ac = pg.cronbach_alpha(sub_df)
21.       scale_mean = sub_df.mean().sum()
22.       variance = sub_df.sum(axis=1).var()
23.       pr = pearsonr(sub_df.mean(axis=1), sdata4[c_sdata2[i]])
24.       sdata1_temp.append(scale_mean)
25.       sdata1_temp.append(variance)
26.       sdata1_temp.append(pr[0])
27.       sdata1_temp.append(ac[0])
28.       sdata3.append(sdata1_temp)
29.       i=i+1
30.  sdata3 = pd.DataFrame(sdata3)
31.  sdata3.columns =['Mean','SD','Skew','Kurt','PH','PL','P','D','CR','p','r','SMea
     n','SVar','Ir','IA']
```

檢視合併結果的前 5 筆資料，如下所示。

```
>>> print(sdata3.head())
    Mean    SD       Skew      Kurt         PH         PL         P         D \
0   3.36  0.482418  0.592254 -1.683312   3.821429   3.000000   3.410714  0.821429
1   3.38  0.508116  0.265123 -1.379920   3.928571   3.000000   3.464286  0.928571
2   3.46  0.500908  0.162969 -2.014136   3.857143   3.034483   3.445813  0.822660
3   3.41  0.514340  0.143488 -1.459521   3.714286   3.000000   3.357143  0.714286
4   3.51  0.522136 -0.257758 -1.450430   3.892857   2.965517   3.429187  0.927340

          CR             p         r  SMean       SVar        Ir        IA
0   11.345453  5.006785e-16  0.703022  77.61  83.553434  0.675834  0.954424
1   19.072806  6.528376e-26  0.730545  77.59  82.971616  0.704003  0.954106
2   10.985200  1.731408e-15  0.660680  77.51  83.727172  0.629275  0.954840
3    8.363979  2.234019e-11  0.607875  77.56  84.087273  0.571908  0.955397
4   13.597730  3.114025e-19  0.707641  77.46  83.018586  0.678451  0.954340
```

將多元計分題目的分析結果儲存至文字檔，如下所示。

```
1.  Cresult = ''
2.  Cresult = Cresult + 'No Mean SD Skew  Kurt  PH  PL  P  D  CR  p  r  SMean  SVar
    Ir  IA \n'
3.  for i in range(0, sdata3.shape[0]-1):
4.      Cresult = Cresult +' 第 '+str(i)+' 題 '
5.      for j in range(0,sdata3.shape[1]-1):
6.          Cresult = Cresult+" "+str(sdata3.iloc[i][j].round(4))+" "
7.      Cresult = Cresult +'\n'
8.
9.  fp = open('result.txt','w', encoding="utf-8")
10. print(Cresult, file=fp)
11. fp.close()
```

使用者可以利用 EXCEL 來開啟 result.txt 文字檔，並且匯入後，存成 EXCEL 格式的檔案並且複製至其他文書處理軟體來編輯使用。

八、多元計分題目分析程式

以下為多元計分題目分析完整的程式。

```
1.   #Filename: CH02_2.py
2.   # 多元計分的題目分析
3.   import os
4.   os.chdir('D:\\DATA\\CH02\\')
5.   import pandas as pd
6.   sdata0 = pd.read_csv('CH02_2.csv')
7.   pnum = sdata0.shape[1]-1
8.   snum = sdata0.shape[0]
9.   print(" 資料的受試者人數 %4d 測驗題數 %4d"%(snum,pnum))
10.  sdata2 = sdata0.copy()
11.  sdata4 = sdata2.drop(columns=['ID'])
12.  c_sdata2 = list(sdata2)
13.  c_sdata2.pop(0)
14.  sdata2['psum']=sdata2[c_sdata2].sum(axis='columns')
15.  sdata2['pmean']=sdata2['psum']/pnum
16.  sdata2['pmean'].describe()
17.  lb=sdata2['psum'].quantile(0.27)
18.  hb=sdata2['psum'].quantile(0.73)
19.  sdata2.loc[sdata2.psum>0, 'grp']='M'
20.  sdata2.loc[sdata2.psum>=hb, 'grp']='H'
21.  sdata2.loc[sdata2.psum<=lb, 'grp']='L'
22.  import scipy.stats as stats
23.  group1 = sdata2[c_sdata2[0]][sdata2['grp']=='H']
24.  group2 = sdata2[c_sdata2[0]][sdata2['grp']=='L']
25.  cr = stats.ttest_ind(group1,group2)
26.  ph = (sdata2[c_sdata2[0]][sdata2['grp']=='H']).mean()
27.  pl = (sdata2[c_sdata2[0]][sdata2['grp']=='L']).mean()
28.  group3m = (ph+pl)/2
29.  group4m = (ph-pl)
30.  import pingouin as pg
31.  from scipy.stats import pearsonr
32.  from scipy.stats import spearmanr
33.  pcr=sdata2[c_sdata2[0]].corr(sdata2['psum'], method='pearson')
34.  sdata3 = []
35.  i=0
36.  while (i <= pnum-1):
```

```
37.        sdata1_temp=[]
38.        sdata1_temp.append(sdata2.iloc[:,i+1].mean())
39.        sdata1_temp.append(sdata2.iloc[:,i+1].std())
40.        sdata1_temp.append(sdata2.iloc[:,i+1].skew())
41.        sdata1_temp.append(sdata2.iloc[:,i+1].kurt())
42.        ph = (sdata2[c_sdata2[i]][sdata2['grp']=='H']).mean()
43.        pl = (sdata2[c_sdata2[i]][sdata2['grp']=='L']).mean()
44.        sdata1_temp.append(ph)
45.        sdata1_temp.append(pl)
46.        sdata1_temp.append((ph+pl)/2)
47.        sdata1_temp.append(ph-pl)
48.         cr = stats.ttest_ind(sdata2[c_sdata2[i]][sdata2['grp']=='H'],sdata2[c_
    sdata2[i]][sdata2['grp']=='L'])
49.        sdata1_temp.append(cr.statistic)
50.        sdata1_temp.append(cr.pvalue)
51.        sdata1_temp.append(sdata2[c_sdata2[i]].corr(sdata2['psum'], method='pearson'))
52.
53.        sub_df = sdata4.drop(c_sdata2[i], axis=1)
54.        ac = pg.cronbach_alpha(sub_df)
55.        scale_mean = sub_df.mean().sum()
56.        variance = sub_df.sum(axis=1).var()
57.        pr = pearsonr(sub_df.mean(axis=1), sdata4[c_sdata2[i]])
58.        sdata1_temp.append(scale_mean)
59.        sdata1_temp.append(variance)
60.        sdata1_temp.append(pr[0])
61.        sdata1_temp.append(ac[0])
62.        sdata3.append(sdata1_temp)
63.        i=i+1
64. sdata3 = pd.DataFrame(sdata3)
65. sdata3.columns =['Mean','SD','Skew','Kurt','PH','PL','P','D','CR','p','r','SMean'
    ,'SVar','Ir','IA']
66. print(sdata3)
67. Cresult = ''
68. Cresult = Cresult + 'No Mean SD Skew  Kurt  PH  PL  P  D  CR  p  r  SMean  SVar
    Ir  IA \n'
69. for i in range(0, sdata3.shape[0]-1):
70.     Cresult = Cresult +' 第 '+str(i)+' 題 '
71.     for j in range(0,sdata3.shape[1]-1):
72.         Cresult = Cresult+" "+str(sdata3.iloc[i][j].round(4))+" "
```

```
73.    Cresult = Cresult +'\n'
74.
75. fp = open('result2.txt','w', encoding="utf-8")
76. print(Cresult, file=fp)
77. fp.close()
```

參、分量表多元計分題目分析

以下將說明具有分量表的多元計分的題目分析程序與報告，如下所示。

一、計算分量表題目與總分相關係數

多元計分的量表中若是總量表還具有分量表時，多元計分題目量表的分析在計算總分與題目相關時會有所不同。接下來需要開始計算分量表題目與總分的相關係數，因爲本範例量表有四個分量表，分別是 B01 有 6 題、B02 有 6 題、B03 有 6 題、B04 有 6 題，合計 24 題。所以 1-6 題爲 B01 分量表、7-12 題爲 B02 分量表、13-18 題爲 B03 分量表、19-24 題爲 B04 分量表，以下是先將資料轉換爲包含四個資料欄位的串列。

```
>>> sub = [
['B101','B102','B103','B104','B105','B106'],
['B201','B202','B203','B204','B205','B206'],
['B301','B302','B303','B304','B305','B306'],
['B401','B402','B403','B404','B405','B406']]
```

計算分量表中題目與總分的相關係數，先計算總分，檢視第一個分量表計算結果如下所示。

```
>>> sdata2['B0']=sdata2[sub[0]].sum(axis='columns')
>>> print(sdata2.head())
      ID  B101  B102  B103  B104  B105  B106  B201  B202  B203  ...  B401  \
0  ST001     4     4     4     4     4     4     4     4     4  ...     3
1  ST002     4     4     4     4     4     4     4     4     4  ...     3
2  ST003     3     3     3     3     3     3     3     3     3  ...     3
3  ST004     3     3     3     3     4     3     3     3     3  ...     3
4  ST005     3     3     3     3     3     3     3     3     3  ...     3

   B402  B403  B404  B405  B406  psum      pmean  grp  B0
0     3     3     3     3     3    88   3.666667    M  24
1     3     4     3     4     3    92   3.833333    H  24
2     2     3     3     3     3    70   2.916667    L  18
3     3     3     3     3     3    73   3.041667    M  19
4     3     3     3     3     3    74   3.083333    M  18
```

檢視 sdata2 即會出現第一分量表的總分 B0 欄位，此時即可計算第一分量表與總分之相關，如下所示。

```
>>> sl=list(sub[0])
>>> print(sl)
['B101', 'B102', 'B103', 'B104', 'B105', 'B106']
>>> print(sdata2[sl[0]].corr(sdata2['B0'], method='pearson'))
0.8284568294139544
```

檢視第一分量表的欄位串列，分別為 ['B101', 'B102', 'B103', 'B104', 'B105', 'B106'] 等六個欄位，0.828 即為 B101 欄位與分量表總分 B0 欄位的積差相關係數。

二、計算刪題後信度

接下來計算刪題後的 α 值，首先刪題，如下所示。

```
>>> s1.pop(0)
>>> print(s1)
['B102', 'B103', 'B104', 'B105', 'B106']
```

此時即會發現 'B101' 未在串列之中，已被刪除了，接下來計算 α 係數，是利用 pingouin 套件來加以計算。

```
>>> sub_df = sdata2[s1]
>>> print(sub_df.head())
   B102  B103  B104  B105  B106
0     4     4     4     4     4
1     4     4     4     4     4
2     3     3     3     3     3
3     3     3     3     4     3
4     3     3     3     3     3
>>> ac = pg.cronbach_alpha(sub_df)
>>> print(ac[0])
0.8828333828333824
```

上述程式首先將需要計算刪題後 α 的欄位從 sdata2 中取出為 sub_df，檢視時即發現 B101 欄位不在資料中，利用 pingouin 套件計算 α，其結果輸出 0.883即為刪題後信度，將整個程序四個分量表利用 Python 的迴圈來加以計算，並且將結果儲存至 sdata5，如下所示。

```
1.   sdata5 = []
2.   j=0
3.   while (j < len(sub)):
4.       sub_index = 'B'+str(j)
5.       sdata2[sub_index]=sdata2[sub[j]].sum(axis='columns')
6.       i=0
7.       while (i<len(sub[j])):
8.           sdata1_temp=[]
9.           s1=list(sub[j])
10.              sdata1_temp.append(sdata2[s1[i]].corr(sdata2[sub_index],
     method='pearson'))
11.          s1.pop(i)
12.          sub_df = sdata2[s1]
13.          ac = pg.cronbach_alpha(sub_df)
14.          sdata1_temp.append(ac[0])
15.          sdata5.append(sdata1_temp)
16.          i=i+1
17.      j=j+1
18.  sdata5 = pd.DataFrame(sdata5)
19.  sdata5.columns =['r2','IA2']
```

檢視計算結果的前 5 題，如下所示。

```
>> print(sdata5.head())
         r2        IA2
0   0.828457   0.882833
1   0.824478   0.884214
2   0.827902   0.883282
3   0.807467   0.888067
4   0.816430   0.886515
```

上述即為分量表中題目與總分相關，以及刪題後信度的計算結果。

三、檢視具分量表多元計分題目分析結果

　　以下部分即與多元計分相同，將結果合併後輸出以及存檔，以下檢視具分量表之多元計分題目分析結果，接下來將所有的題目分析結果加以輸出，並且存至檔案，如下所示。

```
1.  Cresult = ''
2.  Cresult = Cresult + 'No Mean SD Skew  Kurt  PH  PL  P  D  CR  p  r  SMean  SVar
    Ir  IA r2 IA2\n'
3.  for i in range(0, sdata3.shape[0]):
4.      Cresult = Cresult +' 第 '+str(i)+' 題 '
5.      for j in range(0,sdata3.shape[1]):
6.          Cresult = Cresult+" "+str(sdata3.iloc[i][j].round(4))+" "
7.      for j in range(0,sdata5.shape[1]):
8.          Cresult = Cresult+" "+str(sdata5.iloc[i][j].round(4))+" "
9.      Cresult = Cresult +'\n'
10. fp = open('result3.txt','w', encoding="utf-8")
11. print(Cresult, file=fp)
12. fp.close()
```

四、具分量表多元計分題目分析程式

以下為具分量表多元計分題目分析完整的程式。

```
1.  #Filename: CH02_3.py
2.  #多元計分的題目分析具有分量表
3.  import os
4.  os.chdir('D:\\DATA\\CH02\\')
5.  import pandas as pd
6.  sdata0 = pd.read_csv('CH02_2.csv')
7.  pnum = sdata0.shape[1]-1
8.  snum = sdata0.shape[0]
9.  sdata2 = sdata0
10. sdata3 = []
11. i=0
12. while (i <= pnum-1):
13.     sdata1_temp=[]
14.     sdata1_temp.append(sdata2.iloc[:,i+1].mean())
15.     sdata1_temp.append(sdata2.iloc[:,i+1].std())
16.     sdata1_temp.append(sdata2.iloc[:,i+1].skew())
17.     sdata1_temp.append(sdata2.iloc[:,i+1].kurt())
18.     sdata3.append(sdata1_temp)
19.     i=i+1
20. sdata3 = pd.DataFrame(sdata3)
21. sdata3.columns =['Mean','SD','Skew','Kurt']
22. sdata4 = sdata2.drop(columns=['ID'])
23. c_sdata2 = list(sdata2
24. c_sdata2.pop(0)
25. sdata2['psum']=sdata2[c_sdata2].sum(axis='columns')
26. sdata2['pmean']=sdata2['psum']/pnum
27. sdata2['pmean'].describe()
28. lb=sdata2['psum'].quantile(0.27)
29. hb=sdata2['psum'].quantile(0.73)
30. sdata2.loc[sdata2.psum>0, 'grp']='M'
31. sdata2.loc[sdata2.psum>=hb, 'grp']='H'
32. sdata2.loc[sdata2.psum<=lb, 'grp']='L'
33. import scipy.stats as stats
34. group1 = sdata2[c_sdata2[0]][sdata2['grp']=='H']
35. group2 = sdata2[c_sdata2[0]][sdata2['grp']=='L']
36. cr = stats.ttest_ind(group1,group2)
```

```
37.  ph = (sdata2[c_sdata2[0]][sdata2['grp']=='H']).mean()
38.  pl = (sdata2[c_sdata2[0]][sdata2['grp']=='L']).mean()
39.  group3m = (ph+pl)/2
40.  group4m = (ph-pl)
41.  import pingouin as pg
42.  from scipy.stats import pearsonr
43.  pcr=sdata2[c_sdata2[0]].corr(sdata2['psum'], method='pearson')
44.  sdata3 = []
45.  i=0
46.  while (i <= pnum-1):
47.      sdata1_temp=[]
48.      sub_df = sdata4.drop(c_sdata2[i], axis=1)
49.      ac = pg.cronbach_alpha(sub_df)
50.      scale_mean = sub_df.mean().sum()
51.      variance = sub_df.sum(axis=1).var()
52.      pr = pearsonr(sub_df.mean(axis=1), sdata4[c_sdata2[i]])
53.      sdata1_temp.append(scale_mean)
54.      sdata1_temp.append(variance)
55.      sdata1_temp.append(pr[0])
56.      sdata1_temp.append(ac[0])
57.      sdata3.append(sdata1_temp)
58.      i=i+1
59.  sdata3 = pd.DataFrame(sdata3)
60.  sdata3.columns =['SMean','SVar','Ir','IA']
61.  sdata3 = []
62.  i=0
63.  while (i <= pnum-1):
64.      sdata1_temp=[]
65.      sdata1_temp.append(sdata2.iloc[:,i+1].mean())
66.      sdata1_temp.append(sdata2.iloc[:,i+1].std())
67.      sdata1_temp.append(sdata2.iloc[:,i+1].skew())
68.      sdata1_temp.append(sdata2.iloc[:,i+1].kurt())
69.      ph = (sdata2[c_sdata2[i]][sdata2['grp']=='H']).mean()
70.      pl = (sdata2[c_sdata2[i]][sdata2['grp']=='L']).mean()
71.      sdata1_temp.append(ph)
72.      sdata1_temp.append(pl)
73.      sdata1_temp.append((ph+pl)/2)
74.      sdata1_temp.append(ph-pl)
75.      cr = stats.ttest_ind(sdata2[c_sdata2[i]][sdata2['grp']=='H'],sdata2[c_
    sdata2[i]][sdata2['grp']=='L'])
```

```
76.      sdata1_temp.append(cr.statistic)
77.      sdata1_temp.append(cr.pvalue)
78.      sdata1_temp.append(sdata2[c_sdata2[i]].corr(sdata2['psum'], method='pearson'))
79.      sub_df = sdata4.drop(c_sdata2[i], axis=1)
80.      ac = pg.cronbach_alpha(sub_df)
81.      scale_mean = sub_df.mean().sum()
82.      variance = sub_df.sum(axis=1).var()
83.      pr = pearsonr(sub_df.mean(axis=1), sdata4[c_sdata2[i]])
84.      sdata1_temp.append(scale_mean)
85.      sdata1_temp.append(variance)
86.      sdata1_temp.append(pr[0])
87.      sdata1_temp.append(ac[0])
88.      sdata3.append(sdata1_temp)
89.      i=i+1
90. sdata3 = pd.DataFrame(sdata3)
91. sdata3.columns =['Mean','SD','Skew','Kurt','PH','PL','P','D','CR','p','r','SMean'
    ,'SVar','Ir','IA']
92. Cresult = ''
93. Cresult = Cresult + 'No Mean SD Skew  Kurt  PH  PL  P  D  CR  p  r  SMean  SVar
    Ir  IA \n'
94. sdata3 = []
95. for i in range(0, sdata3.shape[0]):
96.      Cresult = Cresult +' 第 '+str(i)+' 題 '
97.      for j in range(0,sdata3.shape[1]):
98.          Cresult = Cresult+" "+str(sdata3.iloc[i][j].round(4))+" "
99.      Cresult = Cresult +'\n'
100.fp = open('result2.txt','w', encoding="utf-8")
101.print(Cresult, file=fp)
102.fp.close()
103.sub = [
104.['B101','B102','B103','B104','B105','B106'],
105.['B201','B202','B203','B204','B205','B206'],
106.['B301','B302','B303','B304','B305','B306'],
107.['B401','B402','B403','B404','B405','B406']]
108.sdata5 = []
109.j=0
110.while (j < len(sub)):
111.     sub_index = 'B'+str(j)
112.     sdata2[sub_index]=sdata2[sub[j]].sum(axis='columns')
```

```
113.    i=0
114.    while (i<len(sub[j])):
115.        sdata1_temp=[]
116.        s1=list(sub[j])
117.            sdata1_temp.append(sdata2[s1[i]].corr(sdata2[sub_index],
    method='pearson'))
118.        s1.pop(i)
119.        sub_df = sdata2[s1]
120.        ac = pg.cronbach_alpha(sub_df)
121.        sdata1_temp.append(ac[0])
122.        sdata5.append(sdata1_temp)
123.        i=i+1
124.    j=j+1
125.sdata5 = pd.DataFrame(sdata5)
126.sdata5.columns =['r2','IA2']
127.Cresult = ''
128.Cresult = Cresult + 'No Mean SD Skew  Kurt  PH  PL  P  D  CR  p  r  SMean  SVar
    Ir  IA r2 IA2\n'
129.for i in range(0, sdata3.shape[0]):
130.    Cresult = Cresult +' 第 '+str(i)+' 題 '
131.    for j in range(0,sdata3.shape[1]):
132.        Cresult = Cresult+" "+str(sdata3.iloc[i][j].round(4))+" "
133.    for j in range(0,sdata5.shape[1]):
134.        Cresult = Cresult+" "+str(sdata5.iloc[i][j].round(4))+" "
135.    Cresult = Cresult +'\n'
136.fp = open('result3.txt','w', encoding="utf-8")
137.print(Cresult, file=fp)
138.fp.close()
```

五、多元計分題目分析報告

根據上述的題目分析結果，撰寫之報告如下所示。題目分析主要的目的在針對預試題目進行適切性的評估，為確保問卷題項的品質，將預試問卷回收的資料進行遺漏值、平均數、鑑別度、相關等分析資料，並依據綜合比較分析結果，將品質較差的題項刪除，以進行下一階段的分析。

遺漏值分析結果，所有預試資料都有完整填答，無任何遺漏。平均數分析標準為若平均數過高或過低，則考慮刪除該題。鑑別度分析求得個別題項的 t 值為決斷值（CR 值又稱臨界比），通常 CR 值大於 3，且 t 值達顯著水準時，表示該題具有鑑別度，決斷值愈高代表題目的鑑別度愈好。相關分析則是以各題的得分與因素的總得分進行相關分析，題項與總分的相關若低於 0.3 者，考慮刪題。

在「教師領導問卷」的預試題目中，題項品質皆符合標準，故 24 題皆保留，如下表所示。

表 2-1　教師領導項目分析結果一覽表

構面	題號	CR 決斷值	與總分相關	刪題後之 α 值	不良指標	結果
展現教室領導	1	11.345***	0.676	0.883	0	保留
	2	19.073***	0.704	0.884	0	保留
	3	10.985***	0.629	0.883	0	保留
	4	8.364***	0.572	0.888	0	保留
	5	13.598***	0.678	0.887	0	保留
	6	14.896***	0.639	0.886	0	保留
提升專業成長	7	27.487***	0.705	0.858	0	保留
	8	11.345***	0.646	0.868	0	保留
	9	13.234***	0.655	0.860	0	保留
	10	9.930***	0.637	0.896	0	保留
	11	13.598***	0.747	0.860	0	保留
	12	20.125***	0.745	0.856	0	保留
促進同儕合作	13	6.908***	0.663	0.880	0	保留
	14	10.621***	0.670	0.875	0	保留

構面	題號	CR 決斷值	與總分相關	刪題後之 α 值	不良指標	結果
促進同儕合作	15	9.147***	0.637	0.878	0	保留
	16	9.437***	0.676	0.858	0	保留
	17	20.125***	0.756	0.857	0	保留
	18	11.270***	0.645	0.874	0	保留
參與校務決策	19	10.477***	0.692	0.884	0	保留
	20	10.528***	0.724	0.896	0	保留
	21	11.270***	0.663	0.888	0	保留
	22	9.930***	0.697	0.889	0	保留
	23	12.635***	0.672	0.891	0	保留
	24	11.421***	0.731	0.887	0	保留

習題

　　本書範例 CH02_3.csv 包括 1,000 個受試樣本，5 個二元計分題目的資料檔，請利用此資料檔以及相關試題分析的套件，分析並完成以下的問題。

1. 請利用 descript() 來說明 CH02_3.csv 資料檔的測驗特性。

2. 請利用二元計分的相關套件，計算試題的難度值、標準差、偏態以及峰度。

3. 請計算出分組情況下的難度、鑑別度以及 CR 值。

4. 請計算題目與總分之間的相關以及每個題目之刪題後信度。

5. 請將上述題目分析的結果合併，並輸出至檔案「試題分析結果 .csv」

03

量表信度與效度分析

上一個章節已經介紹過二元計分與多元計分的題目分析，接下來繼續要說明的是測驗分析，測驗分析主要包括信度分析與效度分析。信度分析的方法主要有重測信度、複本信度、內部一致性係數以及評分者信度，其中內部一致性係數則包括折半信度、庫李信度、α 信度，又以 α 信度最常被研究者所採用，以下主要介紹 α 信度的分析方法。

以下爲本章使用的 Python 套件。

1. os
2. pandas
3. pingouin
4. numpy
5. scipy
6. factor_analyzer
7. matplotlib
8. semopy
9. graphviz

壹、量表的信度分析

以下將說明如何利用 Python 語言來進行量表的信度分析，包括讀取資料檔、檢視所讀取的資料、進行信度分析以及撰寫信度分析的結果報告等步驟，說明如下。

一、讀取資料檔

設定工作目錄爲「D:\DATA\CH03\」。

```
>>> import os
>>> os.chdir('D:\\DATA\\CH03\\')
```

讀取資料檔「CH03_1.csv」，並將資料儲存至 sdata0 這個變項。

```
>>> import pandas as pd
>>> sdata0 = pd.read_csv('CH03_1.csv')
```

二、檢視資料

檢視前 5 筆資料，如下所示。

```
>>> print(sdata0.head())
      ID  B101  B102  B103  B104  B105  B106  B201  B202  B203  ...  B303  \
0  ST001     4     4     4     4     4     4     4     4     4  ...     4
1  ST002     4     4     4     4     4     4     4     4     4  ...     4
2  ST003     3     3     3     3     3     3     3     3     3  ...     3
3  ST004     3     3     3     4     3     3     3     3     3  ...     3
4  ST005     3     3     3     3     3     3     3     3     3  ...     4

   B304  B305  B306  B401  B402  B403  B404  B405  B406
0     4     4     4     3     3     3     3     3     3
1     4     4     4     3     3     4     3     4     3
2     3     3     3     3     2     3     3     3     3
3     3     3     3     3     3     3     3     3     3
4     4     3     3     3     3     3     3     3     3
```

　　檢視前 5 筆資料時，資料檔的第 1 行是第一筆受試者的反應資料，總共有 100 筆資料，第一個欄位是受試者編號 ID，以下檢視後 5 筆資料，如下所示。

```
>>> print(sdata0.tail())
      ID  B101  B102  B103  B104  B105  B106  B201  B202  B203  ...  B303  \
95  ST096    4     4     4     4     4     4     4     4     4  ...    4
96  ST097    3     3     3     3     3     3     3     3     3  ...    3
97  ST098    4     3     4     4     4     4     4     4     4  ...    4
98  ST099    3     3     3     3     3     3     3     3     3  ...    3
99  ST100    4     4     4     4     4     4     4     4     4  ...    4

    B304  B305  B306  B401  B402  B403  B404  B405  B406
95     4     4     4     4     4     3     4     4     4
96     3     3     3     4     3     3     3     4     3
97     4     4     4     4     4     4     4     4     4
98     3     3     3     3     2     3     3     3     3
99     4     4     4     4     3     4     4     4     4
```

　　由後 5 筆資料中可以得知，總共有 100 筆受試者（0-99）的反應資料。計算受試者人數與試題數，如下所示。因為第 1 行是受試者的編號，所以題數是行數再減 1，而人數即是列數。

```
>>> print(sdata0.shape)
(100, 25)
>>> pnum = sdata0.shape[1]-1
>>> snum = sdata0.shape[0]
```

　　檢視題數（pnum）以及人數（snum），如下所示。

```
>>> print("資料的受試者人數 %4d 問卷題數 %4d"%(snum,pnum))
資料的受試者人數  100 問卷題數   24
```

　　由上述結果可以得知，此範例檔中題數 24，受試者人數 100。

三、信度分析

　　接下來開始進行量表的信度分析，首先將讀入的資料檔變數去除第 1 行編號的欄位，如下所示。

```
>>> c_sdata0 = list(sdata0)
>>> c_sdata0.pop(0)
'ID'
>>> print(c_sdata0)
['B101', 'B102', 'B103', 'B104', 'B105', 'B106', 'B201', 'B202', 'B203', 'B204',
 'B205', 'B206', 'B301', 'B302', 'B303', 'B304', 'B305', 'B306', 'B401', 'B402',
 'B403', 'B404', 'B405', 'B406']
```

　　檢視結果，已成功地將 c_sdata0 的內容去除第 1 行編號欄位，並且儲存至 c_sdata0 的變項中。

　　接下來將進行量表的信度分析，主要是利用 pingouin 套件的 cronbach_alpha() 函式來分析量表信度，載入 pingouin 套件。

```
>>> import pingouin as pg
```

　　接著即開始利用 cronbach_alpha() 函式來分析量表信度，如下所示。

```
>>> cronbach1 = sdata0[c_sdata0]
>>> t_alpha = pg.cronbach_alpha(cronbach1)
>>> print("問卷的 Alpha 信度為 ",t_alpha)
問卷的 Alpha 信度為  (0.956183402900071, array([0.943, 0.968]))
```

　　由上述的結果可以得知，本量表 24 題中的信度為 0.956，信賴區間為 0.943-0.968。

以下介紹另一種計算 α 信度以及折半信度的方法，主要是利用 numpy 以及 scipy 等二個套件，因此先引入這二個套件。

```
>>> import numpy as np
>>> from scipy.stats import pearsonr
```

將原始資料的變數中 sdata0 去除不用計算信度的 ID 欄位，再儲存成 sdata1 變項，如下所示。

```
>>> sdata1 = sdata0.drop(columns=['ID'])
```

檢視分析的資料檔前 5 筆資料如下。

```
>>> print(sdata1.head())
   B101  B102  B103  B104  B105  B106  B201  B202  B203  B204  ...  B303  \
0     4     4     4     4     4     4     4     4     4     4  ...     4
1     4     4     4     4     4     4     4     4     4     4  ...     4
2     3     3     3     3     3     3     3     3     3     3  ...     3
3     3     3     3     3     4     3     3     3     3     3  ...     3
4     3     3     3     3     3     3     3     3     3     3  ...     4

   B304  B305  B306  B401  B402  B403  B404  B405  B406
0     4     4     4     3     3     3     3     3     3
1     4     4     4     3     3     4     3     4     3
2     3     3     3     3     2     3     3     3     3
3     3     3     3     3     3     3     3     3     3
4     4     3     3     3     3     3     3     3     3
```

可以發現目前要分析的資料檔已經將 ID 這個欄位去除了，接下來計算需折半信度的長度，如下所示。

```
>>> split_num = int((int(len(sdata1.columns)) if ((int(len(sdata1.columns)) % 2) ==
0) else int(len(sdata1.columns)+1) ) / 2 )
>>> print(split_num)
12
```

計算結果是 12，亦即折半的長度為 12，將資料變數折成兩半，並儲存成 dfs 這個串列中，如下所示。

```
>>> dfs = np.split(sdata1, [split_num], axis=1)
>>> print(dfs[0])
    B101  B102  B103  B104  B105  B106  B201  B202  B203  B204  B205  B206
0     4     4     4     4     4     4     4     4     4     4     4     4
1     4     4     4     4     4     4     4     4     4     4     4     4
2     3     3     3     3     3     3     3     3     3     3     3     3
3     3     3     3     3     4     3     3     3     3     3     3     3
4     3     3     3     3     3     3     3     3     3     3     3     3
..   ...   ...   ...   ...   ...   ...   ...   ...   ...   ...   ...   ...
95    4     4     4     4     4     4     4     4     4     4     4     4
96    3     3     3     3     3     3     3     3     3     3     3     3
97    4     3     4     4     4     4     4     4     4     4     3     4
98    3     3     3     3     3     3     3     3     3     3     3     3
99    4     4     4     4     4     4     4     4     4     3     4     4
```

其中輸出串列 [0] 的結果如上。

```
>>> pearson = pearsonr(dfs[0].mean(axis=1),dfs[1].mean(axis=1))[0]
>>> print("問卷的 pearson 為 ",pearson)
問卷的 pearson 為 0.7209292839109501
```

由上述的結果，可知題目的兩半之間的相關係數為 0.721，但是因為折半需要校正，以下利用斯布校正公式加以校正折半信度。

斯布校正公式如下所示。

$$r_{xx'} = \frac{g \times r_h}{1+(g-1)\times r_h}$$

其中公式中的 $r_{xx'}$ 代表校正後的信度，r_h 代表原測驗信度，g 為長度改變後之測驗長度為原測驗長度的倍數。此一公式是 Charles C. Spearman 和 William Brown 兩人在 1910 年不約而同發表在 *British Journal of Psychology* Volume 3 這卷期刊上，故以兩人的姓氏命名。

斯布校正公式最常被應用在折半信度的校正上，利用折半法估計信度時，通常按奇數題和偶數題或隨機方法將試題分為兩半，將受試者在這兩部分試題的得分求相關，由於此一相關係數只是半份測驗的信度，因此需要用斯布校正公式校正成全測驗的信度，在此種情況下，上述公式中的 g 為 2，折半信度的校正公式可改寫如下。

$$r_{xx'} = \frac{2 \times r_h}{1+(2-1)\times r_h} = \frac{2 \times r_h}{1+r_h}$$

以下即是利用此斯布校正公式來校正折半信度，語法如下所示。

```
>>> spearman_brown = (2*pearson)/(1+pearson)
>>> print(" 問卷的 spearman_brown 為 ",spearman_brown)
問卷的 spearman_brown 為  0.8378371972061285
```

經校正後的折半信度為 0.838。

```
>>> a_croncha_1 = round(pg.cronbach_alpha(data=dfs[0])[0],3)
>>> a_croncha_2 = round(pg.cronbach_alpha(data=dfs[1])[0],3)
>>> print("alpha1 為 ",a_croncha_1)
alpha1 為 0.934
>>> print("alpha2 為 ",a_croncha_2)
alpha2 為 0.935
```

　　上述的結果為折半的二個 Cronbach's α 信度，分別是 0.934 與 0.935，利用 sdata1 再進行一次量表的信度分析。

```
>>> a_croncha_0 = pg.cronbach_alpha(data=sdata1)
>>> print(a_croncha_0[0])
0.956183402900071
>>> print(a_croncha_0[1])
[0.943 0.968]
```

　　計算結果與上述計算 Cronbach's α 的結果一樣，本量表 24 題中的信度為 0.956，信賴區間為 0.943-0.968。

　　接下來所要計算的是若是有分量表時的信度分析，本量表 24 題中的信度為 0.956，範例量表中有四個分量表，分別是 B1 有 6 題、B2 有 6 題、B3 有 6 題、B4 有 6 題，合計 24 題。所以 1-6 題為 B1 分量表、7-12 題為 B2 分量表、13-18 題為 B3 分量表、19-24 題為 B4 分量表，以下是先將資料轉換為包含四個串列的欄位資料。

```
>>> sub = [
['B101','B102','B103','B104','B105','B106'],
['B201','B202','B203','B204','B205','B206'],
['B301','B302','B303','B304','B305','B306'],
['B401','B402','B403','B404','B405','B406']]
```

計算第一分量表的信度。

```
>>> sub_df = sdata0[sub[0]]
>>> ac = pg.cronbach_alpha(sub_df)
>>> print(ac[0])
0.9023899494528141
>>> print(ac[1])
[0.869 0.929]
```

由上述針對第一分量表計算信度的結果可以得知，第一分量表的信度為 0.902，信賴區間為 0.869-0.929。

接著利用一個迴圈程式來計算所有分量表的信度，如下所示。

```
1.  j=0
2.  while (j < len(sub)):
3.      sub_df = sdata0[sub[j]]
4.      ac = pg.cronbach_alpha(sub_df)
5.      print(' 第 '+str(j)+' 分量表 :'+str(ac[0].round(4)))
6.      j=j+1
```

執行結果如下所示。

```
第 0 分量表 :0.9024
第 1 分量表 :0.8862
第 2 分量表 :0.8898
第 3 分量表 :0.906
```

由上述信度的計算結果可以得知，總量表信度為 0.956、B1 信度為 0.9024、B2 信度為 0.8862、B3 信度為 0.8898、B4 信度為 0.9060。

四、信度分析結果報告

　　本研究採用 Cronbach's α 係數值針對同一構面的題項進行內部一致性的分析，如表 3-1 所示。Cronbach's α 係數介於 0.886-0.956，依據陳新豐（2015）表示內部一致性高。由表 3-1 問卷信度分析結果可知，「教師領導問卷」四個構面之 α 係數介於 0.886-0.906 之間，總量表之 α 係數為 0.956，表示量表之內部一致性良好。

表 3-1　教師領導量表總量表及各分量表內部一致性係數一覽表

量表	構面	各構面 α 係數	量表 α 係數
教師領導	展現教室領導	0.902	0.956
	提升專業成長	0.886	
	促進同儕合作	0.890	
	參與校務決策	0.906	

五、信度分析程式

　　信度分析程式如下所示。

```
1.  #Filename: CH03_1.py
2.  #量表信度與效度分析（信度）
3.  import os
4.  os.chdir('D:\\DATA\\CH03\\')
5.  import pandas as pd
6.  sdata0 = pd.read_csv('CH03_1.csv')
7.  pnum = sdata0.shape[1]-1
8.  snum = sdata0.shape[0]
9.  c_sdata0 = list(sdata0)
10. c_sdata0.pop(0)
11. import pingouin as pg
12. cronbach1 = sdata0[c_sdata0]
13. t_alpha = pg.cronbach_alpha(cronbach1)
```

```
14. print(" 問卷的 Alpha 信度為 ",t_alpha)
15. import numpy as np
16. from scipy.stats import pearsonr
17. sdata1 = sdata0.drop(columns=['ID'])
18. split_num = int((int(len(sdata1.columns)) if ((int(len(sdata1.columns)) % 2) == 0)
    else int(len(sdata1.columns)+1) ) / 2 )
19. dfs = np.split(sdata1, [split_num], axis=1)
20. print(dfs[0])
21. pearson = pearsonr(dfs[0].mean(axis=1),dfs[1].mean(axis=1))[0]
22. spearman_brown = (2*pearson)/(1+pearson)
23. a_croncha_1 = round(pg.cronbach_alpha(data=dfs[0])[0],3)
24. a_croncha_2 = round(pg.cronbach_alpha(data=dfs[1])[0],3)
25. print(" 問卷的 pearson 為 ",pearson)
26. print(" 問卷的 spearman_brown 為 ",spearman_brown)
27. print("alpha1 為 ",a_croncha_1)
28. print("alpha2 為 ",a_croncha_2)
29. sub = [
30. ['B101','B102','B103','B104','B105','B106'],
31. ['B201','B202','B203','B204','B205','B206'],
32. ['B301','B302','B303','B304','B305','B306'],
33. ['B401','B402','B403','B404','B405','B406']]
34. j=0
35. while (j < len(sub)):
36.     sub_df = sdata0[sub[j]]
37.     ac = pg.cronbach_alpha(sub_df)
38.     print(' 第 '+str(j)+' 分量表 :'+str(ac[0].round(4)))
39.     j=j+1
```

貳、量表的效度分析

　　以下將說明如何分析量表的建構效度，以探索式因素分析來加以進行分析，如下所示。

一、讀取資料檔

　　設定工作目錄為「D:\DATA\CH03\」。

```
>>> import os
>>> os.chdir('D:\\DATA\\CH03\\')
```

讀取資料檔「CH03_1.csv」，並將資料儲存至 sdata0 這個變項。

```
>>> import pandas as pd
>>> sdata0 = pd.read_csv('CH03_1.csv'))
```

二、檢視資料

檢視 sdata0 前 5 筆資料，如下所示。

```
>>> print(sdata0.head())
     ID  B101  B102  B103  B104  B105  B106  B201  B202  B203  ...  B303  \
0  ST001     4     4     4     4     4     4     4     4     4  ...     4
1  ST002     4     4     4     4     4     4     4     4     4  ...     4
2  ST003     3     3     3     3     3     3     3     3     3  ...     3
3  ST004     3     3     3     3     4     3     3     3     3  ...     3
4  ST005     3     3     3     3     3     3     3     3     3  ...     4

   B304  B305  B306  B401  B402  B403  B404  B405  B406
0     4     4     4     3     3     3     3     3     3
1     4     4     4     3     3     4     3     4     3
2     3     3     3     3     2     3     3     3     3
3     3     3     3     3     3     3     3     3     3
4     4     3     3     3     3     3     3     3     3
```

檢視前 5 筆資料時，資料檔的第 1 行是第一筆受試者的反應資料，總共有 100 筆資料，第一個欄位是受試者編號，以下檢視後 5 筆資料，如下所示。

```
>>> print(sdata0.tail())
      ID  B101  B102  B103  B104  B105  B106  B201  B202  B203  ...  B303  \
95  ST096     4     4     4     4     4     4     4     4     4  ...     4
96  ST097     3     3     3     3     3     3     3     3     3  ...     3
97  ST098     4     3     4     4     4     4     4     4     4  ...     4
98  ST099     3     3     3     3     3     3     3     3     3  ...     3
99  ST100     4     4     4     4     4     4     4     4     4  ...     4

    B304  B305  B306  B401  B402  B403  B404  B405  B406
95     4     4     4     4     4     3     4     4     4
96     3     3     3     4     3     3     3     4     3
97     4     4     4     4     4     4     4     4     4
98     3     3     3     3     2     3     3     3     3
99     4     4     4     4     3     4     4     4     4
```

　　由後 5 筆資料中可以得知，總共有 100 筆（0-99）受試者的反應資料。計算受試者人數與試題數，如下所示，因為第 1 行是受試者的編號，所以題數是行數再減 1，而人數即是列數。

```
>>> print(sdata0.shape)
(100, 25)
>>> pnum = sdata0.shape[1]-1
>>> snum = sdata0.shape[0]
```

　　檢視題數（pnum）以及人數（snum）。

```
>>> print("資料的受試者人數 %4d 問卷題數 %4d"%(snum,pnum))
資料的受試者人數  100 問卷題數   24
```

　　由上述結果可以得知，此範例檔中題數 24，受試者人數 100。

三、探索式因素分析

　　以下開始進行量表的效度分析，以探索式因素分析來進行量表建構效度的分析。首先將讀入的資料檔變數去除第 1 行編號的欄位，如下所示。

```
>>> print(sdata0.columns)
Index(['ID', 'B101', 'B102', 'B103', 'B104', 'B105', 'B106', 'B201', 'B202',
       'B203', 'B204', 'B205', 'B206', 'B301', 'B302', 'B303', 'B304', 'B305',
       'B306', 'B401', 'B402', 'B403', 'B404', 'B405', 'B406'],
     dtype='object')
>>> sdata1 = sdata0.drop(columns=['ID'])
```

　　檢視 sdata1 的欄位資料，發現第 1 行編號的欄位已經去除，如下所示。

```
>>> print(sdata1.columns)
Index(['B101', 'B102', 'B103', 'B104', 'B105', 'B106', 'B201', 'B202', 'B203',
       'B204', 'B205', 'B206', 'B301', 'B302', 'B303', 'B304', 'B305', 'B306',
       'B401', 'B402', 'B403', 'B404', 'B405', 'B406'],
     dtype='object')
```

　　檢視結果，已成功地將 sdata0 的內容去除第 1 行編號欄位 ID，並且儲存至 sdata1 的變項中。

　　接下來將進行量表的效度分析，主要是利用 factor_analyzer 套件來分析量表效度，首先開啟 factor_analyzer 套件。

```
>>> from factor_analyzer import FactorAnalyzer
```

　　進行 KMO 檢定，如下所示。

```
>>> from factor_analyzer.factor_analyzer import calculate_kmo
>>> kmo_all, kmo_model = calculate_kmo(sdata1)
>>> print(kmo_all)
[0.92381173 0.90799238 0.9050934  0.91030516 0.89897358 0.88795125
 0.88380158 0.87391253 0.88108514 0.9035031  0.95257769 0.89457904
 0.89366295 0.90529019 0.90434163 0.86696582 0.90792619 0.9133838
 0.88270015 0.93621376 0.88223525 0.88767884 0.85967607 0.91375643]
>>> print(kmo_model)
0.8991940373337057
```

上述為 KMO 取樣適切性量數，依據 Kaiser 以及 Rice（1977）的建議，KMO 的判斷值如下所示。

表 3-2　KMO 判斷規準一覽表

KMO	建議
0.90 以上	極佳
0.80 以上	良好
0.70 以上	中等
0.60 以上	普通
0.50 以上	欠佳
0.50 以下	無法接受

本範例所計算出的 KMO 值為 0.90，代表極佳，而各題的取樣適切性量數 MSA，最小也有 0.86，代表相當理想，可繼續進行因素分析。以下將進行 Bartlett 球形檢定，如下所示。

```
>>> from factor_analyzer.factor_analyzer import calculate_bartlett_sphericity
>>> chi_square_value, p_value = calculate_bartlett_sphericity(sdata1)
>>> print(chi_square_value)
1875.9930850020621
>>> print(p_value)
1.5604044011856002e-235
```

由上述的球形檢定結果中可以得知，檢定結果 $\chi^2(276)=1875.993$，p<0.001，表示此 24 個題目之間具有相關性，可以進行因素分析。

接著進行因素分析，分析量表建構效度。首先固定四個因素，未進行任何轉軸，如下所示，並輸出共同性估計結果。

```
>>> fa = FactorAnalyzer(4, rotation= None)
>>> fa.fit(sdata1)
>>> print(fa.get_communalities())
[0.62773044 0.64834482 0.59735069 0.54057439 0.61176679 0.64418396
 0.63032628 0.56764272 0.5451694  0.46356569 0.66623977 0.60287962
 0.63046237 0.73989324 0.4829913  0.92872561 0.76683191 0.57699765
 0.63434447 0.59533116 0.64100684 0.68880838 0.66907741 0.63230342]
```

計算特徵值（eigen values）與特徵向量（eigen vectors）。

```
>>> ev, v = fa.get_eigenvalues()
>>> print(ev)
[12.09743259  2.25637712  1.08001554  1.06634965  0.98238683  0.76905182
  0.70730287  0.56418246  0.51954501  0.50902179  0.46481932  0.41283287
  0.38979082  0.35473275  0.34050286  0.27166552  0.24277933  0.19368258
  0.17315323  0.15529876  0.13523981  0.12463887  0.09793174  0.09126586]

>>> print(v)
[11.73234022  1.90640328  0.77058883  0.72321736  0.58196763  0.35143062
  0.30340687  0.21471949  0.15919054  0.11982298  0.08520898  0.03043649
  0.02189302 -0.01578576 -0.05934012 -0.09043341 -0.13443369 -0.14560679
 -0.17225957 -0.21177662 -0.22668268 -0.24482503 -0.26709534 -0.29983898]
```

接下來繪製陡坡圖，因爲需要繪圖，所以引入 matplotlib 套件。

```
>>> import matplotlib.pyplot as plt
>>> plt.scatter(range(1,sdata1.shape[1]+1), ev)
>>> plt.plot(range(1,sdata1.shape[1]+1),ev)
>>> plt.title('Scree Plot')
>>> plt.xlabel('Factor')
>>> plt.ylabel('Eigenvalue')
>>> plt.grid()
>>> plt.show()
```

陡坡圖結果如下所示，由下圖可以得知本資料可以抽取的因素大概是三至四個。

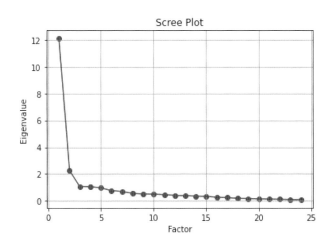

計算解釋變異量的估計結果。

```
>>> print(fa.get_factor_variance())
(array([11.73234008,   1.90640298,   0.77058848,   0.7232168 ]), array([0.4888475 ,
0.07943346, 0.03210785, 0.03013403]), array([0.4888475 ,  0.56828096, 0.60038881,
0.63052285]))
```

　　第一個因素解釋 48.88%、第二個因素解釋 7.94%、第三個因素解釋 3.21%、第四個因素解釋 3.01%，累積因素解釋量分別爲 48.88%、56.83%、60.04%、63.05%。

```
>>> result = pd.DataFrame(fa.loadings_, columns=[' 因素 1',' 因素 2',' 因素 3',' 因素
4'], index=[sdata1.columns])
>>> print(result)
```

	因素 1	因素 2	因素 3	因素 4
B101	0.701900	0.357702	0.016095	−0.082812
B102	0.729662	0.324475	−0.033296	−0.097704
B103	0.659199	0.385666	0.047673	0.108611
B104	0.600742	0.363128	0.195613	0.097760
B105	0.704104	0.304052	0.066490	0.138330
B106	0.671906	0.354794	0.210425	0.150229
B201	0.733947	0.260206	−0.090711	0.125350
B202	0.672960	0.280071	−0.184100	0.049354
B203	0.677218	0.214452	−0.093022	−0.178611
B204	0.646082	−0.062088	−0.023648	−0.204278
B205	0.770166	0.205446	0.087124	−0.152597
B206	0.762800	0.143270	−0.014465	−0.016744
B301	0.677408	−0.182272	−0.027755	−0.370928
B302	0.688294	−0.210916	−0.140647	−0.449307
B303	0.646680	−0.178845	0.180922	0.008831
B304	0.707824	−0.425829	0.496172	0.013937
B305	0.772428	−0.302301	0.280706	0.002355
B306	0.660172	−0.349509	0.137149	−0.014287
B401	0.707021	−0.193654	−0.231728	0.208002
B402	0.736401	−0.042497	−0.225152	−0.023340
B403	0.677754	−0.353884	−0.147501	0.186187
B404	0.714197	−0.296397	−0.272531	0.128866
B405	0.688027	−0.323844	−0.063929	0.294508
B406	0.743445	−0.231692	−0.138801	0.081523

　　因素萃取方法（methods）是以主軸法（principal），抽取因素（n_factors）固定四個因素來進行轉軸（rotation）並且以最大變異（varimax）方法。

　　因素萃取方法，除了主軸法（principal）之外，尚有「minres」最小殘差法、「uls」未加權最小平方法、「ml」最大概似法、「mle」最大概似估計法等因素萃取方法。

　　另外在轉軸（rotation）部分，則除了「none」不轉軸外、尚有「varimax」最大變異法、「quartimax」四方最大旋轉法、「equamax」相等最大值法、

「geomin_ort」法等直交方法，斜交方法則包括「promax」迫近最大方差斜交旋轉（procrustes variance maximum-oblique rotation）法、「oblimax」最大斜交法、「oblimin」最小斜交法、「quartimin」法、「geomin_obl」法等。

```
>>> fa = FactorAnalyzer(method='minres', n_factors=4, rotation='varimax')
>>> fa.fit(sdata1)
```

輸出共同性以及計算特徵值。

```
>>> print(fa.get_communalities())
[0.62773044 0.64834482 0.59735069 0.54057439 0.61176679 0.64418396
 0.63032628 0.56764272 0.5451694  0.46356569 0.66623977 0.60287962
 0.63046237 0.73989324 0.4829913  0.92872561 0.76683191 0.57699765
 0.63434447 0.59533116 0.64100684 0.68880838 0.66907741 0.63230342]
>>> ev, v = fa.get_eigenvalues()
```

輸出的特徵值如下所示。

```
>>> print(ev)
[12.09743259  2.25637712  1.08001554  1.06634965  0.98238683  0.76905182
  0.70730287  0.56418246  0.51954501  0.50902179  0.46481932  0.41283287
  0.38979082  0.35473275  0.34050286  0.27166552  0.24277933  0.19368258
  0.17315323  0.15529876  0.13523981  0.12463887  0.09793174  0.09126586]
```

輸出解釋變異量。

```
>>> print(pd.DataFrame(fa.get_factor_variance(),index=['Variance','Proportional
Var','Cumulative Var']))
                          0          1          2          3
Variance           5.941981   3.996652   2.720037   2.473878
Proportional Var   0.247583   0.166527   0.113335   0.103078
Cumulative Var     0.247583   0.414110   0.527445   0.630523
```

輸出各因素的因素負荷量如下所示。

```
>>> loading = pd.DataFrame(fa.loadings_,index=sdata1.columns)
>>> print(loading)
              0          1          2          3
B101   0.708938   0.153214   0.125629   0.293055
B102   0.694827   0.202426   0.112126   0.334681
B103   0.731682   0.192204   0.124606   0.097589
B104   0.691250   0.087795   0.229498   0.048690
B105   0.705725   0.257526   0.195123   0.096571
B106   0.739528   0.145899   0.274182   0.028625
B201   0.674014   0.371311   0.101393   0.166968
B202   0.629461   0.344014  -0.007581   0.230256
B203   0.561748   0.219365   0.092527   0.415844
B204   0.339212   0.281755   0.261208   0.448202
B205   0.637240   0.188141   0.277432   0.384446
B206   0.593994   0.332080   0.224359   0.299059
B301   0.246611   0.276605   0.322146   0.623985
B302   0.209770   0.318614   0.248126   0.729937
B303   0.302933   0.328152   0.481596   0.227166
B304   0.191746   0.308234   0.869802   0.200985
B305   0.301339   0.394550   0.667044   0.274608
B306   0.176597   0.426593   0.529482   0.288926
B401   0.314669   0.682065   0.186892   0.187581
B402   0.415507   0.513804   0.130625   0.376335
B403   0.182165   0.685493   0.315159   0.196462
B404   0.227611   0.717512   0.202654   0.284797
B405   0.234675   0.683830   0.374076   0.080297
B406   0.302240   0.608787   0.290434   0.293226
```

以下將輸出資料轉置結果。

```
>>> data_transformed = pd.DataFrame(fa.transform(sdata1), index = sdata1.index)
>>> print(data_transformed)
          0          1          2          3
0    1.650892  -1.360108   1.131764  -0.119302
1    1.178993  -0.602059   0.856608   0.755824
2   -0.952675  -0.434239  -0.275451  -0.404727
3   -0.702278  -0.301268  -0.601268  -0.062383
4   -1.196199  -0.678770   1.091642  -0.084030
..        ...        ...        ...        ...
95   1.056676   0.406478   0.413607   1.026690
96  -1.053985   0.646594  -0.893847  -0.285110
97   0.724849   1.453775   0.598346  -0.972100
98  -1.016015  -0.514683  -0.321937  -0.020265
99   1.244049   0.967103   0.556407  -0.874851
```

以下撰寫函式，將因素負荷量的輸出更為清楚些。

```
1.  def color(val):
2.      if val >= 0.5 or val <=-0.5:
3.          color = '#2ecc71'
4.      elif val >=0.4 or val <=-0.4:
5.          color = '#f1c40f'
6.      else:
7.          color = 'white'
8.      return 'background-color: %s' % color
9.  def font(val):
10.     if val >= 0.5 or val <=-0.5:
11.         color = 'black'
12.     elif val >=0.4 or val <=-0.4:
13.         color = 'black'
14.     else:
15.         color = 'black'
16.     return 'color: %s' % color
17. n_factors = 4
18. fa = FactorAnalyzer(method='minres', n_factors=n_factors, rotation= 'varimax')
19. fa.fit(sdata1)
20. loading = pd.DataFrame(fa.loadings_,index=sdata1.columns)
21. print(loading.round(4))
```

因素負荷量結果輸出，如下所示。

	0	1	2	3
B101	0.7089	0.1532	0.1256	0.2931
B102	0.6948	0.2024	0.1121	0.3347
B103	0.7317	0.1922	0.1246	0.0976
B104	0.6913	0.0878	0.2295	0.0487
B105	0.7057	0.2575	0.1951	0.0966
B106	0.7395	0.1459	0.2742	0.0286
B201	0.6740	0.3713	0.1014	0.1670
B202	0.6295	0.3440	-0.0076	0.2303
B203	0.5617	0.2194	0.0925	0.4158
B204	0.3392	0.2818	0.2612	0.4482
B205	0.6372	0.1881	0.2774	0.3844
B206	0.5940	0.3321	0.2244	0.2991
B301	0.2466	0.2766	0.3221	0.6240
B302	0.2098	0.3186	0.2481	0.7299
B303	0.3029	0.3282	0.4816	0.2272
B304	0.1917	0.3082	0.8698	0.2010
B305	0.3013	0.3945	0.6670	0.2746
B306	0.1766	0.4266	0.5295	0.2889
B401	0.3147	0.6821	0.1869	0.1876
B402	0.4155	0.5138	0.1306	0.3763
B403	0.1822	0.6855	0.3152	0.1965
B404	0.2276	0.7175	0.2027	0.2848
B405	0.2347	0.6838	0.3741	0.0803
B406	0.3022	0.6088	0.2904	0.2932

將因素負荷量的輸出套用顯示的函式。

```
>>> loading.round(4).style.applymap(color, subset=[i for i in range(n_factors)])
>>> loading.round(4).style\
    .applymap(color, subset=[i for i in range(n_factors)])\
    .applymap(font, subset=[i for i in range(n_factors)])
```

套用顯示函式後如下所示。

	0	1	2	3
B101	0.708900	0.153200	0.125600	0.293100
B102	0.694800	0.202400	0.112100	0.334700
B103	0.731700	0.192200	0.124600	0.097600
B104	0.691300	0.087800	0.229500	0.048700
B105	0.705700	0.257500	0.195100	0.096600
B106	0.739500	0.145900	0.274200	0.028600
B201	0.674000	0.371300	0.101400	0.167000
B202	0.629500	0.344000	-0.007600	0.230300
B203	0.561700	0.219400	0.092500	0.415800
B204	0.339200	0.281800	0.261200	0.448200
B205	0.637200	0.188100	0.277400	0.384400
B206	0.594000	0.332100	0.224400	0.299100
B301	0.246600	0.276600	0.322100	0.624000
B302	0.209800	0.318600	0.248100	0.729900
B303	0.302900	0.328200	0.481600	0.227200
B304	0.191700	0.308200	0.869800	0.201000
B305	0.301300	0.394500	0.667000	0.274600
B306	0.176600	0.426600	0.529500	0.288900
B401	0.314700	0.682100	0.186900	0.187600
B402	0.415500	0.513800	0.130600	0.376300
B403	0.182200	0.685500	0.315200	0.196500
B404	0.227600	0.717500	0.202700	0.284800
B405	0.234700	0.683800	0.374100	0.080300
B406	0.302200	0.608800	0.290400	0.293200

　　由上述的結果可以得知，B2 與 B1 合併成一個新因素，而 B302、B301 與 B204 增加新的因素，所以擬將 B302、B301、B204 刪除，仍以原四個因素來建立建構效度，進行第 2 次因素分析，如下所示。

```
>>> sdata2 = sdata1.drop(columns=['B302','B301','B204'])
>>> n_factors = 4
>>> fa = FactorAnalyzer(method='minres', n_factors=n_factors, rotation= 'varimax')
>>> fa.fit(sdata2)
>>> variance = pd.DataFrame(fa.get_factor_variance(),index=['Variance','Proportion
al Var','Cumulative Var'])
>>> print(variance)

                          0          1          2          3
Variance           4.495330   3.775615   2.852793   2.593470
Proportional Var   0.214063   0.179791   0.135847   0.123499
Cumulative Var     0.214063   0.393855   0.529702   0.653200
```

　　由上述因素分析結果後，總共抽取四個因素，第一個因素解釋程度為 21.41%，第二個因素累積解釋程度為 39.39%，第三個因素累積解釋程度為 52.97%，第四個因素累積總解釋程度為 65.32%。

```
>>> loading = pd.DataFrame(fa.loadings_,index=sdata2.columns)
>>> print(loading.round(4))
>>> loading.round(4).style.applymap(color, subset=[i for i in range(n_factors)])
```

　　套用上述輸出格式的程式碼顯示結果，如下所示。

	0	1	2	3
B101	0.735400	0.237200	0.116800	0.231000
B102	0.660000	0.263500	0.129600	0.337800
B103	0.685500	0.206700	0.109900	0.266000
B104	0.764300	0.127500	0.179200	0.064500
B105	0.643600	0.261400	0.181800	0.295500
B106	0.644400	0.118800	0.259300	0.319100
B201	0.445600	0.287600	0.157000	0.636300
B202	0.458900	0.313400	0.044300	0.536300
B203	0.378400	0.193100	0.172800	0.629500
B205	0.523500	0.197300	0.329500	0.497100
B206	0.419000	0.287700	0.288700	0.569700
B303	0.338200	0.364600	0.489500	0.088300
B304	0.226300	0.314400	0.869600	0.061400
B305	0.272400	0.381400	0.710700	0.221900
B306	0.050300	0.363800	0.633500	0.359600
B401	0.309700	0.741300	0.188200	0.123500
B402	0.410500	0.597200	0.150100	0.235500
B403	0.137100	0.678300	0.359300	0.187000
B404	0.158600	0.710600	0.264700	0.275100
B405	0.205000	0.651400	0.384700	0.119700
B406	0.201800	0.603000	0.349700	0.340300

　　由上述的結果可以得知，B205 與原先量表構念有所不合，所以擬刪除，進行第 3 次因素分析，如下所示。

```
>>> sdata3 = sdata2.drop(columns=['B205'])
>>> n_factors = 4
>>> fa = FactorAnalyzer(method='minres', n_factors=n_factors, rotation= 'varimax')
>>> fa.fit(sdata3)
>>> variance = pd.DataFrame(fa.get_factor_variance(),index=['Variance','Proportion
al Var','Cumulative Var'])
>>> print(variance)
                        0          1          2          3
Variance         4.270494   3.587140   2.936505   2.255950
Proportional Var 0.213525   0.179357   0.146825   0.112797
Cumulative Var   0.213525   0.392882   0.539707   0.652504
```

　　由上述因素分析結果後，總共抽取四個因素，第一個因素解釋程度為 21.35%，第二個因素累積解釋程度為 39.29%，第三個因素累積解釋程度為 53.97%，第四個因素累積總解釋程度為 65.25%。

　　各因素之因素負荷量套用輸出格式如下所示。

```
>>> loading = pd.DataFrame(fa.loadings_,index=sdata3.columns)
>>> print(loading.round(4))
>>> loading.round(4).style.applymap(color, subset=[i for i in range(n_factors)])
```

　　顯示結果如下。

	0	1	2	3
B101	0.736300	0.250100	0.117400	0.205600
B102	0.662400	0.269200	0.137200	0.318500
B103	0.689500	0.197100	0.124100	0.266100
B104	0.764400	0.121700	0.183700	0.059900
B105	0.646800	0.253100	0.194900	0.292400
B106	0.651300	0.110000	0.268100	0.306000
B201	0.448000	0.261600	0.183000	0.669600
B202	0.461300	0.302300	0.064900	0.551700
B203	0.393200	0.203800	0.181500	0.584300
B206	0.427800	0.286300	0.301600	0.541400
B303	0.340400	0.342900	0.505300	0.088300
B304	0.231600	0.304700	0.858000	0.030100
B305	0.276200	0.357600	0.727200	0.205600
B306	0.055100	0.326600	0.667600	0.360900
B401	0.305100	0.738200	0.212200	0.121300
B402	0.411500	0.621400	0.154400	0.203100
B403	0.138800	0.659400	0.389200	0.188200
B404	0.155100	0.689400	0.299400	0.284200
B405	0.198500	0.624400	0.414200	0.133700
B406	0.205400	0.602400	0.368300	0.316500

　　檢視結果發現因素大致與原擬之構念相符合，只是有交叉因素負荷（cross loading）的情形發生，修改轉軸方式（promax）後進行第 4 次因素分析，如下所示。

```
>>> n_factors = 4
>>> fa = FactorAnalyzer(method='minres', n_factors=n_factors, rotation= 'promax')
>>> fa.fit(sdata3)
```

因素交叉負荷的情形不再出現，因素也依原量表建立時之構念。

```
>>> variance = pd.DataFrame(fa.get_factor_variance(),index=['Variance','Proportion
al Var','Cumulative Var'])
>>> print(variance)
                        0          1          2          3
Variance         3.340782   3.259120   2.476553   2.198272
Proportional Var 0.167039   0.162956   0.123828   0.109914
Cumulative Var   0.167039   0.329995   0.453823   0.563736
```

上述「Variance」為因素特徵值皆大於 1，符合因素抽取原則。「Proportional Var」為萃取個別因素的解釋變異量，「Cumulative Var」為萃取個別因素的累積解釋變異量，總解釋變異量為 0.56，符合因素分析抽取變異值的要求水準。

```
>>> loading = pd.DataFrame(fa.loadings_,index=sdata3.columns)
>>> print(loading.round(4))
>>> loading.round(4).style.applymap(color, subset=[i for i in range(n_factors)])
```

分析結果套用上述輸出格式的程式碼後，如下圖所示。

	0	1	2	3
B101	0.759800	0.100900	-0.066600	0.033100
B102	0.602300	0.097300	-0.057400	0.210300
B103	0.682100	0.008600	-0.039600	0.147800
B104	0.894000	-0.076000	0.094400	-0.161300
B105	0.594000	0.059200	0.031700	0.173100
B106	0.620800	-0.191100	0.185700	0.222300
B201	0.149900	-0.009200	-0.023600	0.777900
B202	0.227800	0.141200	-0.180200	0.604500
B203	0.137600	-0.054500	0.018300	0.682200
B206	0.171500	0.020800	0.145800	0.572600
B303	0.255500	0.181500	0.473500	-0.113400
B304	0.121900	0.006700	0.978900	-0.205100
B305	0.089700	0.076500	0.750600	0.043800
B306	-0.256400	0.049900	0.686000	0.344400
B401	0.125600	0.894900	-0.080700	-0.128400
B402	0.253800	0.699500	-0.134000	0.004600
B403	-0.117300	0.709200	0.195600	0.011800
B404	-0.143700	0.758900	0.047000	0.151900
B405	-0.007800	0.652300	0.244900	-0.076900
B406	-0.081500	0.578100	0.163700	0.202200

四、建構效度分析結果報告

針對教師領導問卷的因素分析結果，可撰寫如下。

（一）內容效度

本研究之問卷內容，邀請專家學者就問卷設計的適切性加以指正、修改文句，以建構本問卷之內容效度。

（二）建構效度

　　本研究以因素分析來檢定問卷的建構效度，採用主軸分析法來萃取因素。因素分析首先考量 KMO 取樣適切性與 Bartlett 球形檢定來檢定量表因素，依據陳新豐（2015）所提分析之適切性，KMO 值在 0.8 以上而 Bartlett 球形檢定亦顯著（p 值 <0.05），表示這些題目適合進行因素分析，接著以最大變異法配合主軸分析，因素分析後將不符合因素負荷量的題項刪除。

　　在「教師領導問卷」的 24 題預試題目中，經過第 1 次因素分析得到 KMO 值為 0.90，Bartlett 球形檢定亦顯著（p 值 <0.05），表示這些題目適合進行因素分析。其中第 B204 題、第 B301 題、第 B302 題原先在「提升專業成長」與「促進同儕合作」構面，新增一個構面，第 B205 題原先在「提升專業成長」構面，經過因素分析後被歸納在第一個構面，第一個構面的題目數量已足夠，考量受試者填答的意願，研究者與指導教授討論探究後，因此進行逐一刪題，並重新執行因素分析，結果如表 3-3 所示。

表 3-3 教師領導量表預試問卷之因素摘要一覽表

預試題號	正式題號	因素負荷量			
		展現教室領導	參與校務決策	促進同儕合作	提升專業成長
B104	1	0.76			
B101	2	0.74			
B103	3	0.69			
B102	4	0.66			
B106	5	0.65			
B105	6	0.65			
B401	7		0.74		
B404	8		0.69		
B403	9		0.66		
B405	10		0.62		
B402	11		0.62		
B406	12		0.60		
B304	13			0.85	
B305	14			0.73	
B306	15			0.67	
B303	16			0.51	
B201	17				0.67
B203	18				0.58
B202	19				0.55
B206	20				0.54
特徵值		4.27	3.59	2.94	2.26
解釋變異量 (%)		0.21	0.18	0.15	0.11
累積解釋變異量 (%)		0.21	0.39	0.54	0.65

　　在「教師領導問卷」的 24 題預試題目中，經過第 1 次因素分析得到 KMO 值為 0.90，代表極佳，而各題的取樣適切性量數 MSA，最小也有 0.86，代表相當理想。Bartlett 球形檢定亦顯著（$\chi^2(276)=1854.244$，p 值 <0.001），表示這些題目適合進行因素分析。因 KMO 在 0.8 以上，p 值 <0.001，累積解釋變異量達 65% 以上，因此將預試題目 20 題全數保留，詳見上表 3-3。

五、效度分析程式

　　探索式因素分析程式如下所示。

```
1.  #Filename: CH03_2.py
2.  import os
3.  os.chdir('D:\\DATA\\CH03\\')
4.  import pandas as pd
5.  sdata0 = pd.read_csv('CH03_1.csv')
6.  pnum = sdata0.shape[1]-1
7.  snum = sdata0.shape[0]
8.  sdata1 = sdata0.drop(columns=['ID'])
9.  from factor_analyzer import FactorAnalyzer
10. from factor_analyzer.factor_analyzer import calculate_kmo
11. kmo_all, kmo_model = calculate_kmo(sdata1)
12. print(kmo_all)
13. print(kmo_model)
14. from factor_analyzer.factor_analyzer import calculate_bartlett_sphericity
15. chi_square_value, p_value = calculate_bartlett_sphericity(sdata1)
16. print(chi_square_value)
17. print(p_value)
18. fa = FactorAnalyzer(4, rotation= None)
19. fa.fit(sdata1)
20. print(fa.get_communalities())
21. ev, v = fa.get_eigenvalues()
22. print(ev)
23. print(v)
24. import matplotlib.pyplot as plt
25. plt.scatter(range(1,sdata1.shape[1]+1), ev)
26. plt.plot(range(1,sdata1.shape[1]+1),ev)
27. plt.title('Scree Plot')
```

```
28.  plt.xlabel('Factor')
29.  plt.ylabel('Eigenvalue')
30.  plt.grid()
31.  plt.show()
32.  print(fa.get_factor_variance())
33.  loading = pd.DataFrame(fa.loadings_, columns=[' 因素 1',' 因素 2',' 因素 3',' 因素
     4'], index=[sdata1.columns])
34.  print(loading)
35.  fa = FactorAnalyzer(method='minres', n_factors=4, rotation='varimax')
36.  fa.fit(sdata1)
37.  print(fa.get_communalities())
38.  ev, v = fa.get_eigenvalues()
39.  print(ev)
40.  print(v)
41.  print(pd.DataFrame(fa.get_factor_variance(),index=['Variance','Proportional
     Var','Cumulative Var']))
42.  loading = pd.DataFrame(fa.loadings_,index=sdata1.columns)
43.  print(loading)
44.  data_transformed = pd.DataFrame(fa.transform(sdata1), index = sdata1.index)
45.  print(data_transformed)
46.  def color(val):
47.      if val >= 0.5 or val <=-0.5:
48.          color = '#2ecc71'
49.      elif val >=0.4 or val <=-0.4:
50.          color = '#f1c40f'
51.      else:
52.          color = 'white'
53.      return 'background-color: %s' % color
54.  def font(val):
55.      if val >= 0.5 or val <=-0.5:
56.          color = 'black'
57.      elif val >=0.4 or val <=-0.4:
58.          color = 'black'
59.      else:
60.          color = 'black'
61.      return 'color: %s' % color
62.  n_factors = 4
63.  fa = FactorAnalyzer(method='minres', n_factors=n_factors, rotation= 'varimax')
64.  fa.fit(sdata1)
```

```
65. loading = pd.DataFrame(fa.loadings_,index=sdata1.columns)
66. print(loading.round(4))
67. loading.round(4).style.applymap(color, subset=[i for i in range(n_factors)])
68. loading.round(4).style\
69.     .applymap(color, subset=[i for i in range(n_factors)])\
70.     .applymap(font, subset=[i for i in range(n_factors)])
71.
72. sdata2 = sdata1.drop(columns=['B302','B301','B204'])
73. n_factors = 4
74. fa = FactorAnalyzer(method='minres', n_factors=n_factors, rotation= 'varimax')
75. fa.fit(sdata2)
76. variance = pd.DataFrame(fa.get_factor_variance(),index=['Variance','Proportional
    Var','Cumulative Var'])
77. print(variance)
78. loading = pd.DataFrame(fa.loadings_,index=sdata2.columns)
79. print(loading.round(4))
80. loading.round(4).style.applymap(color, subset=[i for i in range(n_factors)])
81.
82. sdata3 = sdata2.drop(columns=['B205'])
83. n_factors = 4
84. fa = FactorAnalyzer(method='minres', n_factors=n_factors, rotation= 'varimax')
85. fa.fit(sdata3)
86. variance = pd.DataFrame(fa.get_factor_variance(),index=['Variance','Proportional
    Var','Cumulative Var'])
87. print(variance)
88. loading = pd.DataFrame(fa.loadings_,index=sdata3.columns)
89. print(loading.round(4))
90. loading.round(4).style.applymap(color, subset=[i for i in range(n_factors)])
91.
92. n_factors = 4
93. fa = FactorAnalyzer(method='principal', n_factors=n_factors, rotation= 'promax')
94. fa.fit(sdata3)
95. variance = pd.DataFrame(fa.get_factor_variance(),index=['Variance','Proportional
    Var','Cumulative Var'])
96. print(variance)
97. loading = pd.DataFrame(fa.loadings_,index=sdata3.columns)
98. print(loading.round(4))
99. loading.round(4).style.applymap(color, subset=[i for i in range(n_factors)])
```

參、驗證性因素分析

驗證性因素分析（confirmatory factor analysis, CFA）可運用於測驗或量表的建構效度，Python 語言中要進行驗證性的因素分析，可資運用的套件不少，以下將以 semopy 套件來進行分析，將逐項分別說明如下。

一、基本統計概念

以下將從進行驗證性因素分析的步驟以及模式適配度等二個部分加以說明。

（一）CFA 的分析步驟

結構方程模式主要的分析步驟可以分為六個步驟，另外還有二個選擇式的步驟。其中主要的六個步驟分別為：(1) 模式列述（specify the model）；(2) 模式辨識（model identified）；(3) 測量的選擇與資料的收集；(4) 模式的估計（estimate the model）以及適配性；(5) 模式的再確認（respecify the model）；(6) 報告分析結果（report the result）（Kline, 2011）。另外二個選擇式的步驟則分別為：(7) 複製結果（replication）；以及 (8) 應用結果（application）。

（二）適配度指標

結構方程模式的適配度指標主要可以分為四大類，分別是絕對適配指標、相對適配指標、精簡適配指標以及訊息規準指標，說明如下。

1. 絕對適配指標

(1) 卡方值

卡方值愈大代表理論模式與資料模式的差異愈大，期待卡方值愈小愈好，最好不顯著。

(2) 卡方值與自由度的比值

因應卡方值受到樣本人數大小影響，容易有顯著情形，所以採用卡方值與自由度的比值來代表適配度，比值若小於 3，代表模式適配情形良好。

(3) 適配度指標（GFI）

代表理論模式所能解釋的變異量，介於 0 與 1 之間，大於 0.90 表示模式適配情形良好。

(4) 調整適配度指標（AGFI）

將自由度納入考量的適配度指標（GFI），介於 0 與 1 之間，大於 0.90 表示模式適配情形良好。

(5) 殘差均方根（RMR）

RMR 值最小為 0，愈小愈好，小於 0.50 代表適配情形良好。

(6) 標準化殘差均方根（SRMR）

RMR 標準化之後即為 SRMR，小於 0.05 適配良好，小於 0.08 為可接受的適配度。

(7) 近似誤差均方根（RMSEA）

小於 0.05 代表適配良好，0.05-0.08 之間則代表可接受的適配度。

(8) Hoelter 臨界 N 值

大於 200，代表樣本適當，模式適配情形良好。

2. 相對適配指標

相對適配指標是指計算理論模式比基準模式（獨立模式）改善的比例，其中的獨立模式即是適配度最差的模式，相對適配指標的數值最好能大於 0.90 以上，以下說明相對適配指標常用的指標。

(1) 標準適配度指標（NFI）

標準適配度指標大於0.90以上，代表理論模式比基準模式有更佳的適配度。

(2) 非標準適配度指標（NNFI）

最好大於 0.90 以上，NNFI 指標又稱為 Tucker-Lewis 指標（TLI）。

(3) 相對適配度指標（RFI）

最好大於 0.90 以上。

(4) 增值適配度指標（IFI）

最好大於 0.90 以上。

(5) 比較適配度指標（CFI）

最好大於 0.90 以上。

3. 精簡適配指標

精簡適配指標主要是代表模式精簡的程度，數值大於 0.50 以上代表模式適配，以下說明精簡適配指標常用的指標。

(1) PGFI

最好大於 0.50 以上。

(2) PNFI

最好大於 0.50 以上。

(3) PCFI

最好大於 0.50 以上。

4. 訊息規準指標

訊息規準指標是用在不同模式之間的比較，數值愈小，表示模式的適配情形愈好，常用的指標有 AIC、CAIC、BIC、BCC、ECVI 等。

（三）聚斂效度與區別效度

根據 Hair、Black、Babin 與 Anderson（2009）指出，若量表具有聚斂效度需要符合以下四項標準。

1. 標準化的負荷量至少要 0.50 以上，最好在 0.70 以下。

2. 個別題目被因素解釋的變異量要在 0.50 以上。

3. 個別因素的平均抽取變異量要在 0.50 以上。

4. 每個因素的組合信度，需要達 0.70 以上。

至於區別效度，若每兩個因素的相關係數平方，小於個別因素的平均抽取變異（AVE），則具有區別效度。

二、驗證性因素分析範例

　　以下將以李爭宜（2014）「國民小學教師領導、教師專業學習社群參與與教師專業發展之關係研究」中部分資料來進行。其中教師領導問卷預試的反應資料，包括參與校務決策 6 題、展現教室領導 6 題、促進同儕合作 6 題、提升專業成長 6 題，合計為 24 題，詳細說明如下所示。

（一）讀取資料檔

　　設定工作目錄為「D:\DATA\CH03\」。

```
>>> import os
>>> os.chdir('D:\\DATA\\CH03\\')
```

　　讀取資料檔「CH03_3.csv」，並將資料儲存至 sdata0 這個變項。

```
>>> import pandas as pd
>>> sdata0 = pd.read_csv('CH03_1.csv')
```

（二）檢視資料

　　檢視前 5 筆資料，如下所示。

```
>>> print(sdata0.head())
     ID  B101  B102  B103  B104  B105  B106  B201  B202  B203 ...  B303  \
0  ST001    4     4     4     4     4     4     4     4     4  ...     4
1  ST002    4     4     4     4     4     4     4     4     4  ...     4
2  ST003    3     3     3     3     3     3     3     3     3  ...     3
3  ST004    3     3     3     3     4     3     3     3     3  ...     3
4  ST005    3     3     3     3     3     3     3     3     3  ...     4


   B304  B305  B306  B401  B402  B403  B404  B405  B406
0    4     4     4     3     3     3     3     3     3
1    4     4     4     3     3     4     3     4     3
2    3     3     3     3     2     3     3     3     3
3    3     3     3     3     3     3     3     3     3
4    4     3     3     3     3     3     3     3     3
```

　　檢視前 5 筆資料時，總共有 24 題資料，第一個欄位是受試者編號，以下檢視後 5 筆資料，如下所示。

```
>>> print(sdata0.tail())
      ID  B101  B102  B103  B104  B105  B106  B201  B202  B203 ...  B303  \
95  ST096    4     4     4     4     4     4     4     4     4  ...     4
96  ST097    3     3     3     3     3     3     3     3     3  ...     3
97  ST098    4     3     4     4     4     4     4     4     4  ...     4
98  ST099    3     3     3     3     3     3     3     3     3  ...     3
99  ST100    4     4     4     4     4     4     4     4     4  ...     4


    B304  B305  B306  B401  B402  B403  B404  B405  B406
95    4     4     4     4     4     3     4     4     4
96    3     3     3     4     3     3     3     4     3
97    4     4     4     4     4     4     4     4     4
98    3     3     3     3     2     3     3     3     3
99    4     4     4     4     3     4     4     4     4
```

　　由後 5 筆資料中可以得知，總共有 100 筆受試者的反應資料。由上述結果可以得知，此範例檔中題數 24，受試者人數 100。

（三）進行 CFA 分析

接下來開始進行 CFA 的分析，首先將讀入的資料檔變數去除第 1 行編號的欄位，如下所示。

```
>>> sdata1 = sdata0.drop(columns=['ID'])
```

檢視 sdata1 的分析欄位，發現 sdata0 第 1 行編號資料已經去除，如下所示。

```
>>> print(sdata1.columns)
Index(['B101', 'B102', 'B103', 'B104', 'B105', 'B106', 'B201', 'B202', 'B203',
       'B204', 'B205', 'B206', 'B301', 'B302', 'B303', 'B304', 'B305', 'B306',
       'B401', 'B402', 'B403', 'B404', 'B405', 'B406'],
      dtype='object')
```

檢視結果，已成功地將 sdata0 的內容去除第 1 行編號欄位，並且儲存至 sdata1 的變項中。

接下來將進行 CFA 分析工作，首先載入 semopy 套件來分析，分析時再先設定理論模式，指令中 =〜代表迴歸模型，=〜之前為潛在因素，=〜之後則為觀察分數（變項），內定以第一個變項為參照指標，因素之間自動設定有相關。設定理論模式後，即可以利用 cfa() 來進行參數估計，並且利用 summary() 來檢視估計的結果，如下所示。

```
>>> from semopy import Model
```

假設所要估計的理論模式。

```
>>> mod="""
>>>     f1 =~ B101+B102+B103+B104+B105+B106
>>>     f2 =~ B401+B402+B403+B404+B405+B406
>>>     f3 =~ B303+B304+B305+B306
>>>     f4 =~ B201+B202+B203
>>>     """
>>> model = Model(mod)
```

進行驗證性因素分析的參數估計。

```
>>> res = model.fit(sdata1)
```

檢視估計結果。

```
>>> print(res)
Name of objective: MLW
Optimization method: SLSQP
Optimization successful.
Optimization terminated successfully
Objective value: 2.721
Number of iterations: 60
Params: 1.066 1.020 0.982 1.064 1.010 0.958 0.866 0.926 0.865 0.967 1.325 1.221
1.128 0.909 0.869 0.051 0.121 0.097 0.124 0.112 0.127 0.136 0.052 0.080 0.085 0.110
0.090 0.158 0.105 0.135 0.181 0.138 0.101 0.085 0.146 0.123 0.138 0.090 0.245 0.148
0.157 0.196 0.101 0.160
```

計算未標準化的估計值。

```
>>> ins = model.inspect(std_est = True)
>>> print(ins)
```

	lval	op	rval	Estimate	Est. Std	Std. Err	z-value	p-value
0	B101	~	f1	1.000000	0.795723	—	—	—
1	B102	~	f1	1.065907	0.805522	0.120135	8.872565	0.0
2	B103	~	f1	1.020220	0.782025	0.119461	8.540189	0.0
3	B104	~	f1	0.981777	0.732904	0.124799	7.866865	0.0
4	B105	~	f1	1.063940	0.782400	0.124504	8.545443	0.0
5	B106	~	f1	1.009984	0.771909	0.12025	8.39907	0.0
6	B401	~	f2	1.000000	0.802834	—	—	—
7	B402	~	f2	0.957554	0.744699	0.117565	8.144913	0.0
8	B403	~	f2	0.865861	0.791494	0.09815	8.821816	0.0
9	B404	~	f2	0.925935	0.789690	0.105279	8.79509	0.0
10	B405	~	f2	0.865481	0.788859	0.098543	8.782795	0.0
11	B406	~	f2	0.966645	0.805245	0.107082	9.027169	0.0
12	B303	~	f3	1.000000	0.709575	—	—	—
13	B304	~	f3	1.325302	0.875982	0.159246	8.322354	0.0
14	B305	~	f3	1.220972	0.907697	0.142445	8.571506	0.0
15	B306	~	f3	1.127669	0.773725	0.152591	7.390148	0.0
16	B201	~	f4	1.000000	0.888116	—	—	—
17	B202	~	f4	0.909386	0.818366	0.091496	9.939047	0.0
18	B203	~	f4	0.869341	0.718955	0.105564	8.235234	0.0
19	f1	~~	f1	0.145977	1.000000	0.031287	4.665771	0.000003
20	f1	~~	f2	0.122736	0.648397	0.027274	4.500165	0.000007
21	f1	~~	f4	0.137559	0.813468	0.026154	5.259665	0.0
22	f1	~~	f3	0.089914	0.588339	0.022072	4.073624	0.000046
23	f2	~~	f2	0.245457	1.000000	0.051777	4.74067	0.000002
...								
44	B402	~~	B402	0.180765	0.445423	0.028596	6.321288	0.0
45	B203	~~	B203	0.138367	0.483104	0.022438	6.166594	0.0
46	B106	~~	B106	0.101002	0.404157	0.016513	6.116616	0.0
47	B101	~~	B101	0.084571	0.366826	0.014209	5.95177	0.0

檢視適配度資料。

```
>>> import semopy
>>> pstats = semopy.calc_stats(model)
>>> print(pstats)
       DoF  DoF Baseline        chi2  chi2 p-value  chi2 Baseline        CFI  \
Value  146           171  272.128274  1.176687e-09    1518.187559   0.906377

            GFI       AGFI       NFI       TLI     RMSEA        AIC  \
Value  0.820755  0.790062  0.820755  0.890345  0.093414  82.557435

              BIC     LogLik
Value  197.184923   2.721283
```

　　模式適配度指標中，χ^2 為 272.128，自由度 =146，p<0.05，RMSEA=0.093>0.080，GFI=0.821<0.900，NFI=0.820<0.900，表示模式並不適配，進行修正。

（四）進行模式修正

　　依據理論建構的向度以及精簡原則，將測量模式修正如下所示。

```
>>> mod="""
>>>     f1 =~ B101+B102+B103
>>>     f2 =~ B401+B405+B406
>>>     f3 =~ B304+B305+B306
>>>     f4 =~ B201+B202+B203
>>>     """
>>> model = Model(mod)
```

　　進行驗證性因素分析的參數估計。

```
>>> res = model.fit(sdata1)
>>> print(res)
Name of objective: MLW
Optimization method: SLSQP
Optimization successful.
Optimization terminated successfully
Objective value: 0.638
Number of iterations: 54
Params: 1.080 0.942 0.894 1.003 0.996 0.895 0.921 0.869 0.033 0.070 0.148 0.107
0.120 0.140 0.110 0.133 0.054 0.077 0.071 0.108 0.159 0.120 0.140 0.112 0.233 0.144
0.201 0.194 0.129 0.259
```

估計未標準參數資料。

```
>>> ins = model.inspect(std_est = True)
>>> print(ins)
    lval  op  rval  Estimate  Est. Std  Std. Err   z-value   p-value
0   B101   ~   f1   1.000000  0.830950       -          -         -
1   B102   ~   f1   1.079551  0.851687  0.114695  9.412385       0.0
2   B103   ~   f1   0.941746  0.753651  0.115351  8.164163       0.0
3   B401   ~   f2   1.000000  0.781782       -          -         -
4   B405   ~   f2   0.893859  0.793421  0.110021  8.124413       0.0
5   B406   ~   f2   1.002959  0.813635  0.120163  8.346657       0.0
6   B304   ~   f3   1.000000  0.840076       -          -         -
7   B305   ~   f3   0.995972  0.941101  0.084326  11.810968      0.0
8   B306   ~   f3   0.895172  0.780665  0.096928  9.235421       0.0
9   B201   ~   f4   1.000000  0.884255       -          -         -
10  B202   ~   f4   0.920692  0.824993  0.093071  9.892399       0.0
11  B203   ~   f4   0.869053  0.715682  0.107217  8.105554       0.0
12    f1  ~~   f1   0.159103  1.000000   0.03278  4.853733  0.000001
13    f1  ~~   f2   0.119711  0.621877  0.028103  4.259696   0.00002
14    f1  ~~   f4   0.139636  0.794323  0.026767  5.216693       0.0
15    f1  ~~   f3   0.111521  0.549802  0.027251  4.092396  0.000043
16    f2  ~~   f2   0.232907  1.000000    0.0524  4.444739  0.000009
17    f2  ~~   f4   0.143743  0.675824  0.031246  4.600317  0.000004
18    f2  ~~   f3   0.200736  0.817947  0.039656  5.061961       0.0
19    f4  ~~   f4   0.194234  1.000000  0.036259  5.356897       0.0
20    f4  ~~   f3   0.128759  0.574523  0.029846  4.314181  0.000016
21    f3  ~~   f3   0.258594  1.000000   0.05109  5.061496       0.0
22  B305  ~~  B305   0.033113  0.114329  0.012534  2.641924  0.008244
23  B102  ~~  B102   0.070202  0.274629  0.015746  4.458331  0.000008
...
30  B201  ~~  B201   0.054177  0.218093  0.014069  3.850756  0.000118
31  B202  ~~  B202   0.077262  0.319386  0.015148  5.100649       0.0
32  B101  ~~  B101   0.071321  0.309522  0.014699  4.852161  0.000001
33  B304  ~~  B304   0.107828  0.294272  0.019749  5.460002       0.0
```

計算適配指標資料。

```
>>> import semopy
>>> pstats = semopy.calc_stats(model)
>>> print(pstats)
       DoF   DoF Baseline        chi2  chi2 p-value  chi2 Baseline         CFI  \
Value    48            66   63.825897      0.062763     815.438021    0.978883

            GFI       AGFI        NFI        TLI       RMSEA          AIC  \
Value  0.921728   0.892376   0.921728   0.970964    0.057709    58.723482

            BIC     LogLik
Value  136.878588   0.638259
```

　　檢視所有的適配指標，發現模式適配度指標中，χ^2 為 63.826，自由度 =48，p=0.063>0.050，RMSEA=0.058<0.080，GFI=0.922>0.900，基本適配指標卡方值未達顯著水準，表示模式適配，其餘的適配性指標幾乎都達到適配水準，表示模式適配。

（五）計算 AVE 與 CR

　　平均變異數抽取量（average variance extracted, AVE），表示潛在變項所解釋的變異量有多少是來自於測量誤差（>0.50），AVE 是一種聚斂效度的指標，數值愈大，表示測量的指標能有效反應出共同因素構念的潛在特質。計算公式如下所示。

$$AVE = \frac{\left(\sum \lambda^2\right)}{\left(\sum \lambda^2 + \sum \theta\right)}$$

　　以第一個層面為例，其平均變異數抽取量計算過程如下所示。

$$AVE_1 = \frac{\left(\sum \lambda^2\right)}{\left(\sum \lambda^2 + \sum \theta\right)}$$

$$= \frac{(0.691 + 0.726 + 0.569)}{(0.691 + 0.726 + 0.569 + 0.309 + 0.274 + 0.431)}$$

$$= \frac{1.986}{1.986 + 1.014}$$

$$= \frac{1.986}{3.000}$$

$$= 0.662$$

組合信度（composite reliability, CR）又稱建構信度（construct reliability, CR），組合信度可作為潛在變項的信度指標（>0.60）。

$$CR = \frac{\left(\sum \lambda\right)^2}{\left(\left(\sum \lambda\right)^2 + \sum \theta\right)}$$

以第一個層面為例，其組合信度的計算過程如下所示。

$$CR_1 = \frac{\left(\sum \lambda\right)^2}{\left(\left(\sum \lambda\right)^2 + \sum \theta\right)}$$

$$= \frac{(0.831 + 0.852 + 0.754)^2}{(0.831 + 0.852 + 0.754)^2 + (0.309 + 0.274 + 0.431)}$$

$$= \frac{2.437^2}{2.437^2 + 1.014}$$

$$= \frac{5.939}{5.939 + 1.014}$$

$$= \frac{5.939}{6.953}$$

$$= 0.854$$

　　計算 AVE 與 CR 亦可至作者之個人網站（http://cat.nptu.edu.tw），下載試算的 EXCEL 檔案來進行計算，計算結果如下表所示。

層面	標準化係數	項目信度	測量誤差變異	平均變異數抽取量 AVE	組合信度 CR
1	0.831	0.691	0.309	0.662	0.854
	0.852	0.726	0.274		
	0.754	0.569	0.431		
2	0.782	0.612	0.388	0.634	0.839
	0.793	0.629	0.371		
	0.814	0.663	0.337		
3	0.840	0.706	0.294	0.734	0.891
	0.941	0.885	0.115		
	0.781	0.610	0.390		
4	0.884	0.781	0.219	0.658	0.852
	0.825	0.681	0.319		
	0.716	0.513	0.487		

　　上表的標準化係數為驗證性因素分析所估計的因素負荷量，而項目信度則為標準化係數的平方，例如：上表中層面 1 的第一個因素其標準化係數為 0.831，而項目信度則為 0.831×0.831=0.691，而測量誤差變異則為 1- 項目信度，以上表層面 1 的第一個因素其項目信度為 0.691，所以其測量誤差變異則為 1-0.691=0.309。

（六）繪製模型圖

　　繪製 CFA 的結構圖，可運用 semopy 套件中的 semplot() 函式來加以繪製，以下是用 lisrel 的格式加以呈現。

```
>>> import graphviz
>>> g = semopy.semplot(model, 'sem3.jpg')
>>> g = semopy.semplot(model, 'sem4.jpg', plot_covs=True)
```

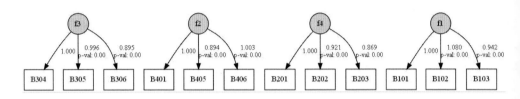

```
>>> g = semopy.semplot(model, 'sem4.jpg', plot_covs=True)
```

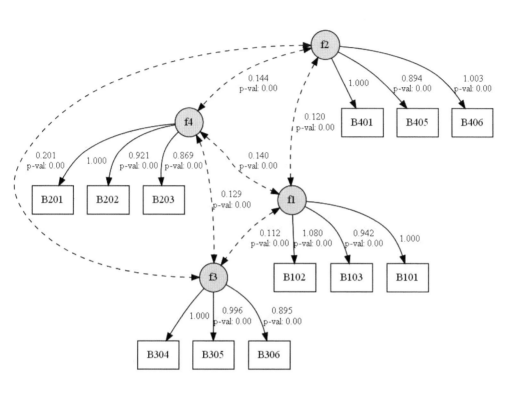

（七）撰寫 CFA 分析結果報告

　　研究者自編之國小教師領導問卷，共有四個分量表，每個分量表共有 6 題，經利用 Python 3.10.2 來進行驗證性因素分析，刪除不適當題目後，每個分量表為 3 題，分析結果模式卡方值 =63.826，自由度 =48，p=0.063。卡方值與自由度之比值為 1.330，AGFI=0.853，RMSEA=0.057，SRMR=0.043，除 AGFI 外，其餘之適配度指標皆符合模式適配良好。四個因素的 AVE 分別是 0.662、0.634、0.734、0.658，皆達到大於 0.50 的規準，CR 分別是 0.854、0.839、0.891、0.852，均符合大於 0.60 的規準。整體而言，本量表具有聚斂效度，四個因素之間的相關係數分別是 0.622、0.550、0.794、0.818、0.676、0.575，取平方後只一

個（0.669）大於 AVE 的最小值 0.662，其餘皆小於 AVE 的最小值，因此表示本量表亦具有不錯的區別效度，驗證性因素分析的測量模式圖如下所示。

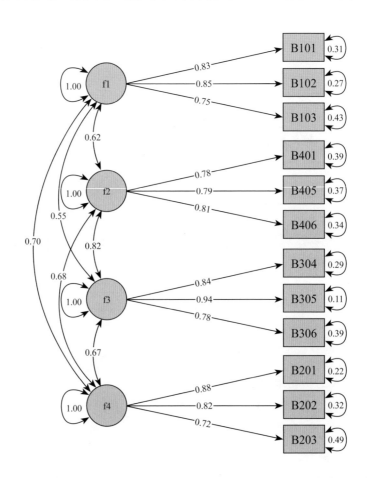

（八）驗證性因素分析程式

以下爲驗證性因素分析完整程式。

```python
1.  #Filename: CH03_3.py
2.  import os
3.  os.chdir('D:\\DATA\\CH03\\')
4.  import pandas as pd
5.  sdata0 = pd.read_csv('CH03_1.csv')
6.  pnum = sdata0.shape[1]-1
7.  snum = sdata0.shape[0]
8.  sdata1 = sdata0.drop(columns=['ID'])
9.  print(sdata1.columns)
10.
11. from semopy import Model
12. mod="""
13.     f1 =~ B101+B102+B103+B104+B105+B106
14.     f2 =~ B401+B402+B403+B404+B405+B406
15.     f3 =~ B303+B304+B305+B306
16.     f4 =~ B201+B202+B203
17.     """
18. model = Model(mod)
19. res = model.fit(sdata1)
20. print(res)
21. ins = model.inspect(std_est = True)
22. print(ins)
23. import semopy
24. pstats = semopy.calc_stats(model)
25. print(pstats)
26.
27. mod="""
28.     f1 =~ B101+B102+B103
29.     f2 =~ B401+B405+B406
30.     f3 =~ B304+B305+B306
31.     f4 =~ B201+B202+B203
32.     """
33. model = Model(mod)
34. res = model.fit(sdata1)
35. print(res)
36. ins = model.inspect(std_est = True)
37. print(ins)
```

```
38. import semopy
39. pstats = semopy.calc_stats(model1)
40. print(pstats)
41.
42. import graphviz
43. g = semopy.semplot(model1, 'sem3.jpg')
44. g = semopy.semplot(model1, 'sem4.jpg', plot_covs=True)
```

習題

一、請利用 CH06_1.csv 來進行量表的信度與效度分析，這個檔案的第一個欄位是編號 ID、第 44 至第 63 個欄位是教師專業發展問卷得分，總共有 20 題四個分量表。第一分量表為教育專業自主 7 題，分別是第 44 至第 50 欄位，第二分量表為專業倫理與態度 5 題，分別是第 51 至第 55 欄位，第三分量表是教育專業知能 4 題，分別是第 56 至第 59 欄位，第四分量表是學科專門知能 4 題，分別是第 60 至第 63 欄位，全量表 20 題，分別是第 44 至第 63 欄位，請分析並回答以下的問題。

1.請利用 descript() 來說明教師專業發展問卷資料檔的測驗特性。

2.請計算教師專業發展各分量表及總量表的信度。

3.請利用探索式因素分析建立教師專業發展的建構效度。

二、請利用 CH06_1.csv 來進行量表的驗證性因素分析，這個檔案的第 44 至第 63 個欄位是教師專業發展問卷得分，總共有四個分量表。第一分量表為教育專業自主 7 題，分別是第 44 至第 50 欄位，第二分量表為專業倫理與態度 5 題，分別是第 51 至第 55 欄位，第三分量表是教育專業知能 4 題，分別是第 56 至第 59 欄位，第四分量表是學科專門知能 4 題，分別是第 60 至第 63 欄位，全量表 20 題，分別是第 44 至第 63 欄位，請利用驗證性因素分析建立建構效度。

平均數差異考驗

平均數考驗主要分為自變項是二個類別，以 t 考驗或者是 Z 考驗為主。至於自變項若是三個類別以上，則是採用變異數分析。以下將依 t 考驗以及變異數分析等二個部分，逐項分別說明。

以下為本章使用的 Python 套件。

1. os
2. pandas
3. researchpy
4. scipy
5. pingouin
6. statsmodels
7. scikit_posthocs

壹、平均數考驗的基本概念

以下將說明利用 Python 進行平均數考驗的基本概念，主要分為六個部分，分別是 t 假設考驗的統計原理、三個類別以上變項的變異數分析、變異數的拆解、F 值的計算、變異數分析摘要表、相依樣本的變異數分析等部分（陳新豐，2015）加以說明如下。

一、t 假設考驗的統計原理

Z 考驗與 t 考驗都是平均數差異的考驗方法，亦即是針對連續變項的平均數的意義的檢驗，當研究者所欲分析的資料是不同樣本的平均數時，而探討其不同組別是否有所差異時，就可以利用 Z 考驗或者是 t 考驗，而 Z 考驗與 t 考驗就是探討二個類別變項對於連續變項的影響，其中的平均數差異就是主要分析的重點。

平均數間的差異是否具有統計的意義，可透過 Z 考驗或 t 考驗來檢驗平均數間的差異是否顯著的高於隨機變異量，而其考驗的依變項其基本特性為，變項

「數值」應該是具有無限的特質，一個連續變項的基本定義，是在一定的數線範圍之中，具有一定的單位，而可能存在無限數值。

　　當研究者關心某一個連續變項的平均數，是否與某個理論值或母群平均數相符合之時，稱為單母群平均數考驗。例如：某大學一年級新生的平均年齡 19.2 歲是否與全國大一新生的平均年齡 18.7 歲相同。研究假設為樣本平均數與母體平均數（或理論值）相同，或 $\mu = \mu_0$。

　　當母群的標準差已知，抽樣分配的標準誤可依中央極限定理求得，且無違反常態假設之虞，可使用 Z 分配來進行考驗。

　　Z 考驗的基本假設：母群標準差已知，樣本人數大於 30 人，符合這樣的假設下，Z 值會符合常態分配的假設，此時的 Z 值計算方程式如下所示。

$$Z = \frac{M - \mu_0}{\frac{\sigma}{\sqrt{n}}}$$

　　若母群的標準差未知，則需使用樣本標準差的不偏估計數來推估母群標準差，此時即不能採用 Z 考驗而需要利用 t 考驗來進行兩組平均數的差異考驗。t 考驗的基本假設是母群標準差未知，樣本人數為小樣本（也許小於 30），此時的統計考驗值 t 值可以利用下述方程式加以計算，而此時的分配稱為斯徒登 t 分配（student t-distribution）。

$$t = \frac{M - \mu_0}{\frac{S}{\sqrt{n}}}$$

　　t 考驗與 Z 考驗不同，是帶有自由度（df）的，並且其自由度皆為 n-1。

二、變異數分析的統計原理

變異數分析（ANOVA）與 t 考驗都是屬於平均數差異考驗的方法，變異數分析是一套應用於探討平均數差異的統計方法。當研究者所欲分析的資料是不同群組的平均數，想要探討類別變項對於連續變項的影響時，平均數的差異即成為主要分析重點。超過兩個以上群組的平均數的考驗，其原理是運用 F 考驗來檢驗平均數間的變異數是否顯著的高於隨機變異數，因此又稱為變異數分析。假使研究者只有探討二個水準（群組）的平均數差異，所採用的方法為 t 考驗或者是 Z 考驗，其中的 Z 考驗適用情形為當母數已知時，若是母數資料未知則需要利用 t 考驗，因為一般的研究者通常無法得知母數，因此當只探討二個類別的平均數差異時，t 考驗是較常被使用的。

變異數分析基本原理主要是在於平均數的變異分析，若分析的組數超過兩個平均數的考驗，其原理仍是以平均數間的變異數（組間變異）除以隨機變異得到的比值（F 值 =$MS_b \div MS_w$），來取代平均數差異與隨機差異的比值（t 或 Z 值），而能夠同時檢驗三個平均數的差異情形。當 F 值越大，表示研究者關心的組平均數的分散情形較誤差變異來得大，若大於研究者設定的臨界值（p=0.05、0.01、0.001），研究者即可獲得拒絕虛無假設、接受對立假設的結論，以下將說明變異數分析中統計原理的相關概念

三、變異數的拆解

變異數的拆解中可以將全體離均差平方和（SS）分解成組內（within）與組間（between）的離均差平方和，可以表示成 $SS_{total}=SS_b+SS_w$，其中的 SS_{total} 代表的是依變項觀察值的變異，全體樣本在依變項得分的變異情形，即總離均差平方和。SS_b「導因於獨變項影響的變異」（組間離均差平方和，sum of squares between groups）。SS_w「導因於獨變項以外的變異」（隨機變異）（組內離均差平方和，sum of squares within groups）。各離均差平方和平均化後，得到均方和（MS），即為變異數的概念。

$$SS_{total} = \sum\sum (Y_{ij} - \overline{Y}_G)^2$$

$$SS_b = \sum_{j=1}^{p} n_j (\overline{Y}_j - \overline{Y}_G)^2$$

$$SS_w = \sum_{i=1}^{n}\sum_{j=1}^{p} (Y_{ij} - \overline{Y}_j)^2$$

$$MS_{total} = \frac{SS_{total}}{df_{total}} = \frac{\sum\sum (Y_{ij} - \overline{Y}_G)^2}{N-1} = s_{total}^2 = \hat{\sigma}_{total}^2$$

$$MS_b = \frac{SS_b}{df_b} = \frac{\sum n_j (\overline{Y}_j - \overline{Y}_G)^2}{p-1} = s_b^2 = \hat{\sigma}_b^2$$

$$MS_w = \frac{SS_w}{df_w} = \frac{\sum\sum (Y_{ij} - \overline{Y}_j)^2}{n(p-1)} = s_w^2 = \hat{\sigma}_w^2$$

四、F 比值

組間均方（MS_b）與組內均方（MS_w）兩個變異數的比值稱為 F 統計量，可以表示如下。

$$F = \frac{\hat{\sigma}_b^2}{\hat{\sigma}_w^2} = \frac{MS_b}{MS_w} = \frac{\dfrac{SS_b}{df_b}}{\dfrac{SS_w}{df_w}}$$

F 統計量的機率分配為 F 分配，F 值愈大，表示研究者關心的組平均數的分散情形較誤差變異來得大，若大於臨界值，研究者即可獲得拒絕 H_0 的結論。

五、變異數分析摘要表

變異數分析的結果可以整理成摘要表形式，如表 4-1 所示。

表 4-1　變異數分析摘要表

變異來源	SS	df	MS	F	η2
組間 （Between）	SS_b	p-1	MS_b	$\dfrac{MS_b}{MS_w}$	$\dfrac{SS_b}{SS_t}$
組內（Within）	SS_w	p(n-1)	MS_w		
全體	SS_t	N-1			

上述摘要表中的 N 代表總人數，n 代表組別人數，p 代表組別。所以組內的自由度亦可以表示成 p(n-1)=pn-p=N-p。另外組內均方為組內離均差平方和除以組內的自由度，組間均方的算法亦同，方程式如下所示。

$$SS_t=SS_b+SS_w$$

$$N-1=(p-1)+p(n-1)=p-1+pn-p=pn-1=N-1$$

$$MS_b = \frac{SS_b}{df_b}$$

$$MS_w = \frac{SS_w}{df_w}$$

$$\eta^2 = \frac{SS_b}{SS_t}$$

六、相依樣本的變異數分析

獨立樣本設計中是表示不同平均數來自於獨立沒有關聯的不同樣本，根據機率原理，當不同的平均數來自於不同的獨立樣本，兩個樣本的抽樣機率亦相互獨立。而相依樣本的變異數分析（correlated sample design）是指在進行變異數分析檢驗時，自變項不同水準的受試者並非獨立無關的個體，而是具有關聯的樣本，此即為相依樣本設計。

　　下表 4-2 為相依樣本變異數分析摘要表的格式，與獨立樣本變異數分析的格式稍有不同，請在撰寫時加以留意。

表 4-2　單因子相依樣本變異數分析摘要表

變異來源	SS	df	MS	F
組間（A）	SS_A	p-1	MS_A	$\dfrac{MS_A}{MS_r}$
組內	SS_w	$p(n$-$1)$		
區組間（block）	SS_{block}	n-1	MS_{block}	
殘差（誤差）	SS_r	$(n$-$1)(p$-$1)$	MS_r	
全體	SS_t	N-1		

$$MS_A = \frac{SS_A}{df_A} = \frac{\sum n(\overline{Y}_{.j} - \overline{Y}_G)^2}{p-1} = s_A^2 = \hat{\sigma}_A^2$$

$$MS_{block} = \frac{SS_{block}}{df_{block}} = \frac{\sum p(\overline{Y}_{i.} - \overline{Y}_G)^2}{n-1} = s_{block}^2 = \hat{\sigma}_{block}^2$$

$$MS_r = \frac{SS_r}{df_r} = \frac{\sum\sum(Y_{ij} - \overline{Y}_{.j} - \overline{Y}_{i.} - \overline{Y}_G)^2}{(n-1)(p-1)} = s_r^2 = \hat{\sigma}_\varepsilon^2$$

$$F_A = \frac{\hat{\sigma}_A^2}{\hat{\sigma}_\varepsilon^2} = \frac{MS_A}{MS_r} = \frac{\dfrac{SS_A}{df_A}}{\dfrac{SS_r}{df_r}}$$

貳、獨立樣本 t 考驗

　　t 考驗與 Z 考驗都是處理二個類別的自變項之平均數差異檢定，Z 考驗為母數已知的情形下使用，至於 t 考驗則是以母數未知的情形下使用，以下將說明 t 考驗在 Python 語言中分析的步驟及相關說明。

一、讀取資料檔

　　設定工作目錄為「D:\DATA\CH04\」。

```
>>> import os
>>> os.chdir('D:\\DATA\\CH04\\')
```

　　讀取資料檔「CH04_1.csv」，並將資料儲存至 sdata0 這個變項。

```
>>> import pandas as pd
>>> sdata0 = pd.read_csv('CH04_1.csv')
```

二、檢視資料

　　檢視前 5 筆資料，如下所示。

```
>>> print(sdata0.head())
      ID  GENDER  JOB  A0101  A0102  A0103  A0104  A0105  A0106  A0201  ...  \
0  A0101       2    2      3      3      4      3      4      3      4  ...
1  A0103       2    4      3      3      3      3      3      3      3  ...
2  A0107       1    2      4      4      4      4      4      4      4  ...
3  A0108       1    1      4      4      4      4      4      4      4  ...
4  A0112       1    2      4      4      4      3      3      3      4  ...

   A0204  A0205  A0206  A0301  A0302  A0303  A0304  A0401  A0402  A0403
0      3      3      4      3      3      4      3      3      3      4
1      3      3      3      4      4      4      4      3      3      3
2      4      4      4      4      4      4      4      4      4      4
3      4      4      4      4      3      4      3      3      3      4
4      4      3      3      4      4      4      4      3      3      4
```

　　檢視前 5 筆資料時，資料檔總共有二十二個欄位變項，其中第 1 個欄位為使用者編號（ID）、第 2 個欄位為性別（GENDER）、第 3 個欄位則是工作職務（JOB）、第 4 至第 22 個欄位則是教師領導問卷的反應資料，包括參與校務決策 6 題、展現教室領導 6 題、促進同儕合作 4 題、提升專業成長 3 題，合計為 19 題。以下為檢視後 5 筆資料。

```
>>> print(sdata0.tail())
       ID  GENDER  JOB  A0101  A0102  A0103  A0104  A0105  A0106  A0201  ...  \
115  C2506       2    4      3      3      3      3      3      3      3  ...
116  C2507       2    4      3      3      3      3      3      3      3  ...
117  C2602       2    4      3      3      3      3      3      3      3  ...
118  C2604       2    3      3      2      3      2      2      2      3  ...
119  C2606       2    4      3      3      3      3      3      3      3  ...


     A0204  A0205  A0206  A0301  A0302  A0303  A0304  A0401  A0402  A0403
115      3      3      2      3      3      3      3      3      3      2
116      3      3      3      3      3      3      3      3      3      3
117      4      3      3      3      3      3      3      3      2      3
118      3      3      3      2      2      3      2      3      2      3
119      3      3      3      3      3      3      3      3      3      3
```

　　由後 5 筆資料中可以得知，總共有二十二個變項資料。本資料庫為 120 筆受試資料，以下要進行二個類別的平均數考驗，先檢視要分析的欄位，如下所示。

```
>>> print(sdata0.columns)
Index(['ID', 'GENDER', 'JOB', 'A0101', 'A0102', 'A0103', 'A0104', 'A0105',
       'A0106', 'A0201', 'A0202', 'A0203', 'A0204', 'A0205', 'A0206', 'A0301',
       'A0302', 'A0303', 'A0304', 'A0401', 'A0402', 'A0403'],
      dtype='object')
```

　　檢視欄位的屬性資訊，如下所示。

```
>>> print(sdata0.info())
RangeIndex: 120 entries, 0 to 119
Data columns (total 22 columns):
 #   Column  Non-Null Count  Dtype

 0   ID      120 non-null    object
 1   GENDER  120 non-null    int64
 2   JOB     120 non-null    int64
 3   A0101   120 non-null    int64
 4   A0102   120 non-null    int64
 5   A0103   120 non-null    int64
 6   A0104   120 non-null    int64
 7   A0105   120 non-null    int64
 8   A0106   120 non-null    int64
 9   A0201   120 non-null    int64
 10  A0202   120 non-null    int64
 11  A0203   120 non-null    int64
 12  A0204   120 non-null    int64
 13  A0205   120 non-null    int64
 14  A0206   120 non-null    int64
 15  A0301   120 non-null    int64
 16  A0302   120 non-null    int64
 17  A0303   120 non-null    int64
 18  A0304   120 non-null    int64
 19  A0401   120 non-null    int64
...
 21  A0403   120 non-null    int64
dtypes: int64(21), object(1)
memory usage: 20.8+ KB
None
```

計算欄位的描述性統計資訊，如下所示。

```
>>> print(sdata0.describe())
            GENDER         JOB       A0101       A0102       A0103       A0104  \
count   120.000000  120.000000  120.000000  120.000000  120.000000  120.000000
mean      1.633333    3.133333    3.150000    3.041667    3.241667    3.150000
std       0.483915    1.114709    0.461091    0.556034    0.467351    0.603213
min       1.000000    1.000000    2.000000    2.000000    2.000000    2.000000
25%       1.000000    2.000000    3.000000    3.000000    3.000000    3.000000
50%       2.000000    4.000000    3.000000    3.000000    3.000000    3.000000
75%       2.000000    4.000000    3.000000    3.000000    4.000000    4.000000
max       2.000000    4.000000    4.000000    4.000000    4.000000    4.000000

             A0105       A0106       A0201       A0202  ...       A0204  \
count   120.000000  120.000000  120.000000  120.000000  ...  120.000000
mean      3.158333    2.958333    3.341667    3.358333  ...    3.358333
std       0.467351    0.653315    0.476257    0.498668  ...    0.498668
min       2.000000    1.000000    3.000000    2.000000  ...    2.000000
25%       3.000000    3.000000    3.000000    3.000000  ...    3.000000
50%       3.000000    3.000000    3.000000    3.000000  ...    3.000000
75%       3.000000    3.000000    4.000000    4.000000  ...    4.000000
max       4.000000    4.000000    4.000000    4.000000  ...    4.000000

             A0205      A0206       A0301       A0302       A0303       A0304  \
count   120.000000  120.00000  120.000000  120.000000  120.000000  120.000000
mean      3.291667    3.30000    3.308333    3.283333    3.250000    3.375000
std       0.491881    0.51204    0.562047    0.582422    0.568796    0.535504
min       2.000000    2.00000    2.000000    2.000000    1.000000    2.000000
...
75%       3.00000     3.000000    4.000000
max       4.00000     4.000000    4.000000
```

　　本章節主要是介紹自變項為二個與三個類別變項中，依變項為連續性變項是否平均數有所差異，因此，以性別（GENDER）、擔任職務（JOB）的一個連續性變項（A0101）為描述性統計資料，如下所示。

```
>>> print(sdata0[['GENDER','JOB','A0101']].describe())
           GENDER          JOB        A0101
count   120.000000   120.000000   120.000000
mean      1.633333     3.133333     3.150000
std       0.483915     1.114709     0.461091
min       1.000000     1.000000     2.000000
25%       1.000000     2.000000     3.000000
50%       2.000000     4.000000     3.000000
75%       2.000000     4.000000     3.000000
max       2.000000     4.000000     4.000000
```

三、計算分量表變項平均數

　　接下來開始進行分量表變項的計分步驟，本範例是教師領導問卷得分，總共有 19 題四個分量表。第一分量表為參與校務決策 6 題，分別是第 4 至第 9 個欄位，第二分量表為展現教室領導 6 題，分別是第 10 至第 15 個欄位，第三分量表是促進同儕合作 4 題，分別是第 16 至第 19 個欄位，第四分量表是提升專業成長 3 題，分別是第 20 至第 22 個欄位。全量表 19 題，分別是第 4 至第 22 個欄位，所以計算各分量表平均數如下所示。

```
>>> sdata1 = sdata0.copy()
>>> sdata1['A01']=sdata1[['A0101','A0102','A0103','A0104','A0105','A0106']].
mean(axis='columns')
>>> sdata1['A02']=sdata1[['A0201','A0202','A0203','A0204','A0205','A0206']].
mean(axis='columns')
>>> sdata1['A03']=sdata1[['A0301','A0302','A0303','A0304']].mean(axis='columns')
>>> sdata1['A04']=sdata1[['A0401','A0402','A0403']].mean(axis='columns')
>>> sdata1['A00']=sdata1[['A01','A02','A03','A04']].mean(axis='columns')
>>> print(sdata1['A01'].round(4))
0       3.3333
1       3.0000
2       4.0000
3       4.0000
4       3.5000
        ...
115     3.0000
116     3.0000
117     3.0000
118     2.3333
119     3.0000
```

　　首先將原始資料 sdata0 複製至 sdata1，之後計算各分量表題目的平均數，並顯示第一分量表的平均數。

　　檢視計算的前 5 筆資料結果，如下所示。

```
>>> print(sdata1[['GENDER','A01','A02','A03','A04','A00']].head())
   GENDER       A01       A02    A03       A04       A00
0       2  3.333333  3.500000  3.25  3.333333  3.354167
1       2  3.000000  3.000000  4.00  3.000000  3.250000
2       1  4.000000  4.000000  4.00  4.000000  4.000000
3       1  4.000000  4.000000  3.75  3.333333  3.770833
4       1  3.500000  3.666667  4.00  3.333333  3.625000
```

四、進行 t 考驗

　　Python 程式語言中,進行 t 考驗,可以利用 researchpy 與 scipy 等二個套件。首先利用 scipy 套件進行單一樣本 t 考驗,如下所示。

```
>>> from scipy import stats
```

　　進行單一樣本的 t 考驗,檢定第一分量表的平均數與 2.5 是否有所差異?

```
>>> print(' 平均數 ',sdata1['A01'].mean().round(4),  ' 標準差 ',sdata1['A01'].std().round(4))
平均數 3.1167 標準差 0.4389
>>> stats.ttest_1samp(sdata1['A01'], 2.5)
Ttest_1sampResult(statistic=15.39168682331754, pvalue=4.371055583631415e-30)
```

　　上述進行單一樣本 t 考驗結果,t 值為 15.392,p<0.05,達考驗的顯著水準,需要推翻虛無假設,對立假設成立,亦即 A01 的平均數與 2.5 有所差異,再經由描述性統計中的平均數可以得知,第一分量表的平均數 3.12 高於平均數 2.50。

　　接下來進行獨立樣本 t 考驗,利用 researchpy 與 scipy 套件,如下所示。

```
>>> import researchpy as rp
>>> import scipy.stats as stats
```

　　接下來進行變異數同質性檢定,載入 scipy 套件。變異數同質性檢定,SPSS 是採用以各組平均數平移方法為 Levene。本範例是以各組平均數平移方法的 Levene 方法,如下所示。

```
>>> stats.levene(sdata1['A01'][sdata1['GENDER']==1],sdata1['A01'][sdata1['GENDER']=
=2],center='mean')
LeveneResult(statistic=4.709430293322839, pvalue=0.03200146021383569)
```

　　由上述檢定的結果可以得知，以性別（GENDER）為自變項，參與校務決策單題（A01）平均數為依變項的變異數同質性檢定達顯著水準 F=4.709、p=0.032<0.050，所以需拒絕虛無假設，接受對立假設，亦即其變異數不同質。因為是變異數不同質，所以進行 t 考驗時需要選擇的是當變異數不同質的 t 考驗結果。

　　以下進行獨立樣本 t 考驗，自變項（GENDER）的分組，結果如下所示。

```
>>> group1=sdata1['A01'][sdata1['GENDER']==1]
>>> group2=sdata1['A01'][sdata1['GENDER']==2]
>>> print(group1.describe())
count    44.000000
mean      3.291667
std       0.449123
min       2.333333
25%       3.000000
50%       3.166667
75%       3.708333
max       4.000000
>>> print(group2.describe())
count    76.000000
mean      3.015351
std       0.402011
min       2.333333
25%       2.833333
50%       3.000000
75%       3.166667
max       4.000000
```

上述函式以性別（GENDER）為分組依據，而依變項則是參與校務決策的單題平均數（A01）。由上述摘要結果可以得知，男生有 44 位，平均數為 3.29，標準差為 0.45；女生有 76 位，平均數為 3.02，標準差為 0.40，亦可以單一列述各分組變項的描述性統計資料，例如：平均數與標準差。

```
>>> print(group1.count(),group1.mean(),group1.std())
44 3.291666666666667 0.44912346443367834
>>> print(group2.count(),group2.mean(),group2.std())
76 3.0153508771929824 0.4020112690321627
```

檢視變異數不同質的 t 考驗結果，如下所示。

```
>>> stats.ttest_ind(group1,group2,equal_var=False)
Ttest_indResult(statistic=3.373004953927761, pvalue=0.0011368751129258623)
```

上述 t 考驗的結果可以得知，t=3.373，p=0.001 < 0.05 達考驗的顯著水準，所以需要推翻虛無假設，成立對立假設。亦即不同的性別，其參與校務決策有所不同，再經由描述性統計中的平均數可以得知，男性教師（M=3.29）在參與校務決策上的意願高於女性教師（M=3.02）。

上述所談及的變異數同質性檢定不通過的原因，第一個是樣本不具隨機性，自然沒有推論意義。如果樣本具備隨機性，變異數同質性檢定仍然不通過，經常是某組內出現極端值（outlier）的狀況。在此條件下仍擬分析，後續處理就是檢查與排除極端值。

以上的範例之變異數同質性檢定雖然顯示本範例性別在參與校務決策分數上的變異數不同質，但因為示範之故，以下仍然介紹當變異數同質性時，Python 語言中如何進行 t 考驗。當要進行以變異數同質性情形下的 t 考驗時，需要在 ttest_ind() 函式中加上 equal_var=True 的參數，即可進行變異數同質性情形下的 t 考驗，如下所示。

```
>>> stats.ttest_ind(group1,group2,equal_var=True)
Ttest_indResult(statistic=3.4746737216305172, pvalue=0.0007162344246952474)
```

上述 t 考驗的結果可以得知，t=3.475，p=0.001 < 0.05 達考驗的顯著水準，所以需要推翻虛無假設，成立對立假設。亦即不同的性別，其參與校務決策有所不同，再經由描述性統計中的平均數可以得知，男性教師（M=3.29）在參與校務決策上的意願高於女性教師（M=3.02）。

Python 的程式語言中，亦可以利用 researchpy 套件來進行獨立樣本 t 考驗，以下將進行以性別為分組自變項，考驗是否在 A01 至 A04 以及 A00 總量表下，平均數的差異檢定，如下所示。

分量表一參與校務決策進行 t 考驗的結果如下。

```
>>> import researchpy as rp
>>> rp.ttest(group1=sdata1['A01'][sdata1['GENDER']==1], group1_name='Male',
        group2=sdata1['A01'][sdata1['GENDER']==2], group2_name='Female')
(    Variable      N       Mean         SD       SE   95% Conf.   Interval
0       Male    44.0   3.291667   0.449123   0.067708   3.155121   3.428213
1     Female    76.0   3.015351   0.402011   0.046114   2.923487   3.107214
2   combined   120.0   3.116667   0.438889   0.040065   3.037334   3.195999,
                Independent t-test    results
0   Difference (Male - Female) =      0.2763
1          Degrees of freedom =     118.0000
2                           t =        3.4747
3        Two side test p value =       0.0007
4        Difference < 0 p value =      0.9996
5        Difference > 0 p value =      0.0004
6                   Cohen's d =        0.6582
7                   Hedge's g =        0.6540
8                Glass's delta =       0.6152
9                 Pearson's r =        0.3047)
```

　　上述 t 考驗的結果可以得知，t=3.474，p=0.001 < 0.05 達考驗的顯著水準，所以需要推翻虛無假設，成立對立假設。亦即不同的性別，其參與校務決策有所不同，再經由描述性統計中的平均數可以得知，男性教師（M=3.29）在參與校務決策上的意願高於女性教師（M=3.02）。

　　分量表二展現教室領導進行 t 考驗的結果如下。

```
>>> rp.ttest(group1=sdata1['A02'][sdata1['GENDER']==1], group1_name='Male',
        group2=sdata1['A02'][sdata1['GENDER']==2], group2_name='Female')
(   Variable      N       Mean         SD         SE   95% Conf.   Interval
0       Male   44.0   3.375000   0.417828   0.062990   3.247969   3.502031
1     Female   76.0   3.339912   0.406831   0.046667   3.246947   3.432877
2   combined  120.0   3.352778   0.409495   0.037382   3.278759   3.426797,
               Independent t-test    results
0   Difference (Male - Female) =       0.0351
1           Degrees of freedom =     118.0000
2                            t =       0.4508
3        Two side test p value =       0.6530
4        Difference < 0 p value =      0.6735
5        Difference > 0 p value =      0.3265
6                    Cohen's d =       0.0854
7                    Hedge's g =       0.0849
8                Glass's delta =       0.0840
9                  Pearson's r =       0.0415)
```

　　上述 t 考驗的結果可以得知，t=0.451，p=0.653 > 0.05 達考驗的顯著水準，所以需要接受虛無假設，推翻對立假設。亦即不同的性別，其展現教室領導並無不同。

　　分量表三促進同儕合作，進行不同性別教師領導中促進同儕合作的 t 考驗結果如下。

```
>>> rp.ttest(group1=sdata1['A03'][sdata1['GENDER']==1], group1_name='Male',
        group2=sdata1['A03'][sdata1['GENDER']==2], group2_name='Female')
(    Variable      N      Mean       SD        SE   95% Conf.  Interval
0        Male   44.0  3.306818  0.533374  0.080409  3.144658  3.468979
1      Female   76.0  3.302632  0.464248  0.053253  3.196546  3.408717
2    combined  120.0  3.304167  0.488506  0.044594  3.215866  3.392468,
            Independent t-test  results
0  Difference (Male - Female) =     0.0042
1         Degrees of freedom =   118.0000
2                          t =     0.0451
3       Two side test p value =     0.9641
4       Difference < 0 p value =     0.5179
5       Difference > 0 p value =     0.4821
6                 Cohen's d =     0.0085
7                 Hedge's g =     0.0085
8              Glass's delta =     0.0078
9               Pearson's r =     0.0041)
```

　　上述 t 考驗的結果可以得知，t=0.045，p=0.964 > 0.05 達考驗的顯著水準，所以需要接受虛無假設，推翻對立假設。亦即不同的性別，其促進同儕合作領導並無不同。

　　分量表四提升專業成長，進行不同性別的國小教師在教師領導提升專業成長 t 考驗結果如下所示。

```
>>> rp.ttest(group1=sdata1['A04'][sdata1['GENDER']==1], group1_name='Male',
        group2=sdata1['A04'][sdata1['GENDER']==2], group2_name='Female')
(     Variable      N       Mean        SD         SE    95% Conf.   Interval
0       Male    44.0   3.075758   0.551548   0.083149   2.908072   3.243443
1     Female    76.0   2.995614   0.469810   0.053891   2.888258   3.102970
2   combined  120.0   3.025000   0.500537   0.045693   2.934524   3.115476,
               Independent t-test    results
0   Difference (Male - Female) =      0.0801
1            Degrees of freedom =    118.0000
2                            t =      0.8442
3          Two side test p value =    0.4003
4          Difference < 0 p value =   0.7999
5          Difference > 0 p value =   0.2001
6                    Cohen's d =      0.1599
7                    Hedge's g =      0.1589
8                Glass's delta =      0.1453
9                  Pearson's r =      0.0775)
```

　　上述 t 考驗的結果可以得知，t=0.844，p=0.400 > 0.05 達考驗的顯著水準，所以需要接受虛無假設，推翻對立假設。亦即不同的性別之國小教師，其提升專業成長領導並無不同。

　　總量表教師領導層面，不同性別之國小教師進行教師領導總體 t 考驗的結果如下所示。

```
>>> rp.ttest(group1=sdata1['A00'][sdata1['GENDER']==1], group1_name='Male',
        group2=sdata1['A00'][sdata1['GENDER']==2], group2_name='Female')
(    Variable      N      Mean        SD        SE  95% Conf.  Interval
0       Male   44.0  3.262311  0.425851  0.064199   3.132840  3.391781
1     Female   76.0  3.163377  0.345910  0.039679   3.084333  3.242421
2   combined  120.0  3.199653  0.378462  0.034549   3.131243  3.268063,
              Independent t-test   results
0  Difference (Male - Female) =    0.0989
1        Degrees of freedom =    118.0000
2                         t =      1.3853
3     Two side test p value =      0.1686
4     Difference < 0 p value =     0.9157
5     Difference > 0 p value =     0.0843
6                 Cohen's d =      0.2624
7                Hedge's g =      0.2607
8            Glass's delta =      0.2323
9             Pearson's r =      0.1265)
```

上述 t 考驗的結果可以得知，t=1.385，p=0.169 > 0.05 達考驗的顯著水準，所以需要接受虛無假設，推翻對立假設。亦即不同的性別之國小教師，其教師領導整體層面並無不同。

五、t 考驗結果報告

由教師領導知覺層面中，不同性別之國小教師之 t 考驗分析結果如表 4-3 所示。

表 4-3　不同性別之教師之教師領導 t 考驗摘要表

層面	組別	N	M	SD	t	p
參與校務決策	(1) 男	44	3.29	0.45	3.475	0.001
	(2) 女	76	3.02	0.40		
展現教室領導	(1) 男	44	3.38	0.42	0.451	0.653
	(2) 女	76	3.34	0.41		
促進同儕合作	(1) 男	44	3.31	0.53	0.045	0.964
	(2) 女	76	3.30	0.46		

層面	組別	N	M	SD	t	p
提升專業成長	(1)男	44	3.08	0.55	0.844	0.400
	(2)女	76	3.00	0.47		
整體	(1)男	44	3.26	0.43	1.385	0.168
	(2)女	76	3.16	0.35		

　　由上表資料中可以得知，教師領導各層面在 t 考驗中，不同性別之國民小學教師在教師領導「參與校務決策」（t=3.475，p=0.001）、「展現教室領導」（t=0.451，p=0.653）、「促進同儕合作」（t=0.045，p=0.964）、「提升專業成長」（t=0.844，p=0.400）、「教師領導整體」（t=1.385，p=0.168），可以發現不同性別之國民小學教師對知覺教師領導「參與校務決策」層面有顯著性的差異，由平均數可以得知男性教師（M=3.29）在「參與校務決策」層面之知覺程度高於女生教師（M=3.02）。

六、t 考驗分析程式

　　t 考驗分析完整的程式如下所示。

```
1.   #Filename: CH04_1.py
2.   import os
3.   os.chdir('D:\\DATA\\CH04\\')
4.   import pandas as pd
5.   sdata0 = pd.read_csv('CH04_1.csv')
6.   print(sdata0[['GENDER','JOB','A0101']].describe())
7.   sdata1 = sdata0.copy()
8.   sdata1['A01']=sdata1[['A0101','A0102','A0103','A0104','A0105','A0106']].
     mean(axis='columns')
9.   sdata1['A02']=sdata1[['A0201','A0202','A0203','A0204','A0205','A0206']].
     mean(axis='columns')
10.  sdata1['A03']=sdata1[['A0301','A0302','A0303','A0304']].mean(axis='columns')
11.  sdata1['A04']=sdata1[['A0401','A0402','A0403']].mean(axis='columns')
12.  sdata1['A00']=sdata1[['A01','A02','A03','A04']].mean(axis='columns')
13.  print(sdata1[['GENDER','A01','A02','A03','A04','A00']].head())
14.
15.  from scipy import stats
16.  print(' 平均數 ',sdata1['A01'].mean().round(4), ' 標準差 ',sdata1['A01'].std().
     round(4))
```

```
17. stats.ttest_1samp(sdata1['A01'], 2.5)
18.
19. import researchpy as rp
20. import scipy.stats as stats
21. stats.levene(sdata1['A01'][sdata1['GENDER']==1],sdata1['A01'][sdata1['GENDER']==2
    ],center='mean')
22. group1=sdata1['A01'][sdata1['GENDER']==1]
23. group2=sdata1['A01'][sdata1['GENDER']==2]
24. print(group1.describe())
25. print(group2.describe())
26.
27. stats.ttest_ind(group1,group2,equal_var=False)
28. stats.ttest_ind(group1,group2,equal_var=True)
29.
30. import researchpy as rp
31. rp.ttest(group1=sdata1['A01'][sdata1['GENDER']==1], group1_name='Male',
32.          group2=sdata1['A01'][sdata1['GENDER']==2], group2_name='Female')
33. rp.ttest(group1=sdata1['A02'][sdata1['GENDER']==1], group1_name='Male',
34.          group2=sdata1['A02'][sdata1['GENDER']==2], group2_name='Female')
35. rp.ttest(group1=sdata1['A03'][sdata1['GENDER']==1], group1_name='Male',
36.          group2=sdata1['A03'][sdata1['GENDER']==2], group2_name='Female')
37. rp.ttest(group1=sdata1['A04'][sdata1['GENDER']==1], group1_name='Male',
38.          group2=sdata1['A04'][sdata1['GENDER']==2], group2_name='Female')
39. rp.ttest(group1=sdata1['A00'][sdata1['GENDER']==1], group1_name='Male',
40.          group2=sdata1['A00'][sdata1['GENDER']==2], group2_name='Female')
```

參、獨立樣本變異數分析

　　以下將說明如何利用 Python 來進行獨立樣本的變異數分析，包括讀取分析資料檔、檢視資料、計算分量表變項總分、進行獨立樣本的變異數分析以及撰寫獨立樣本、單因子變異數分析的結果報告等步驟，分別說明如下。

一、讀取資料檔

　　設定工作目錄為「D:\DATA\CH04\」。

```
>>> import os
>>> os.chdir('D:\\DATA\\CH04\\')
```

　　讀取資料檔「CH04_1.csv」，並將資料儲存至 sdata0 這個變項。

```
>>> import pandas as pd
>>> sdata0 = pd.read_csv('CH04_1.csv')
```

二、檢視資料

　　檢視前 5 筆資料，如下所示。

```
>>> print(sdata0.head())
       ID  GENDER  JOB  A0101  A0102  A0103  A0104  A0105  A0106  A0201  ...  \
0  A0101       2    2      3      3      4      3      4      3      4  ...
1  A0103       2    4      3      3      3      3      3      3      3  ...
2  A0107       1    2      4      4      4      4      4      4      4  ...
3  A0108       1    1      4      4      4      4      4      4      4  ...
4  A0112       1    2      4      4      4      3      3      3      4  ...

   A0204  A0205  A0206  A0301  A0302  A0303  A0304  A0401  A0402  A0403
0      3      3      4      3      3      4      3      3      3      4
1      3      3      3      4      4      4      4      3      3      3
2      4      4      4      4      4      4      4      4      4      4
3      4      4      4      4      4      3      4      3      3      4
4      4      3      3      4      4      4      4      3      3      4
```

　　檢視前 5 筆資料時，資料檔總共有二十二個欄位變項，其中第 1 個欄位為使用者編號（ID）、第 2 個欄位為性別（GENDER）、第 3 個欄位則是工作職務（JOB）、第 4 至第 22 個欄位則是教師領導問卷的反應資料，包括參與校務決策 6 題、展現教室領導 6 題、促進同儕合作 4 題、提升專業成長 3 題，合計為

19 題。以下為檢視後 5 筆資料。

```
>>> print(sdata0.tail())
        ID  GENDER  JOB  A0101  A0102  A0103  A0104  A0105  A0106  A0201  ...  \
115  C2506       2    4      3      3      3      3      3      3      3  ...
116  C2507       2    4      3      3      3      3      3      3      3  ...
117  C2602       2    4      3      3      3      3      3      3      3  ...
118  C2604       2    3      3      2      3      2      2      2      3  ...
119  C2606       2    4      3      3      3      3      3      3      3  ...

     A0204  A0205  A0206  A0301  A0302  A0303  A0304  A0401  A0402  A0403
115      3      3      2      3      3      3      3      3      3      2
116      3      3      3      3      3      3      3      3      3      3
117      4      3      3      3      3      3      3      3      2      3
118      3      3      3      2      2      3      2      3      2      3
119      3      3      3      3      3      3      3      3      3      3
```

　　由後 5 筆資料中可以得知，總共有二十二個變項資料。本資料庫為 120 筆（0-199）受試者資料，因為本範例是要探討不同工作職務（JOB）的教師，其教師專業的依變項是否有所不同，而因為工作職務有主任、組長、科任與級任等四個類別，超過二個以上的類別，所以需進行三個類別以上的平均數考驗之變異數分析，首先檢視所要分析的欄位。

```
> print(sdata0.columns)
Index(['ID', 'GENDER', 'JOB', 'A0101', 'A0102', 'A0103', 'A0104', 'A0105',
       'A0106', 'A0201', 'A0202', 'A0203', 'A0204', 'A0205', 'A0206', 'A0301',
       'A0302', 'A0303', 'A0304', 'A0401', 'A0402', 'A0403'],
      dtype='object')
```

　　本範例是探討不同的工作職務（JOB），其教師專業平均數（A0101-A0403）是否有所差異？以下將檢視相關變項的描述性統計資料。

```
>>> print(sdata0[['GENDER','JOB','A0101']].describe())
          GENDER         JOB       A0101
count  120.000000  120.000000  120.000000
mean     1.633333    3.133333    3.150000
std      0.483915    1.114709    0.461091
min      1.000000    1.000000    2.000000
25%      1.000000    2.000000    3.000000
50%      2.000000    4.000000    3.000000
75%      2.000000    4.000000    3.000000
max      2.000000    4.000000    4.000000
```

　　由上述的描述性統計資料可以發現，教師的工作職務從 1 至 4 有四種職務，而教師領導中參與校務決策層面中的第 1 題，其平均數為 3.15，最小值為 2，最大值為 4，標準差為 0.46。

三、計算分量表變項平均數

　　接下來開始進行分量表變項的計分步驟，本範例是教師領導問卷得分，總共有 19 題四個分量表。第一分量表為參與校務決策 6 題，分別是第 4 至第 9 個欄位，第二分量表為展現教室領導 6 題，分別是第 10 至第 15 個欄位，第三分量表是促進同儕合作 4 題，分別是第 16 至第 19 個欄位，第四分量表是提升專業成長 3 題，分別是第 20 至第 22 個欄位，全量表 19 題，分別是第 4 至第 22 個欄位，所以計算各分量表總分如下所示。

```
>>> sdata1 = sdata0.copy()
>>> sdata1['SA01']=sdata1[['A0101','A0102','A0103','A0104','A0105','A0106']].
sum(axis='columns')
>>> sdata1['SA02']=sdata1[['A0201','A0202','A0203','A0204','A0205','A0206']].
sum(axis='columns')
>>> sdata1['SA03']=sdata1[['A0301','A0302','A0303','A0304']].sum(axis='columns')
>>> sdata1['SA04']=sdata1[['A0401','A0402','A0403']].sum(axis='columns')
>>> sdata1['SA00']=sdata1[['SA01','SA02','SA03','SA04']].sum(axis='columns')
>>> print(sdata1[['SA01','SA02','SA03','SA04','SA00']].describe())
```

各分量表總和的描述性統計資料如下。

	SA01	SA02	SA03	SA04	SA00
count	120.000000	120.000000	120.000000	120.00000	120.000000
mean	18.700000	20.116667	13.216667	9.07500	61.108333
std	2.633335	2.456969	1.954023	1.50161	7.032692
min	14.000000	16.000000	7.000000	5.00000	48.000000
25%	17.000000	18.000000	12.000000	8.00000	56.000000
50%	18.000000	19.000000	12.000000	9.00000	59.000000
75%	20.000000	23.000000	15.000000	10.00000	66.000000
max	24.000000	24.000000	16.000000	12.00000	76.000000

　　由上述國小教師教師領導各層面的總和描述性統計資料中可以得知，SA01 參與校務決策 9 題的總和中，平均數為 18.70、標準差為 2.63、最小值為 14、最大值為 24；SA02 展現教室領導 9 題的總和中，平均數為 20.12、標準差為 2.46、最小值為 16、最大值為 24；SA03 促進同儕合作 4 題的總和中，平均數為 13.22、標準差為 1.95、最小值為 7、最大值為 16；SA04 提升專業成長 3 題的總和中，平均數為 9.08、標準差為 1.50、最小值為 5、最大值為 12；SA00 教師領導總體 19 題的總和中，平均數為 61.11、標準差為 7.03、最小值為 48、最大值為 76。因為本範例的教師專業領導包括四個層面，而每一層面的題數並不相同，因此若以總分來互相比較，會讓讀者有誤解的情形發生，因此利用接下來

計算單題平均數來進行各層面的比較，結果比較不容易讓讀者有誤解的情形發生，如下所示。

```
>>> sdata1['A01']=sdata1[['A0101','A0102','A0103','A0104','A0105','A0106']].
mean(axis='columns')
>>> sdata1['A02']=sdata1[['A0201','A0202','A0203','A0204','A0205','A0206']].
mean(axis='columns')
>>> sdata1['A03']=sdata1[['A0301','A0302','A0303','A0304']].mean(axis='columns')
>>> sdata1['A04']=sdata1[['A0401','A0402','A0403']].mean(axis='columns')
>>> sdata1['A00']=sdata1[['A01','A02','A03','A04']].mean(axis='columns')
>>> print(sdata1[['A01','A02','A03','A04','A00']].describe().round(4))
```

本範例教師專業領導四個層面的分量表，平均數的描述性統計資料如下所示。

	A01	A02	A03	A04	A00
count	120.0000	120.0000	120.0000	120.0000	120.0000
mean	3.1167	3.3528	3.3042	3.0250	3.1997
std	0.4389	0.4095	0.4885	0.5005	0.3785
min	2.3333	2.6667	1.7500	1.6667	2.5000
25%	2.8333	3.0000	3.0000	2.6667	2.9583
50%	3.0000	3.1667	3.0000	3.0000	3.0833
75%	3.3333	3.8333	3.7500	3.3333	3.4688
max	4.0000	4.0000	4.0000	4.0000	4.0000

由上述國小教師教師領導各層面的總和描述性統計資料中可以得知，A01參與校務決策 9 題的單題平均數中，平均數為 3.12、標準差為 0.44、最小值為2.33、最大值為 4.00；A02 展現教室領導 9 題的總和中，平均數為 3.35、標準差為 0.41、最小值為 2.67、最大值為 4.00；A03 促進同儕合作 4 題的總和中，平均數為 3.30、標準差為 0.49、最小值為 1.75、最大值為 4.00；A04 提升專業成長 3題的總和中，平均數為 3.03、標準差為 0.50、最小值為 1.67、最大值為 4.00；

SA00 教師領導總體 19 題的總和中，平均數為 3.20、標準差為 0.38、最小值為 2.50、最大值為 4.00。

四、進行變異數分析

進行變異數分析之前，先檢視樣本摘要，下列將利用 researchpy 套件來檢視樣本，如下所示。

```
>>> import researchpy as rp
>>> result = rp.summary_cont(sdata1['A01'].groupby(sdata0['JOB'])).round(4)
>>> print(result)
```

檢視樣本摘要結果如下。

	N	Mean	SD	SE	95% Conf.	Interval
JOB						
1	13	3.4744	0.4657	0.1292	3.1929	3.7558
2	28	3.2500	0.4070	0.0769	3.0922	3.4078
3	9	3.2037	0.4985	0.1662	2.8206	3.5868
4	70	2.9857	0.3888	0.0465	2.8930	3.0784

本範例是以工作職務（JOB）為分組依據，而評量變項則是參與校務決策的單題平均數（A01）。由上述摘要結果可以得知，主任有 13 位，平均數為 3.47、標準差為 0.47、標準誤為 0.13。組長有 28 位，平均數為 3.25、標準差為 0.41、標準誤為 0.08。科任有 9 位，平均數為 3.20、標準差為 0.50、標準誤為 0.17。級任有 70 位，平均數為 2.99、標準差為 0.39、標準誤為 0.05。

其餘分量表以及總量表如同上述，加以檢視其樣本摘要，如下所示。

```
>>> result = rp.summary_cont(sdata1['A02'].groupby(sdata0['JOB'])).round(4)
>>> print(result)
>>> result = rp.summary_cont(sdata1['A03'].groupby(sdata0['JOB'])).round(4)
>>> print(result)
>>> result = rp.summary_cont(sdata1['A04'].groupby(sdata0['JOB'])).round(4)
>>> print(result)
>>> result = rp.summary_cont(sdata1['A00'].groupby(sdata0['JOB'])).round(4)
>>> print(result)
```

　　接下來進行變異數同質性檢定，載入 scipy 套件。變異數同質性檢定，SPSS 是採用以各組平均數平移方法為 Levene。本範例是以各組平均數平移方法的 Levene 方法，如下所示。

```
>>> import scipy.stats as stats
>>> stats.levene(
        sdata1['A01'][sdata0['JOB']==1],
        sdata1['A01'][sdata0['JOB']==2],
        sdata1['A01'][sdata0['JOB']==3],
        sdata1['A01'][sdata0['JOB']==4],
        center='mean')

LeveneResult(statistic=2.1417674118746857, pvalue=0.0987371762743352)
```

　　由上述檢定的結果可以得知，以工作職務為自變項，參與校務決策單題平均數為依變項的變異數同質性檢定達顯著水準 F=2.142、p=0.099>0.050，所以需接受虛無假設，拒絕對立假設，亦即其變異數同質性，符合變異數分析的假設，繼續進行變異數分析。

　　以下將利用 Python 的幾種套件來分別進行變異數分析比較，自變項為工作職務，依變項為參與校務決策知覺程度，資料檔變數為 sdata1。

（一）pingouin

利用 pingouin 套件中的 anova() 函式進行變異數分析，如下所示。

```
>>> import pingouin as pg
>>> anoval = pg.anova(dv ='A01', between='JOB', data=sdata1, detailed=True).
round(4)
```

檢視變異數分析的結果，如下所示。

```
>>> print(anoval)
    Source      SS   DF      MS       F    p-unc      np2
0     JOB   3.4296    3  1.1432  6.8032  0.0003   0.1496
1  Within  19.4926  116  0.1680     NaN     NaN      NaN
```

由上述變異數分析的結果可以得知，F=6.803，df=3，p<0.001 達顯著水準，拒絕虛無假設，接受對立假設。不同類別之間的平均數有所不同，亦即不同的工作職務其參與校務決策的知覺程度有所不同，變異數分析摘要列述如下。

Source	*SS*	*df*	*MS*	*F*	*p*
組間	3.430	3	1.143	6.803	<0.001
組內	19.493	116	0.168		
總和	22.922	119	1.311		

上述的變異數分析結果中，可利用組間離均差平方和（SS_b）以及整體的離均差平方和（SS_t）來計算效果量（η^2），計算公式如下所示。

$$\eta^2 = \frac{SS_b}{SS_t} = \frac{3.430}{22.922} = 0.150$$

此效果量亦可稱為關聯強度，依據 Cohen（1988）的判斷標準，小於 0.06 為低關聯強度，小於 0.14 為中關聯強度，至於大於 0.14 則為高關聯強度。

（二）scipy

以下將利用 scipy 套件來進行單因子變異數分析，先將所有的組別予以列述。

```
>>> group = sdata1['JOB'].unique()
>>> args =[]
>>> for i in list(group):
>>>     args.append(sdata1[sdata1['JOB']==i]['A01'])
```

接下來進行同質性檢定，如下所示。

```
>>> from scipy import stats
>>> stats.levene(*args)
LeveneResult(statistic=1.4832967416217033, pvalue=0.222747060319256)
```

利用 f_oneway() 函式來進行單因子變異數分析，如下所示。

```
>>> from scipy import stats
>>> stats.f_oneway(*args)
F_onewayResult(statistic=6.803201606533601, pvalue=0.00028947085867220767)
```

分析結果與上述的結果一致，有相同的結果。

（三）statsmodels

以下將利用 statsmodels 套件來進行單因子變異數分析，如下所示。

```
>>> from statsmodels.formula.api import ols
>>> import statsmodels.api as sm
>>> anova2 = sm.stats.anova_lm(ols('A01~C(JOB)',sdata1).fit())
```

計算結果如下。

```
>>> print(anova2.round(4))
             df    sum_sq  mean_sq       F  PR(>F)
C(JOB)      3.0    3.4296   1.1432  6.8032  0.0003
Residual  116.0   19.4926   0.1680     NaN     NaN
```

由上述的單因子變異數分析的摘要中可以得知，其結果與前述所進行的分析結果完全一致。上述三種方式所進行的單因子變異分析結果因為達顯著水準，表示拒絕虛無假設，承認對立假設，亦即各類別之間的平均數有所差異，需要更進一步了解組別平均數的差異情形，將進行事後比較了解各組差異情形。以下將說明如何利用 pingouin 套件中的成對事後比較方法，進行變異數分析各組平均數差異的事後比較，如下所示。

```
>>> import pingouin as pg
>>> result = pg.pairwise_ttests(dv='A01', between='JOB',padjust='bonf',data=sda
ta1).round(4)
```

事後比較結果，如下所示。

```
>>> print(result)
   Contrast   A  B  Paired  Parametric      T      dof  alternative   p-unc  \
0       JOB   1  2   False        True  1.4925  20.8536  two-sided   0.1506
1       JOB   1  3   False        True  1.2861  16.5591  two-sided   0.2161
2       JOB   1  4   False        True  3.5598  15.2631  two-sided   0.0028
3       JOB   2  3   False        True  0.2529  11.6376  two-sided   0.8048
4       JOB   2  4   False        True  2.9410  47.8168  two-sided   0.0050
5       JOB   3  4   False        True  1.2635   9.2939  two-sided   0.2372

    p-corr  p-adjust   BF10   hedges
0   0.9033     bonf   0.762   0.5166
1   1.0000     bonf   0.694   0.5435
2   0.0167     bonf   43.86   1.2069
3   1.0000     bonf   0.365   0.1054
4   0.0302     bonf   9.186   0.6655
5   1.0000     bonf   0.617   0.5375
```

　　由上述事後比較的分析結果中，JOB 變項爲老師的工作職務，有四個類別，1 代表主任、2 代表組長、3 代表科任、4 代表級任，若 p 值小於 0.05 即表示達顯著性差異，代表平均數有所不同。由上述結果可以了解主任與級任（t=3.560、p=0.003<0.05），以及組長與級任平均數差異考驗達顯著水準（t=2.941、p=0.005<0.05），再由其平均數可以得知主任（M=3.47）＞級任（M=2.99）、組長（M=3.25）＞級任（M=2.99），所以事後比較的結果是「主任、組長＞級任」。

　　以下是利用 Tukey 事後比較的方法來進行變異數分析的事後比較，利用 statsmodels 套件中的 pairwise_tukeyhsd() 來進行分析，如下所示。

```
>>> from statsmodels.stats.multicomp import pairwise_tukeyhsd
>>> anovapost = pairwise_tukeyhsd(sdata1['A01'],sdata1['JOB'], alpha=0.05)
>>> anovapost.summary()
```

　　檢視 Tukey 事後比較的分析結果，如下所示。

Multiple Comparison of Means - Tukey HSD, FWER=0.05

group1	group2	meandiff	p-adj	lower	upper	reject
1	2	-0.2244	0.3655	-0.583	0.1343	False
1	3	-0.2707	0.4274	-0.734	0.1927	False
1	4	-0.4886	0.0008	-0.8114	-0.1659	True
2	3	-0.0463	0.9910	-0.4557	0.3631	False
2	4	-0.2643	0.0239	-0.5032	-0.0254	True
3	4	-0.2180	0.4398	-0.5964	0.1604	False

事後比較結果與上述相同，主任與級任（t=3.560、p=0.003<0.05），以及組長與級任有所差異（t=2.941、p=0.005<0.05），再由其平均數可以得知主任（M=3.47）＞級任（M=2.99）、組長（M=3.25）＞級任（M=2.99），所以事後比較的結果是「主任、組長＞級任」。

以下是利用另外一種方法來進行 Tucky 事後比較，利用 MultiComparison() 函式。

```
>>> import statsmodels.stats.multicomp as mc
>>> comp = mc.MultiComparison(sdata1['A01'], sdata1['JOB'])
>>> post_hoc_res = comp.tukeyhsd()
>>> post_hoc_res.summary()
```

事後比較的分析結果如下所示。

Multiple Comparison of Means - Tukey HSD, FWER=0.05

group1	group2	meandiff	p-adj	lower	upper	reject
1	2	-0.2244	0.3655	-0.583	0.1343	False
1	3	-0.2707	0.4274	-0.734	0.1927	False
1	4	-0.4886	0.0008	-0.8114	-0.1659	True
2	3	-0.0463	0.9910	-0.4557	0.3631	False
2	4	-0.2643	0.0239	-0.5032	-0.0254	True
3	4	-0.2180	0.4398	-0.5964	0.1604	False

結果與前一個方法完全相同。

由上述 Tukey 事後比較的分析結果中，可以了解主任與級任（平均數差異 =0.489、p=0.008<0.05），以及組長與級任有所差異（平均數差異 =0.2643、p=0.024<0.05）。再由其平均數可以得知主任（M=3.47）>級任（M=2.99）、組長（M=3.25）>級任（M=2.99），所以事後比較的結果是「主任、組長>級任」。

以下是利用 Bonferroni 事後比較的方法來進行變異數分析的事後比較，利用 statsmodels.stats.multicomp.MultiComparison() 來進行分析，如下所示。

```
>>> import statsmodels.stats.multicomp as mc
>>> comp = mc.MultiComparison(sdata1['A01'], sdata1['JOB'])
>>> tbl, a1, a2 = comp.allpairtest(stats.ttest_ind, method='bonf')
>>> print(tbl)
```

檢視 Bonferroni 事後比較的分析結果，如下所示。

```
Test Multiple Comparison ttest_ind
FWER=0.05 method=bonf
alphacSidak=0.01, alphacBonf=0.008
=====================================
group1 group2  stat   pval  pval_corr reject
-------------------------------------
     1      2 1.5696 0.1246    0.7476  False
     1      3 1.3029 0.2074       1.0  False
     1      4 4.0337 0.0001    0.0007   True
     2      3 0.2812 0.7802       1.0  False
     2      4 2.9998 0.0034    0.0206   True
     3      4 1.5329 0.1294    0.7764  False
-------------------------------------
```

由上述 Bonferroni 事後比較的分析結果中，若 p 值小於 0.05 即表示達顯著性差異，代表平均數有所不同，主任與級任（t=4.034、p=0.001<0.05），以及組長與級任有所差異（t=3.000、p=0.003<0.05）。再由其平均數可以得知主任（M=3.47）＞級任（M=2.99）、組長（M=3.25）＞級任（M=2.99），所以事後比較的結果是「主任、組長＞級任」。

以下是利用 scheffé 事後比較的方法來進行變異數分析的事後比較，利用 scikit_posthocs() 來進行分析，如下所示。

```
import scikit_posthocs as sp
>>> po_s1 = sp.posthoc_scheffe(sdata1, val_col='A01', group_col='JOB')
>>> print(po_s1)
```

檢視 scheffé 事後比較的分析結果，如下所示。

	2	4	1	3
2	1.000000	0.044726	0.450399	0.993327
4	0.044726	1.000000	0.002112	0.523515
1	0.450399	0.002112	1.000000	0.511495
3	0.993327	0.523515	0.511495	1.000000

由上述 scheffé 的分析結果中，若 p 值小於 0.05 即表示達顯著性差異，代表平均數有所不同，主任與級任（p=0.002<0.05），以及組長與級任有所差異（p=0.045<0.05）。再由其平均數上可以得知主任（M=3.47）＞級任（M=2.99）、組長（M=3.25）＞級任（M=2.99），所以事後比較的結果是「主任、組長＞級任」。

　　以上利用 scheffé、Tukey、Bonferroni 以及成對比較，進行變異數分析考驗達顯著水準後之事後比較，皆得到相同的結果，亦即「主任、組長 > 級任」。

　　因為本範例總共有四個分量表，上述僅就一個分量表的變異數分析加以詳細說明，其餘分量表的分析程式如下所示。首先是變異數同質性檢定，分量表一參與校務決策。

```
import scipy.stats as stats
stats.levene(
    sdata1['A01'][sdata1['JOB']==1],
    sdata1['A01'][sdata1['JOB']==2],
    sdata1['A01'][sdata1['JOB']==3],
    sdata1['A01'][sdata1['JOB']==4],
    center='mean')
```

　　分量表二展現教室領導的同質性檢定，如下所示。

```
stats.levene(
    sdata1['A02'][sdata1['JOB']==1],
    sdata1['A02'][sdata1['JOB']==2],
    sdata1['A02'][sdata1['JOB']==3],
    sdata1['A02'][sdata1['JOB']==4],
    center='mean')
```

　　分量表三促進同儕合作的同質性檢定，如下所示。

```
stats.levene(
    sdata1['A03'][sdata1['JOB']==1],
    sdata1['A03'][sdata1['JOB']==2],
    sdata1['A03'][sdata1['JOB']==3],
    sdata1['A03'][sdata1['JOB']==4],
    center='mean')
```

分量表四提升教師專業成長的同質性檢定，如下所示。

```
stats.levene(
    sdata1['A04'][sdata1['JOB']==1],
    sdata1['A04'][sdata1['JOB']==2],
    sdata1['A04'][sdata1['JOB']==3],
    sdata1['A04'][sdata1['JOB']==4],
    center='mean')
```

國小教師教師專業領導總量表同質性檢定，如下所示。

```
stats.levene(
    sdata1['A00'][sdata1['JOB']==1],
    sdata1['A00'][sdata1['JOB']==2],
    sdata1['A00'][sdata1['JOB']==3],
    sdata1['A00'][sdata1['JOB']==4],
    center='mean')
```

接下來進行各分量表與總量表的變異數分析，如下所示。

```
import pingouin as pg
anova1 = pg.anova(dv ='A01', between='JOB', data=sdata1, detailed=True).round(4)
anova2 = pg.anova(dv ='A02', between='JOB', data=sdata1, detailed=True).round(4)
anova3 = pg.anova(dv ='A03', between='JOB', data=sdata1, detailed=True).round(4)
anova4 = pg.anova(dv ='A04', between='JOB', data=sdata1, detailed=True).round(4)
anova0 = pg.anova(dv ='A00', between='JOB', data=sdata1, detailed=True).round(4)
print(anova1)
print(anova2)
print(anova3)
print(anova4)
print(anova0)
```

　　若是變異數分析結果的 F 值達顯著水準，亦即表示各組之平均數有所差異，即需進行事後比較，如下所示。

```
comp1 = mc.MultiComparison(sdata1['A01'], sdata1['JOB'])
po_t1 = comp1.tukeyhsd()
comp2 = mc.MultiComparison(sdata1['A01'], sdata1['JOB'])
po_t2 = comp2.tukeyhsd()
comp3 = mc.MultiComparison(sdata1['A01'], sdata1['JOB'])
po_t3 = comp3.tukeyhsd()
comp4 = mc.MultiComparison(sdata1['A01'], sdata1['JOB'])
po_t4 = comp4.tukeyhsd()
comp0 = mc.MultiComparison(sdata1['A01'], sdata1['JOB'])
po_t0 = comp0.tukeyhsd()

po_t1.summary()
po_t2.summary()
po_t3.summary()
po_t4.summary()
po_t0.summary()
```

　　下述則為 scheffé 事後比較方法。

```
import scikit_posthocs as sp
po_s1 = sp.posthoc_scheffe(sdata1, val_col='A01', group_col='JOB')
po_s2 = sp.posthoc_scheffe(sdata1, val_col='A02', group_col='JOB')
po_s3 = sp.posthoc_scheffe(sdata1, val_col='A03', group_col='JOB')
po_s4 = sp.posthoc_scheffe(sdata1, val_col='A04', group_col='JOB')
po_s0 = sp.posthoc_scheffe(sdata1, val_col='A00', group_col='JOB')

print(po_s1)
print(po_s2)
print(po_s3)
print(po_s4)
print(po_s0)
```

　　接下來即可將相關資訊，進行變異數分析結果報告的撰寫。

五、獨立樣本單因子變異數分析結果報告

由上述的變異數分析，結果可以說明如下。

以受試教師之工作職務為自變項，教師領導中校務決策層面為依變項，利用單因子變異數分析進行考驗，其結果如下表所示。

Source	SS	df	MS	F	p	η^2	Post Hoc
組間	3.430	3	1.143	6.803	<0.001	0.150	主任、組長 > 級任
組內	19.493	116	0.168				
總和	22.922	119	1.311				

由上述變異數分析的結果可以得知，F=6.803、df=3、p<0.001 達顯著水準，拒絕虛無假設，接受對立假設。即不同類別之間的平均數有所不同，亦即不同的工作職務其參與校務決策的知覺程度有所不同。進一步從 scheffé 事後比較的分析結果可以得知，「級任－主任」平均數差異的顯著性考驗中，平均數差異為 0.49、p=0.002<0.05 達顯著水準，另外「級任－組長」平均數差異的顯著性考驗中，平均數差異為 0.26、p=0.045<0.05 達顯著水準，再由平均數差異均為負值的情形來加以判斷，主任 > 級任、組長 > 級任，所以事後比較的結果是「主任、組長 > 級任」，表示參與校務決策的知覺程度，主任以及組長高於級任教師，至於主任與組長之間則沒有差異。效果量為 0.150，根據 Cohen（1988）的經驗法則，η^2 或 ε^2 的效果量之小、中、大的效果量分別是 0.01、0.06 以及 0.14，所以本範例為大的效果量。

假如同時有幾個分量表的變項需要分析時，建議可以將表格合併，以利讀者閱讀，如下所述。

以受試教師之工作職務為自變項，教師領導中各層面為依變項，利用單因子變異數分析進行考驗，其結果如下表所示。

層面	組別	*N*	*M*	*SD*	*F*	*p*	*Post Hoc*
參與校務決策	(1) 主任	13	3.47	0.47	6.803	<0.001	1>4
	(2) 組長	28	3.25	0.41			2>4
	(3) 科任	9	3.20	0.50			
	(4) 級任	70	2.99	0.39			
展現教室領導	(1) 主任	13	3.60	0.41	2.519	0.061	
	(2) 組長	28	3.39	0.40			
	(3) 科任	9	3.41	0.46			
	(4) 級任	70	3.28	0.39			
促進同儕合作	(1) 主任	13	3.46	0.51	2.947	0.036	2>3
	(2) 組長	28	3.48	0.44			2>4
	(3) 科任	9	3.08	0.54			
	(4) 級任	70	3.23	0.48			
提升專業成長	(1) 主任	13	3.26	0.41	2.222	0.089	
	(2) 組長	28	3.13	0.45			
	(3) 科任	9	3.07	0.57			
	(4) 級任	70	2.93	0.51			
教師領導	(1) 主任	13	3.48	0.39	4.877	0.003	1>4
	(2) 組長	28	3.33	0.36			
	(3) 科任	9	3.22	0.45			
	(4) 級任	70	3.12	0.33			

　　由上表結果可以得知，教師領導各層面的考驗上，不同工作職務之國民小學教師對知覺教師領導「參與校務決策」（F=6.803、p<0.001）、「展現教室領導」（F=2.519、p=0.061）、「促進同儕合作」（F=2.947、p=0.036）、「提升專業成長」（F=2.222、p=0.089）與整體層面「教師領導」（F=4.877、

p=0.003），四個分層面中「參與校務決策」、「促進同儕合作」以及整體層面
達顯著水準，表示國小教師不同工作職務中在「參與校務決策」、「促進同儕合
作」以及整體層面的平均數有所差異，進一步利用 scheffé 法進行事後比較，結
果顯示：

　　1. 在參與校務決策層面，主任以及組長對參與校務決策層面的知覺程度高於
教師。

　　2. 在促進同儕合作層面，組長對參與校務決策層面的知覺程度高於科任以及
教師。

　　3. 在整體教師領導層面，主任對參與校務決策層面的知覺程度高於教師。

　　由上述的研究結果顯示，研究假設中不同工作職務的國民小學教師在教師領
導知覺上有所差異，獲得部分支持。

六、獨立樣本單因子變異數分析程式

　　獨立樣本單因子變異數分析的程式如下所示。

```
1.   #Filename: CH04_2.py
2.   import os
3.   os.chdir('D:\\DATA\\CH04\\')
4.   import pandas as pd
5.   sdata0 = pd.read_csv('CH04_1.csv')
6.   print(sdata0.columns)
7.   print(sdata0[['GENDER','JOB','A0101']].describe())
8.
9.   sdata1 = sdata0.copy()
10.  sdata1['SA01']=sdata1[['A0101','A0102','A0103','A0104','A0105','A0106']].
     sum(axis='columns')
11.  sdata1['SA02']=sdata1[['A0201','A0202','A0203','A0204','A0205','A0206']].
     sum(axis='columns')
12.  sdata1['SA03']=sdata1[['A0301','A0302','A0303','A0304']].sum(axis='columns')
13.  sdata1['SA04']=sdata1[['A0401','A0402','A0403']].sum(axis='columns')
14.  sdata1['SA00']=sdata1[['SA01','SA02','SA03','SA04']].sum(axis='columns')
15.  print(sdata1[['SA01','SA02','SA03','SA04','SA00']].describe())
16.
```

```
17. sdata1['A01']=sdata1[['A0101','A0102','A0103','A0104','A0105','A0106']].
    mean(axis='columns')
18. sdata1['A02']=sdata1[['A0201','A0202','A0203','A0204','A0205','A0206']].
    mean(axis='columns')
19. sdata1['A03']=sdata1[['A0301','A0302','A0303','A0304']].mean(axis='columns')
20. sdata1['A04']=sdata1[['A0401','A0402','A0403']].mean(axis='columns')
21. sdata1['A00']=sdata1[['A01','A02','A03','A04']].mean(axis='columns')
22. print(sdata1[['A01','A02','A03','A04','A00']].describe().round(4))
23.
24. import researchpy as rp
25. result = rp.summary_cont(sdata1['A01'].groupby(sdata0['JOB'])).round(4)
26. print(result)
27. result = rp.summary_cont(sdata1['A02'].groupby(sdata0['JOB'])).round(4)
28. print(result)
29. result = rp.summary_cont(sdata1['A03'].groupby(sdata0['JOB'])).round(4)
30. print(result)
31. result = rp.summary_cont(sdata1['A04'].groupby(sdata0['JOB'])).round(4)
32. print(result)
33. import scipy.stats as stats
34. stats.levene(
35.     sdata1['A01'][sdata0['JOB']==1],
36.     sdata1['A01'][sdata0['JOB']==2],
37.     sdata1['A01'][sdata0['JOB']==3],
38.     sdata1['A01'][sdata0['JOB']==4],
39.     center='mean')
40.
41. import pingouin as pg
42. anova1 = pg.anova(dv ='A01', between='JOB', data=sdata1, detailed=True).round(4)
43. print(anova1)
44.
45. group = sdata1['JOB'].unique()
46. args =[]
47. for i in list(group):
48.     args.append(sdata1[sdata0['JOB']==i]['A01'])
49.
50. from scipy import stats
51. stats.levene(*args)
52. stats.f_oneway(*args)
53.
```

```
54. from statsmodels.formula.api import ols
55. import statsmodels.api as sm
56. anova2 = sm.stats.anova_lm(ols('A01~C(JOB)',sdata1).fit())
57. print(anova2.round(4))
58. import pingouin as pg
59. result = pg.pairwise_ttests(dv='A01', between='JOB',padjust='bonf',data=sdata1).
    round(4)
60. print(result)
61.
62. from statsmodels.stats.multicomp import pairwise_tukeyhsd
63. anovapost = pairwise_tukeyhsd(sdata1['A01'],sdata1['JOB'], alpha=0.05)
64. anovapost.summary()
65.
66. import statsmodels.stats.multicomp as mc
67. comp = mc.MultiComparison(sdata1['A01'], sdata1['JOB'])
68. post_hoc_res = comp.tukeyhsd()
69. post_hoc_res.summary()
70. import statsmodels.stats.multicomp as mc
71. comp = mc.MultiComparison(sdata1['A01'], sdata1['JOB'])
72. tbl, a1, a2 = comp.allpairtest(stats.ttest_ind, method='bonf')
73. print(tbl)
74.
75. import researchpy as rp
76. rp.summary_cont(sdata1['A01'].groupby(sdata1['JOB'])).round(4)
77. rp.summary_cont(sdata1['A02'].groupby(sdata1['JOB'])).round(4)
78. rp.summary_cont(sdata1['A03'].groupby(sdata1['JOB'])).round(4)
79. rp.summary_cont(sdata1['A04'].groupby(sdata1['JOB'])).round(4)
80. rp.summary_cont(sdata1['A00'].groupby(sdata1['JOB'])).round(4)
81.
82. import scipy.stats as stats
83. stats.levene(
84.     sdata1['A01'][sdata1['JOB']==1],
85.     sdata1['A01'][sdata1['JOB']==2],
86.     sdata1['A01'][sdata1['JOB']==3],
87.     sdata1['A01'][sdata1['JOB']==4],
88.     center='mean')
89. stats.levene(
90.     sdata1['A02'][sdata1['JOB']==1],
91.     sdata1['A02'][sdata1['JOB']==2],
```

```
92.      sdata1['A02'][sdata1['JOB']==3],
93.      sdata1['A02'][sdata1['JOB']==4],
94.      center='mean')
95.  stats.levene(
96.      sdata1['A03'][sdata1['JOB']==1],
97.      sdata1['A03'][sdata1['JOB']==2],
98.      sdata1['A03'][sdata1['JOB']==3],
99.      sdata1['A03'][sdata1['JOB']==4],
100.     center='mean')
101. stats.levene(
102.     sdata1['A04'][sdata1['JOB']==1],
103.     sdata1['A04'][sdata1['JOB']==2],
104.     sdata1['A04'][sdata1['JOB']==3],
105.     sdata1['A04'][sdata1['JOB']==4],
106.     center='mean')
107. stats.levene(
108.     sdata1['A00'][sdata1['JOB']==1],
109.     sdata1['A00'][sdata1['JOB']==2],
110.     sdata1['A00'][sdata1['JOB']==3],
111.     sdata1['A00'][sdata1['JOB']==4],
112.     center='mean')
113. import pingouin as pg
114. anova1 = pg.anova(dv ='A01', between='JOB', data=sdata1, detailed=True).round(4)
115. anova2 = pg.anova(dv ='A02', between='JOB', data=sdata1, detailed=True).round(4)
116. anova3 = pg.anova(dv ='A03', between='JOB', data=sdata1, detailed=True).round(4)
117. anova4 = pg.anova(dv ='A04', between='JOB', data=sdata1, detailed=True).round(4)
118. anova0 = pg.anova(dv ='A00', between='JOB', data=sdata1, detailed=True).round(4)
119. print(anova1)
120. print(anova2)
121. print(anova3)
122. print(anova4)
123. print(anova0)
124.
125. import statsmodels.stats.multicomp as mc
126. comp1 = mc.MultiComparison(sdata1['A01'], sdata1['JOB'])
127. po_t1 = comp1.tukeyhsd()
128. comp2 = mc.MultiComparison(sdata1['A01'], sdata1['JOB'])
129. po_t2 = comp2.tukeyhsd()
130. comp3 = mc.MultiComparison(sdata1['A01'], sdata1['JOB'])
```

```
131.po_t3 = comp3.tukeyhsd()
132.comp4 = mc.MultiComparison(sdata1['A01'], sdata1['JOB'])
133.po_t4 = comp4.tukeyhsd()
134.comp0 = mc.MultiComparison(sdata1['A01'], sdata1['JOB'])
135.po_t0 = comp0.tukeyhsd()
136.po_t1.summary()
137.po_t2.summary()
138.po_t3.summary()
139.po_t4.summary()
140.po_t0.summary()
141.
142.import scikit_posthocs as sp
143.po_s1 = sp.posthoc_scheffe(sdata1, val_col='A01', group_col='JOB')
144.po_s2 = sp.posthoc_scheffe(sdata1, val_col='A02', group_col='JOB')
145.po_s3 = sp.posthoc_scheffe(sdata1, val_col='A03', group_col='JOB')
146.po_s4 = sp.posthoc_scheffe(sdata1, val_col='A04', group_col='JOB')
147.po_s0 = sp.posthoc_scheffe(sdata1, val_col='A00', group_col='JOB')
148.
149.print(po_s1)
150.print(po_s2)
151.print(po_s3)
152.print(po_s4)
153.print(po_s0)
```

肆、相依樣本變異數分析

　　繼上述獨立樣本變異數分析的說明之後，本部分主要是介紹利用 Python 來進行相依樣本的變異數分析，包括讀取分析資料檔、檢視資料、計算分量表變項總分、進行相依樣本單因子變異數分析以及撰寫分析結果報告等步驟，說明如下。

一、讀取資料檔

　　設定工作目錄為「D:\DATA\CH04\」。

```
>>> import os
>>> os.chdir('D:\\DATA\\CH04\\')
```

讀取資料檔「CH04_1.csv」，並將資料儲存至 sdata0 這個變項。

```
>>> import pandas as pd
>>> sdata0 = pd.read_csv('CH04_1.csv')
```

二、檢視資料

檢視前 5 筆資料，如下所示。

```
>>> print(sdata0)
       ID  GENDER  JOB  A0101  A0102  A0103  A0104  A0105  A0106  A0201  ...  \
0   A0101       2    2      3      3      4      3      4      3      4   ...
1   A0103       2    4      3      3      3      3      3      3      3   ...
2   A0107       1    2      4      4      4      4      4      4      4   ...
3   A0108       1    1      4      4      4      4      4      4      4   ...
4   A0112       1    2      4      4      4      3      3      3      4   ...

   A0204  A0205  A0206  A0301  A0302  A0303  A0304  A0401  A0402  A0403
0      3      3      4      3      3      4      3      3      3      4
1      3      3      3      4      4      4      4      3      3      3
2      4      4      4      4      4      4      4      4      4      4
3      4      4      4      4      4      3      4      3      3      4
4      4      3      3      4      4      4      4      3      3      4
```

檢視前 5 筆資料時，資料檔總共有二十二個欄位變項，其中第 1 個欄位為使用者編號 ID、第 2 個欄位為性別（GENDER）、第 3 個欄位則是工作職務（JOB）、第 4 至第 22 個欄位則是教師領導問卷的反應資料，包括參與校務決

第 6 題、展現教室領導 6 題、促進同儕合作 4 題、提升專業成長 3 題，合計為 19 題。以下為檢視後 5 筆資料，如下所示。

```
>>> print(sdata0.tail())
      ID  GENDER  JOB  A0101  A0102  A0103  A0104  A0105  A0106  A0201 ...  \
115  C2506      2    4      3      3      3      3      3      3      3 ...
116  C2507      2    4      3      3      3      3      3      3      3 ...
117  C2602      2    4      3      3      3      3      3      3      3 ...
118  C2604      2    3      3      2      3      2      2      2      3 ...
119  C2606      2    4      3      3      3      3      3      3      3 ...

     A0204  A0205  A0206  A0301  A0302  A0303  A0304  A0401  A0402  A0403
115      3      3      2      3      3      3      3      3      3      2
116      3      3      3      3      3      3      3      3      3      3
117      4      3      3      3      3      3      3      3      2      3
118      3      3      3      2      2      3      2      3      2      3
119      3      3      3      3      3      3      3      3      3      3
```

由後 5 筆資料中可以得知，總共有二十二個變項資料。本資料庫為 120 筆受試資料，要進行二個類別的平均數考驗。

```
>>> print(sdata0.columns)
Index(['ID', 'GENDER', 'JOB', 'A0101', 'A0102', 'A0103', 'A0104', 'A0105',
       'A0106', 'A0201', 'A0202', 'A0203', 'A0204', 'A0205', 'A0206', 'A0301',
       'A0302', 'A0303', 'A0304', 'A0401', 'A0402', 'A0403'],
      dtype='object')
```

檢視性別（GENDER）、工作職務（JOB）與校務決策（A0101）的描述性資料，如下所示。

```
>>> print(sdata0[['GENDER','JOB','A0101']].describe())
          GENDER         JOB       A0101
count  120.000000  120.000000  120.000000
mean     1.633333    3.133333    3.150000
std      0.483915    1.114709    0.461091
min      1.000000    1.000000    2.000000
25%      1.000000    2.000000    3.000000
50%      2.000000    4.000000    3.000000
75%      2.000000    4.000000    3.000000
max      2.000000    4.000000    4.000000
```

三、計算分量表變項總分

接下來開始進行分量表變項的計分步驟，本範例是教師領導問卷得分，總共有 19 題四個分量表，第一分量表為參與校務決策 6 題，分別是第 4 至第 9 個欄位，第二分量表為展現教室領導 6 題，分別是第 10 至第 15 個欄位，第三分量表是促進同儕合作 4 題，分別是第 16 至第 19 個欄位，第四分量表是提升專業成長 3 題，分別是第 20 至第 22 個欄位，全量表 19 題，分別是第 4 至第 22 個欄位，所以計算各分量表總分如下所示。

```
>>> sdata1 = sdata0.copy()
>>> sdata1['SA01']=sdata1[['A0101','A0102','A0103','A0104','A0105','A0106']].
sum(axis='columns')
>>> sdata1['SA02']=sdata1[['A0201','A0202','A0203','A0204','A0205','A0206']].
sum(axis='columns')
>>> sdata1['SA03']=sdata1[['A0301','A0302','A0303','A0304']].sum(axis='columns')
>>> sdata1['SA04']=sdata1[['A0401','A0402','A0403']].sum(axis='columns')
>>> sdata1['SA00']=sdata1[['SA01','SA02','SA03','SA04']].sum(axis='columns')
```

檢視計算結果的前 5 筆結果，如下所示。

```
>>> print(sdata1[['ID','SA01','SA02','SA03','SA04','SA00']].head(4))
      ID  SA01  SA02  SA03  SA04  SA00
0  A0101    20    21    13    10    64
1  A0103    18    18    16     9    61
2  A0107    24    24    16    12    76
3  A0108    24    24    15    10    73
```

上述計算總和的結果中，A0101 在參與校務決策層面（SA01）為 20、展現教室領導層面（SA02）為 21、促進同儕合作層面（SA03）為 13、提升專業成長層面（SA04）為 10、教師專業領導層面（SA00）為 64。

接下來計算教師專業領導各層面單題平均數，第一分量表為參與校務決策 6 題，第二分量表為展現教室領導 6 題，第三分量表是促進同儕合作 4 題，第四分量表是提升專業成長 3 題，全量表 19 題，計算單題平均數的 Python 程式如下所示。

```
>>> sdata1['A01']=sdata1[['A0101','A0102','A0103','A0104','A0105','A0106']].
mean(axis='columns')
>>> sdata1['A02']=sdata1[['A0201','A0202','A0203','A0204','A0205','A0206']].
mean(axis='columns')
>>> sdata1['A03']=sdata1[['A0301','A0302','A0303','A0304']].mean(axis='columns')
>>> sdata1['A04']=sdata1[['A0401','A0402','A0403']].mean(axis='columns')
>>> sdata1['A00']=sdata1[['A01','A02','A03','A04']].mean(axis='columns')
```

檢視計算前 5 筆結果，如下所示。

```
>>> print(sdata1[['ID','A01','A02','A03','A04','A00']].head(4))
      ID        A01  A02   A03       A04        A00
0   A0101  3.333333  3.5  3.25  3.333333  3.354167
1   A0103  3.000000  3.0  4.00  3.000000  3.250000
2   A0107  4.000000  4.0  4.00  4.000000  4.000000
3   A0108  4.000000  4.0  3.75  3.333333  3.770833
```

　　上述計算單題平均數的結果中，A0101 在參與校務決策層面（A01）為 3.33、展現教室領導層面（A02）為 3.50、促進同儕合作層面（A03）為 3.25、提升專業成長層面（A04）為 3.33、教師專業領導層面（A00）為 3.35。

四、進行相依樣本之單因子變異數分析

　　進行相依樣本之變異數分析之前，先檢視樣本摘要，下列將利用 researchpy 套件來檢視樣本，如下所示。

```
>>> import researchpy as rp
>>> result = rp.summary_cont(sdata1['A01'].groupby(sdata1['JOB'])).round(4)
>>> print(result)
      N    Mean      SD      SE  95% Conf.  Interval
JOB
1    13  3.4744  0.4657  0.1292     3.1929    3.7558
2    28  3.2500  0.4070  0.0769     3.0922    3.4078
3     9  3.2037  0.4985  0.1662     2.8206    3.5868
4    70  2.9857  0.3888  0.0465     2.8930    3.0784
```

　　上述函式是以工作職務（JOB）為分組依據，而評量變項則是參與校務決策的單題平均數（A01）。由上述摘要結果可以得知，主任有 13 位，平均數為 3.47、標準差為 0.47、標準誤為 0.13。組長有 28 位，平均數為 3.25、標準差為 0.41、標準誤為 0.08。科任有 9 位，平均數為 3.20、標準差為 0.50、標準誤為 0.17。級任有 70 位，平均數為 2.99、標準差為 0.39、標準誤為 0.05。

其餘三個分量表以及總量表亦是可以相同的程序，來檢視樣本摘要。

```
result = rp.summary_cont(sdata1['A02'].groupby(sdata1['JOB'])).round(4)
print(result)
result = rp.summary_cont(sdata1['A03'].groupby(sdata1['JOB'])).round(4)
print(result)
result = rp.summary_cont(sdata1['A04'].groupby(sdata1['JOB'])).round(4)
print(result)
result = rp.summary_cont(sdata1['A00'].groupby(sdata1['JOB'])).round(4)
print(result)
```

接下來針對所有的分量表利用 scipy 套件來進行同質性檢定。分量表一參與校務決策的同質性檢定，如下所示。

```
>>> import scipy.stats as stats
>>> stats.levene(
>>>     sdata1['A01'][sdata1['JOB']==1],
>>>     sdata1['A01'][sdata1['JOB']==2],
>>>     sdata1['A01'][sdata1['JOB']==3],
>>>     sdata1['A01'][sdata1['JOB']==4],
>>>     center='mean')
LeveneResult(statistic=2.1417674118746857, pvalue=0.0987371762743352)
```

分量表二展現教室領導的同質性檢定，如下所示。

```
>>> import scipy.stats as stats
>>> stats.levene(
>>>     sdata1['A02'][sdata1['JOB']==1],
>>>     sdata1['A02'][sdata1['JOB']==2],
>>>     sdata1['A02'][sdata1['JOB']==3],
>>>     sdata1['A02'][sdata1['JOB']==4],
>>>     center='mean')
LeveneResult(statistic=0.462597310879787, pvalue=0.7089429344955012)
```

　　分量表三促進同儕合作的同質性檢定，如下所示。

```
>>> import scipy.stats as stats
>>> stats.levene(
>>>     sdata1['A03'][sdata1['JOB']==1],
>>>     sdata1['A03'][sdata1['JOB']==2],
>>>     sdata1['A03'][sdata1['JOB']==3],
>>>     sdata1['A03'][sdata1['JOB']==4],
>>>     center='mean')
LeveneResult(statistic=0.35533172337081764, pvalue=0.78536463106487)
```

　　分量表四提升專業成長的同質性檢定，如下所示。

```
>>> import scipy.stats as stats
>>> stats.levene(
>>>     sdata1['A04'][sdata1['JOB']==1],
>>>     sdata1['A04'][sdata1['JOB']==2],
>>>     sdata1['A04'][sdata1['JOB']==3],
>>>     sdata1['A04'][sdata1['JOB']==4],
>>>     center='mean')
LeveneResult(statistic=0.1445589760867504, pvalue=0.9329789092036762)
```

　　國小教師教師專業領導總量表的同質性檢定，如下所示。

```
>>> import scipy.stats as stats
>>> stats.levene(
>>>     sdata1['A00'][sdata1['JOB']==1],
>>>     sdata1['A00'][sdata1['JOB']==2],
>>>     sdata1['A00'][sdata1['JOB']==3],
>>>     sdata1['A00'][sdata1['JOB']==4],
>>>     center='mean')
LeveneResult(statistic=0.9841482423609793, pvalue=0.4028610157165031)
```

進行相依樣本單因子變異數分析之前，需要先將資料格式加以重新整理，資料整理如下所示。

```
>>> wide_format = sdata1[['ID','A01','A02','A03','A04']]
>>> long_format = pd.melt(wide_format, id_vars='ID',value_vars=['A01','A02','A03','A04'],var_name='AN',value_name='AV')
>>> print(long_format.sort_values('ID').head(10))
```

資料輸出結果如下所示。

```
        ID    AN        AV
0     A0101   A01   3.333333
360   A0101   A04   3.333333
120   A0101   A02   3.500000
240   A0101   A03   3.250000
1     A0103   A01   3.000000
361   A0103   A04   3.000000
241   A0103   A03   4.000000
121   A0103   A02   3.000000
242   A0107   A03   4.000000
362   A0107   A04   4.000000
```

可以利用上述資料來加以繪製盒鬚圖，如下所示。

```
>>> import matplotlib.pyplot as plt
>>> import seaborn as sns
>>> ax = sns.boxplot(x='AN',y='AV', data=long_format, color='#99c2a2')
>>> ax = sns.swarmplot(x='AN',y='AV', data=long_format, color='#7d0013')
>>> plt.show()
```

圖形如下所示。

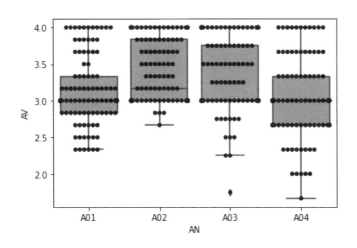

　　由上述的盒鬚圖中可以發現國小教師專業領導的各分量表資料分散的情形，利用 dfply 計算其描述性統計資料，如下所示。

```
>>> from dfply import *
>>> long_format >> group_by(X.AN) >>summarize(n=X.AV.count(), mean=X.AV.mean(),
std=X.AV.std())
   AN    n       mean        std
0  A01  120  3.116667  0.438889
1  A02  120  3.352778  0.409495
2  A03  120  3.304167  0.488506
3  A04  120  3.025000  0.500537
```

　　由上述的描述性統計結果中可以了解，A01 參與校務決策其平均數爲 3.12、標準差爲 0.44；A02 展現教室領導其平均數爲 3.35、標準差爲 0.41；A03 促進同儕合作其平均數爲 3.30、標準差爲 0.49；A04 提升專業成長其平均數爲 3.03、標準差爲 0.50。

　　以下將以 anova() 函式來進行相依樣本單因子變異數分析，自變項爲工

作職務（JOB），依變項之重複量數爲參與校務決策（A01）、展現教室領導
（A02）、促進同儕合作（A03）、提升專業成長（A04）等四個變項，資料檔
變數格式爲 long_format，程式如下所示。

```
>>> import pingouin as pg
>>> rmanova = pg.rm_anova(dv='AV',within='AN',subject='ID',correction=False,data=lo
ng_format,detailed=True, effsize='ng2')
>>> print(rmanova)
```

檢視相依樣本變異數分析的結果，如下所示。

```
   Source          SS   DF        MS          F          p-unc        ng2  \
0    AN      8.611285    3  2.870428  31.138163  6.662073e-18   0.078499
1  Error    32.909549  357  0.092184        NaN           NaN        NaN

          eps
0   0.979799
1       NaN
```

由上述變異數分析的結果可以得知，F=31.138、df=3、p<0.001 達顯著水
準，拒絕虛無假設，接受對立假設。即不同類別之間的平均數有所不同，亦即受
試者在參與校務決策、展現教室領導、促進同儕合作、提升專業成長等四個變項
知覺程度有所不同，變異數分析摘要列述如下。

Source	SS	df	MS	F	p
組間	8.61	3	2.8704	31.138	<0.001
誤差	32.91	357	0.0922		

因爲變異數分析的結果達顯著水準，因此需要進一步了解組別平均數的差異
情形，因此進行事後比較。以 multcomp 的 pairwise 函式進行多重成對比較。

```
>>> post_hocs = pg.pairwise_ttests(dv='AV', within='AN', subject='ID',
padjust='fdr_bh', data=long_format)
>>> print(post_hocs.round(4))
```

　　檢視事後比較結果，如下所示。

```
  Contrast    A    B  Paired  Parametric       T   dof  alternative   p-unc  \
0       AN  A01  A02    True        True -6.3932 119.0    two-sided  0.0000
1       AN  A01  A03    True        True -4.8225 119.0    two-sided  0.0000
2       AN  A01  A04    True        True  2.3659 119.0    two-sided  0.0196
3       AN  A02  A03    True        True  1.2173 119.0    two-sided  0.2259
4       AN  A02  A04    True        True  7.7827 119.0    two-sided  0.0000
5       AN  A03  A04    True        True  7.2734 119.0    two-sided  0.0000


   p-corr p-adjust       BF10  hedges
0  0.0000   fdr_bh  3.042e+06 -0.5545
1  0.0000   fdr_bh   3327.072 -0.4025
2  0.0235   fdr_bh       1.47  0.1941
3  0.2259   fdr_bh      0.208  0.1075
4  0.0000   fdr_bh  2.719e+09  0.7145
5  0.0000   fdr_bh  2.116e+08  0.5627
```

　　由上述事後比較的分析結果中，因為 A1 代表參與校務決策，A2 代表展現教室領導，A3 代表促進同儕合作，A4 代表提升專業成長，所以 A2 與 A1 有顯著性差異，而且 A2 大於 A1。A3 與 A1 有顯著性差異，而且 A3 大於 A1。A1 與 A4 有顯著性差異，而且 A1 大於 A4。A4 與 A2 有顯著性差異，而且 A2 大於 A4。A4 與 A3 有顯著性差異，而且 A3 大於 A4。A2 與 A3 沒有顯著性差異。

　　歸納事後比較結果，A2、A3 大於 A1 以及 A1、A2、A3 大於 A4，亦即展現教室領導與促進同儕合作大於參與校務決策，參與校務決策、展現教室領導與促進同儕合作大於提升專業成長。

五、相依樣本單因子變異數分析結果報告

由上述重複量數相依樣本單因子的變異數分析，結果可以表示如下。

本研究以教師領導問卷為主要的研究工具，問卷填答方式採用李克特四點量表，分為非常同意、大致同意、不太同意以及非常不同意等，分別給予 4 到 1 分，用來表示國小教師對於教師領導的知覺程度。四點量表的中位數為 2.5 分，大於 2.5 分代表知覺程度高，小於 2.5 分代表知覺程度較低。

以下將國民小學教師領導分為參與校務決策、展現教室領導、促進同儕合作以及提升專業成長，其各層面題數、標準差與單題平均數之現況分析摘要如下表所示。

層面	平均數	題數	單題平均數	標準差	排序
參與校務決策	18.70	6	3.12	0.44	3
展現教室領導	20.12	6	3.35	0.41	1
促進同儕合作	13.22	4	3.30	0.49	2
提升專業成長	9.08	3	3.03	0.50	4
教師領導總分	61.11	19	3.22	0.37	

由上表可以得知，國民小學教師領導問卷分為四個層面，共有 19 題，整體而言，教師領導總分的平均數為 61.11，單題平均數為 3.22，較中位數 2.5 為高。所以教師領導的知覺程度介於大致同意與非常同意之間，顯示國民小學教師對教師領導的知覺屬於高知覺程度，接下來以重複量數相依樣本單因子變異數分析來檢定各層面的排序。

以受試國小教師為自變項，教師領導四個層面的分數為依變項，利用重複量數相依樣本單因子變異數分析進行考驗，其結果如下表所示。

Source	SS	df	MS	F	p	Post Hoc

組間	8.61	3	2.8704	31.138	<0.001	展現教室領導、促進同儕合作 > 參與校務決策
誤差	32.91	357	0.0922			展現教室領導、促進同儕合作 > 提升專業成長

　　由上述變異數分析的結果可以得知，F=31.138，df=3，p<0.001 達顯著水準，拒絕虛無假設，接受對立假設。即不同類別之間的平均數有所不同，亦即教師領導中四個層面的知覺程度有所不同。進一步事後比較的分析結果可以得知，展現教室領導、促進同儕合作 > 參與校務決策，展現教室領導、促進同儕合作 > 提升專業成長。

六、相依樣本單因子變異數分析程式

　　相依樣本單因子變異數分析完整程式如下所示。

```
1.   #Filename: CH04_3.py
2.   import os
3.   os.chdir('D:\\DATA\\CH04\\')
4.   import pandas as pd
5.   sdata0 = pd.read_csv('CH04_1.csv')
6.   print(sdata0.describe())
7.   print(sdata0[['GENDER','JOB','A0101']].describe())
8.
9.   sdata1 = sdata0.copy()
10.  sdata1['SA01']=sdata1[['A0101','A0102','A0103','A0104','A0105','A0106']].
     sum(axis='columns')
11.  sdata1['SA02']=sdata1[['A0201','A0202','A0203','A0204','A0205','A0206']].
     sum(axis='columns')
12.  sdata1['SA03']=sdata1[['A0301','A0302','A0303','A0304']].sum(axis='columns')
13.  sdata1['SA04']=sdata1[['A0401','A0402','A0403']].sum(axis='columns')
14.  sdata1['SA00']=sdata1[['SA01','SA02','SA03','SA04']].sum(axis='columns')
15.  print(sdata1[['ID','SA01','SA02','SA03','SA04','SA00']].head(4))
16.
17.  sdata1['A01']=sdata1[['A0101','A0102','A0103','A0104','A0105','A0106']].
     mean(axis='columns')
```

```
18. sdata1['A02']=sdata1[['A0201','A0202','A0203','A0204','A0205','A0206']].
    mean(axis='columns')
19. sdata1['A03']=sdata1[['A0301','A0302','A0303','A0304']].mean(axis='columns')
20. sdata1['A04']=sdata1[['A0401','A0402','A0403']].mean(axis='columns')
21. sdata1['A00']=sdata1[['A01','A02','A03','A04']].mean(axis='columns')
22. print(sdata1[['ID','A01','A02','A03','A04','A00']].head(4))
23.
24. import researchpy as rp
25. result = rp.summary_cont(sdata1['A01'].groupby(sdata1['JOB'])).round(4)
26. print(result)
27. result = rp.summary_cont(sdata1['A02'].groupby(sdata1['JOB'])).round(4)
28. print(result)
29. result = rp.summary_cont(sdata1['A03'].groupby(sdata1['JOB'])).round(4)
30. print(result)
31. result = rp.summary_cont(sdata1['A04'].groupby(sdata1['JOB'])).round(4)
32. print(result)
33. result = rp.summary_cont(sdata1['A00'].groupby(sdata1['JOB'])).round(4)
34. print(result)
35.
36. import scipy.stats as stats
37. stats.levene(
38.     sdata1['A01'][sdata1['JOB']==1],
39.     sdata1['A01'][sdata1['JOB']==2],
40.     sdata1['A01'][sdata1['JOB']==3],
41.     sdata1['A01'][sdata1['JOB']==4],
42.     center='mean')
43. stats.levene(
44.     sdata1['A02'][sdata1['JOB']==1],
45.     sdata1['A02'][sdata1['JOB']==2],
46.     sdata1['A02'][sdata1['JOB']==3],
47.     sdata1['A02'][sdata1['JOB']==4],
48.     center='mean')
49. stats.levene(
50.     sdata1['A03'][sdata1['JOB']==1],
51.     sdata1['A03'][sdata1['JOB']==2],
52.     sdata1['A03'][sdata1['JOB']==3],
53.     sdata1['A03'][sdata1['JOB']==4],
54.     center='mean')
55. stats.levene(
```

```
56.        sdata1['A04'][sdata1['JOB']==1],
57.        sdata1['A04'][sdata1['JOB']==2],
58.        sdata1['A04'][sdata1['JOB']==3],
59.        sdata1['A04'][sdata1['JOB']==4],
60.        center='mean')
61.  stats.levene(
62.        sdata1['A00'][sdata1['JOB']==1],
63.        sdata1['A00'][sdata1['JOB']==2],
64.        sdata1['A00'][sdata1['JOB']==3],
65.        sdata1['A00'][sdata1['JOB']==4],
66.        center='mean')
67.
68.  wide_format = sdata1[['ID','A01','A02','A03','A04']]
69.  long_format = pd.melt(wide_format, id_vars='ID',value_vars=['A01','A02','A03','A0
     4'],var_name='AN',value_name='AV')
70.
71.  print(long_format.sort_values('ID').head(10))
72.
73.  import matplotlib.pyplot as plt
74.  import seaborn as sns
75.  ax = sns.boxplot(x='AN',y='AV', data=long_format, color='#99c2a2')
76.  ax = sns.swarmplot(x='AN',y='AV', data=long_format, color='#7d0013')
77.  plt.show()
78.
79.  from dfply import *
80.  print(long_format >> group_by(X.AN) >>summarize(n=X.AV.count(), mean=X.AV.mean(),
     std=X.AV.std()))
81.
82.  import pingouin as pg
83.  rmanova = pg.rm_anova(dv='AV',within='AN',subject='ID',correction=False,data=lo
     ng_format,detailed=True, effsize='ng2')
84.  print(rmanova)
85.
86.  post_hocs = pg.pairwise_ttests(dv='AV', within='AN', subject='ID', padjust='fdr_
     bh', data=long_format)
87.  print(post_hocs.round(4))
88.  result = pg.normality(data=long_format, dv='AV', group='AN')
89.  print(result)
```

習題

　　請利用 CH06_1.csv 來進行不同背景變項下平均數差異檢定分析，這個檔案的第 1 個欄位是編號（ID）、第 2 個欄位是性別（GENDER）、第 3 個欄位是工作類型（JOB）、第 44 至第 63 個欄位是教師專業發展問卷得分，總共有 20 題四個分量表。第一分量表為教育專業自主 7 題，分別是第 44 至第 50 個欄位，第二分量表為專業倫理與態度 5 題，分別是第 51 至第 55 個欄位，第三分量表是教育專業知能 4 題，分別是第 56 至第 59 個欄位，第四分量表是學科專門知能 4 題，分別是第 60 至第 63 個欄位，全量表 20 題，分別是第 44 至第 63 個欄位。關於性別中的編碼：1 是男生、2 是女生；工作類型的編碼：1 是主任、2 是組長、3 是科任、4 是級任，請分析並回答以下的問題。

1. 不同性別的國小教師，其教師專業發展覺知程度是否有所差異？
2. 不同工作類型的國小教師，其教師專業發展覺知程度是否有所差異？
3. 請說明上述二個問題中的效果量為何？

共變數分析

　　實驗研究中，如果採取「不等組前後測實驗設計」，若要了解實驗處理對依變項所造成的影響，則其統計分析方法最好是採用可以調整前測效果的共變數分析。以下將以共變數分析的基本原理以及應用等二個部分，逐項分別說明如下。

　　以下為本章使用的 Python 套件。

1. os
2. pandas
3. researchpy
4. pingouin
5. plotly

壹、共變數分析的原理

　　共變數分析（analysis of covariance, ANCOVA）是一種統計分析的程序，它的功能在比較一些量化的依變項在不同群組中是否有所不同，並且在比較的當時也控制了自變項。所以共變數分析是同時考量到質性（不同群組）與量化（自變項與依變項）變項的一種統計的分析策略。在實驗設計中，考量實際的實驗情境，無法排除某些會影響實驗結果的無關變項（或稱干擾變項），為了排除這些不在實驗處理中所操弄的變項，可以藉由「統計控制」方法，以彌補「實驗控制」的不足。

　　上述無關變項或干擾變項並不是研究者所要探討的變項，但這些變項會影響實驗結果，此變項稱為「共變項」（covariate）；而實驗處理後所要探究的研究變項稱為依變項或效標變項（dependent variable）；研究者實驗操控的變項為自變項或固定因子（fixed factor）。如果依變項與共變項的性質相同時，例如：共變項與依變項都同時為數學成就，此時要排除共變項的影響，然後比較依變項是否會因為自變項之不同而有所差異，可以有二種方法來進行平均數差異的檢

定。第一種方法是將依變項減去共變項，例如：將依變項的後測分數減去共變項
的前測分數，此時的差值稱爲實得分數，然後用實得分數取代成新的依變項，
再進行平均數 t 檢定或者是變異數分析。另一種方法則是先用共變項當做預測變
項，以依變項當效標變項，進行迴歸分析，然後再將迴歸分析的殘差當做依變
項，使用原來的自變項來進行 t 檢定或者是變異數分析。而第二種方法實際上就
是共變數分析，所以共變數分析其實就是結合迴歸分析及變異數分析的一種統計
方法（陳正昌、張慶勳，2007）。

　　在上面的情境中，所用的統計控制方法便稱爲「共變數分析」，共變數分析
中會影響實驗結果，但非研究者操控的自變項，稱爲「共變量」。在共變數分析
中，自變項屬間斷變項，而依變項以及共變項屬連續變項。共變數分析與變異數
分析很相似，其自變項爲類別或次序變項，依變項爲連續變項，但多了連續變項
的共變項。變異數分析是藉由實驗控制方法來降低實驗誤差，共變數分析則是藉
由「統計」控制方法，來排除共變項的干擾效果。

　　以下將先介紹共變數分析的原理、共變數分析的變異數拆解、共變數中的迴
歸同質性檢定、共變數分析的基本假設、共變數分析的步驟（陳新豐，2015），
接下來再進行共變數分析的範例說明。

一、共變數分析的基本原理

　　共變數分析是將一個典型的變異數分析中的各個量數，加入一個或多個連
續性的共變項（即控制變項），以控制變項與依變項間的共變爲基礎，進行「調
整」（correction），得到排除控制變項影響的單純（pure）統計量的變異數分析
的檢定方法，可以由下列的方程式加以表示。

$$Y_{ij} = \mu + \alpha_i + \beta_w(X_{ij} - \bar{X}_{..}) + \varepsilon_{i(j)}$$

　　共變數分析中的單純統計量是指自變項與依變項的關係，因爲先行去除控制

變項與依變項的共變，因而不再存有該控制變項的影響，單純的反映研究所關心的自變項與依變項關係。

共變數分析中的共變項也必須為連續變項，研究中對於自變項或依變項具有干擾效應的變項，實驗研究中的前測（pretest）多可作為控制變項（共變項）。

二、共變數分析的變異數拆解

共變數分析的主要原理係將全體樣本在依變項的得分的變異情形，先以迴歸原理排除共變項的影響，其餘的純淨效果即可區分為「導因於自變項影響的變異」與「導因於誤差的變異」兩個部分。

共變數分析是以迴歸的原理，將控制變項以預測變項處理，計算依變項被該預測變項解釋的比率。當依變項的變異量被控制變項可以解釋的部分被計算出來後，剩餘的依變項的變異即排除了控制變項的影響，而完全歸因於自變項效果（實驗處理）。

總離均差平方和 = 控制項共變數和 + 迴歸殘差變異量

= 控制項共變數和 + （組間離均差平方和 + 組內離均差平方和）

$$SS_{total}=SS_{covariance}+ (SS_{between}+SS_{within})$$

三、迴歸同質性假設

迴歸同質性假設（assumption of homogeneity of regression）是變異數分析時的基本假設，而共變數中的迴歸同質性假設是假設共變項與依變項的關聯性在各組內必須要相同。

$$H_0：\beta_1=\beta_2=\cdots=\beta_i$$

四、共變數分析的基本假設

共變數分析的基本假設與變異數分析基本假設相同，主要為常態分配、變數獨立以及變異數同質性。

共變數分析屬於「一般線性模型／多變項線性迴歸」的應用，所以共變數分析的基本假設主要有：(1) 樣本符合隨機性、獨立性；(2) 資料分配需符合常態分配；(3) 變異數需具備同質性；(4) 共變數與自變項的斜率需具備同質性，亦即需符合迴歸同質性的假設。

此外還有三個需要再詳細說明的假定。

（一）依變項與共變數之間是直線相關，以符合線性迴歸的假設。

（二）所測量的共變項不應有誤差，如果選用的是多題項之量表，應有高的內部一致性信度或再測信度。有可靠性量表的信度，其 α 值最好在 0.8 以上。

（三）「組內迴歸係數同質性」，各實驗處理組中依據共變項（X）預測變項（Y）所得的各條迴歸線之迴歸係數（斜率）要相等，亦即各條迴歸線要互相平行。如果「組內迴歸係數同質性」考驗結果，各組斜率不相等，不宜直接進行共變數分析。組內迴歸線的斜率就是組內迴歸係數，此時亦可以採用詹森－內曼法（Johnson-Neyman）的共變數分析。

上述所談及的迴歸同質性檢定，檢定不通過的原因，第一個是樣本不具隨機性，自然沒有推論意義。如果樣本具備隨機性，同質性檢定仍然不通過，經常是某組內出現極端值（outlier）的狀況。在此條件下仍擬分析，後續處理就是檢查與排除極端值。

五、共變數分析步驟

共變數分析步驟，主要包括 (1) 組內迴歸係數同質性檢定；(2) 進行共變數分析；(3) 事後比較。以下將共變數分析的步驟說明如下。

（一）組內迴歸係數同質性檢定

迴歸係數不相同，表示至少有二條或二條以上的組內迴歸線並不是平行的，如果不平行的情況不太嚴重的話，仍然可以使用共變數分析。若情況嚴重時，研究者直接使用共變數分析，將會導致錯誤的結論。因此，若違反迴歸係數同質性檢定的假設時（達顯著水準），可以將共變項轉成質的變數，然後當做另

一個自變項，進行二因子變異數分析。亦即將原來的共變項與自變項等二個變項探討對依變項的平均數是否有所差異，另外亦可以採用詹森—內曼法（Johnson-Neyman）的共變數分析。

（二）進行共變數分析

如果 k 條迴歸線平行，可以將這些迴歸線合併找出一條具代表性的迴歸線，此代表性迴歸線即為「組內迴歸線」。此迴歸線可以調整依變項的原始分數，共變數分析即在觀察排除共變項的解釋量後，各組平均數是否仍有顯著差異。

（三）事後比較

共變數的第三個步驟即為計算調整後的平均數，並進行事後比較。亦即共變數分析之 F 值如達顯著水準，則進行事後比較分析。事後比較以「調整後的平均數」為比較標準，找出哪一個對調整平均數間有顯著差異，調整後的平均數的計算方法如下。

該組原始依變項的平均數－共同之迴歸係數 ×（該組共變項之平均數－全體共變項之平均數）。

貳、共變數分析應用的範例解析

以下將以幾個範例來加以說明共變數分析，說明如下。

一、獨立樣本單因子共變數分析

某位教師想要了解分享式教學法對於學生的環境行為是否有所影響，他將學生分為實驗組與控制組，實驗組 25 位、控制組 24 位，同時在介入教學前有做一個前測的測驗，介入教學後同時做一個後測。因此以環境行為分量表的前測分數為共變項，後測分數為依變項，組別為自變項，進行獨立樣本單因子共變數分析，來了解分享式閱讀實驗處理後學童環境行為的差異情形。

（一）讀取資料檔

設定工作目錄爲「D:\DATA\CH05\」。

```
>>> import os
>>> os.chdir('D:\\DATA\\CH05\\')
```

讀取資料檔「CH05_1.csv」，並將資料儲存至 sdata0 這個變項。

```
>>> import pandas as pd
>>> sdata0 = pd.read_csv('CH05_1.csv')
```

（二）檢視資料

檢視前 5 筆資料，如下所示。

```
>>> print(sdata0.head())
       ID  GROUP  GENDER  APRE  APOST  BPRE  BPOST
0  A21101      0       1    21     25    40     39
1  A21102      0       1    16     22    21     23
2  A21104      0       1    25     27    21     39
3  A21105      0       1    30     31    46     46
4  A21106      0       1    18     30    34     43
```

檢視前 5 筆資料時，總共有七個欄位，包括 ID、GROUP、GENDER、APRE、APOST、BPRE、BPOST 等。其中的 GROUP 包括實驗組與控制組，GENDER 爲受試者的性別包括男生與女生，APRE 爲環境態度前測分數，APOST 爲環境態度後測分數，BPRE 爲環境行爲前測分數，BPOST 則爲環境行爲後測分數，以下檢視後 5 筆資料，如下所示。

```
>>> print(sdata0.tail())
# A tibble: 6 x 7
        ID   GROUP   GENDER   APRE   APOST   BPRE   BPOST
44   A23207      1        2     30      31     44      46
45   A23208      1        2     21      30     41      42
46   A23209      1        2     17      27     30      44
47   A23210      1        2     24      30     42      46
48   A23211      1        2     26      30     34      42
```

檢視讀取資料的變數資訊，如下所示。

```
>>> print(sdata0.info())
<class 'pandas.core.frame.DataFrame'>
RangeIndex: 49 entries, 0 to 48
Data columns (total 7 columns):
 #   Column   Non-Null Count   Dtype
---  ------   --------------   -----
 0   ID       49 non-null      object
 1   GROUP    49 non-null      int64
 2   GENDER   49 non-null      int64
 3   APRE     49 non-null      int64
 4   APOST    49 non-null      int64
 5   BPRE     49 non-null      int64
 6   BPOST    49 non-null      int64
dtypes: int64(6), object(1)
```

　　共變數分析中主要是排除實驗組與控制組的前測影響下，後測分數是否在不同組別有所差異，因此需要將組別轉換為類別變項，以下即是將組別變項（GROUP）轉變為類別變項，並加以檢視，如下所示。

```
>>> sdata0 = sdata0.astype({'GROUP':'object'})
>>> print(sdata0.info())
<class 'pandas.core.frame.DataFrame'>
RangeIndex: 49 entries, 0 to 48
Data columns (total 7 columns):
 #   Column  Non-Null Count  Dtype
---  ------  --------------  -----
 0   ID      49 non-null     object
 1   GROUP   49 non-null     object
 2   GENDER  49 non-null     int64
 3   APRE    49 non-null     int64
 4   APOST   49 non-null     int64
 5   BPRE    49 non-null     int64
 6   BPOST   49 non-null     int64
```

　　由上述的資料變項資訊可以得知，組別（GROUP）變項已經轉變為類別變項了，接下來檢視性別以及實驗組別的次數分配表。

```
>>> sdata0.GROUP.value_counts()
1    25
0    24
Name: GROUP, dtype: int64
>>> sdata0.GENDER.value_counts()
1    28
2    21
Name: GENDER, dtype: int64
```

　　由上述的次數分配資料可以得知，受試者中男生有 28 位、女生 21 位，實驗組 25 位、控制組 24 位，合計 49 位受試者。

另外亦可以利用 researchpy 套件來計算各分組人數及其描述性統計資料，如下所示。

```
>>> import researchpy as rp
>>> pgroup = rp.summary_cont(sdata0['BPRE'].groupby(sdata0['GROUP'])).round(4)
```

顯示組別的描述性統計如下。

```
>>> print(pgroup)
        N    Mean     SD      SE   95% Conf.  Interval
GROUP
0      24  36.2917  8.0783  1.6490   32.8805   39.7028
1      25  39.4000  5.9791  1.1958   36.9319   41.8681
```

由上述的描述性統計資料中可以得知，控制組 24 位，前測平均數 36.29、標準差 8.08；實驗組 25 位，前測平均數 39.40、標準差 5.98。

接下來檢視後測分數在不同群組的描述性統計資料。

```
>>> pgender = rp.summary_cont(sdata0['BPOST'].groupby(sdata0['GROUP'])).round(4)
```

顯示後測分數，不同組別的描述性統計資料如下所示。

```
>>> print(pgender)
        N    Mean     SD      SE   95% Conf.  Interval
GROUP
0      24  38.0833  7.0828  1.4458   35.0925   41.0742
1      25  43.6000  2.9297  0.5859   42.3907   44.8093
```

由上述描述性統計資料可以得知，控制組 24 位，後測平均數 38.08、標準差 7.08；實驗組 25 位，後測平均數 43.60、標準差 2.93。

(三) 迴歸同質性檢定

　　進行共變數分析之前的基本假設為需符合迴歸同質性檢定，因此第一個步驟即進行迴歸同質性的檢定，首先建立模型並且列出變異數分析表的摘要表，如下所示。

```
>>> from statsmodels.formula.api import ols
>>> from statsmodels.stats.anova import anova_lm
>>> interaction_model = ols('BPOST ~ BPRE * GROUP', data=sdata0).fit()
>>> result = anova_lm(interaction_model, type=3)
```

　　接下來利用 statsmodels 套件中的 anova() 列出 TYPE III 的變異數分析摘要表，anova() 函式只能列出 TYPE I 的變異數分析摘要表，而進行共變數分析需要列出 TYPE III 的變異數分析摘要表。

　　檢視模式的 TYPE III 變異數分析摘要表，如下所示。

```
>>> print(result)
              df      sum_sq      mean_sq          F    PR(>F)
BPRE         1.0  589.440688   589.440688  28.660207  0.000003
GROUP        1.0  205.790360   205.790360  10.006086  0.002794
BPRE:GROUP   1.0   11.765383    11.765383   0.572065  0.453381
Residual    45.0  925.493365    20.566519        NaN       NaN
```

　　由上述的變異數分析摘要表中可以得知，組內迴歸係數同質性考驗結果，組別與環境行為前測之交互作用未達顯著水準，F=0.572、p=0.453>0.05，接受虛無假設，表示二組迴歸線的斜率相同具平行的關係。所以共變項（環境行為前測分數）與依變項（環境行為後測分數）間的關係不會因自變項各處理水準的不同而有所不同，符合共變數組內迴歸係數同質性假設，可繼續進行共變數分析。

（四）共變數分析

接下來再次利用 pingouin 套件的 ancova() 函式，以 BPOST 後測分數為依變項，BPRE 前測分數與 GROUP 實驗組別為共變項，來進行共變數分析，如下所示。

```
>>> import pingouin as pg
>>> result = pg.ancova(data=sdata0, dv='BPOST', covar='BPRE', between='GROUP')
```

檢視分析結果。

```
>>> print(result)
     Source        SS  DF          F      p-unc        np2
0     GROUP  205.790360   1  10.100046   0.002650   0.180036
1      BPRE  422.574586   1  20.739663   0.000039   0.310755
2  Residual  937.258748  46        NaN        NaN        NaN
```

由上述的變異數分析摘要表中可以得知，BPRE 前測的考驗結果達顯著水準（F=20.740、p<0.001），表示實驗組與控制組中的前測分數之共同斜率不為 0。另外，排除環境行為前測（共變項）對環境行為後測（依變項）的影響後，自變項對依變項的影響效果檢定之 F 值 =10.100、p=0.003<0.05，達到顯著水準，表示受試者的環境行為會因不同組別而有所差異。因為只有二組，所以觀察調整平均數即可，若是有三個以上的組數，則需進行事後比較，確定哪幾對組別在依變項的平均數差異值達到顯著水準。

（五）比較效果的差異

接下來將進行差異的比較，因為只有實驗組與控制組，所以直接觀察實驗組別的平均數即可。共變數分析程序中，如果符合組內迴歸係數同質性的假定，在排除共變數對依變項的影響下，各組實際後測成績會根據環境行為前測的高低進行調整，此調整後的平均數才是共變數分析時所要進行差異性比較的數值。

接下來以實驗處理的效果來加以比對差異性，如下所示。

```
>>> model = ols('BPOST ~ BPRE + GROUP', data=sdata0).fit()
```

檢視比對的結果。

```
>>> print(model.summary())
                            OLS Regression Results
==============================================================================
Dep. Variable:                  BPOST   R-squared:                       0.459
Model:                            OLS   Adj. R-squared:                  0.435
Method:                 Least Squares   F-statistic:                     19.51
Date:                Sat, 27 Aug 2022   Prob (F-statistic):           7.30e-07
Time:                        19:37:09   Log-Likelihood:                -141.83
No. Observations:                  49   AIC:                             289.7
Df Residuals:                      46   BIC:                             295.3
Df Model:                           2
Covariance Type:            nonrobust
==============================================================================
                 coef    std err          t      P>|t|      [0.025      0.975]
------------------------------------------------------------------------------
Intercept     22.7231      3.496      6.499      0.000      15.685      29.761
BPRE           0.4232      0.093      4.554      0.000       0.236       0.610
GROUP          4.2011      1.322      3.178      0.003       1.540       6.862
==============================================================================
Omnibus:                        7.028   Durbin-Watson:                   1.665
Prob(Omnibus):                  0.030   Jarque-Bera (JB):                5.939
Skew:                          -0.771   Prob(JB):                       0.0513
Kurtosis:                       3.730   Cond. No.                         209.
==============================================================================
```

調整後的平均數之計算可以由共同的斜率值（0.4232）以及前後測各組的平均數來加以計算，亦即控制組的調整平均數之計算如下。

首先前測控制組平均數為 36.2917，實驗組平均數為 39.4000，實驗組與控制組之共同平均數為 (36.2917+39.4000)÷2=37.8459。

所以控制組的調整平均數如下所示。

38.0833-0.4232(36.2917-37.8459)=38.7410

實驗組的調整平均數則如下所示。

43.6000-0.4232(39.4000-37.8459)=42.9423

上述的計算結果可以得知，控制組的調整平均數為 38.741，實驗組的調整平均數為 42.942。

由其上可以得知，前測分數的共同斜率為 0.4232，實驗組（GROUP2）比控制組多了 4.201 個單位，亦即為上述調整平均數 42.942-38.741=4.201，並且考驗結果 t=3.178、p=0.003 達顯著水準，表示差異與 0 有所不同。

（六）繪製圖形

接下來要進行的是單因子共變數分析結果的圖形繪製，因為有實驗組與控制組二組，所以只要先將資料分為實驗組與控制組，再針對實驗組與控制組分別進行簡單迴歸，繪製迴歸線即可，進行步驟如下所示。

```
1.  from plotly import express
2.  express.scatter(
3.      sdata0.assign(GROUP=sdata0['GROUP'].astype(str)),
4.      x='BPRE',
5.      y='BPOST',
6.      color='GROUP',
7.      trendline='ols',
8.      title='BPRE BPOST GROUP',
9.      template = "simple_white",
10.     labels={
11.         'BPRE':'BPRE DATA',
12.         'BPOST':'BPOST DATA'
13.     }
14. )
```

繪製圖形如下所示。

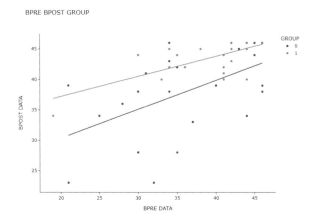

（七）單因子共變數分析結果報告

獨立樣本單因子共變數分析的結果整理如下所示。

表 5-1　不同組別與環境行為的共變數分析結果摘要表

教學模式	成就分數			
	觀察平均數	標準差	調整平均數	人數
控制組	38.08	7.08	38.74	24
實驗組	43.60	2.93	42.94	25
來源	*SS*	*df*	*MS*	*F*
前測	422.57	1	422.57	20.740*
組別	205.79	1	205.79	10.100*
誤差	937.26	46	20.38	

p.s. $R^2=0.459$，調整後的 $R^2=0.435$，迴歸同質性檢定未達顯著水準（F=0.572、p=0.453>0.05），符合共變數分析的基本假設。
*p<0.05。

表 5-2　環境行為後測控制下，不同組別的多重比較與平均數差異資料一覽表

比對	平均差異	標準誤差（S.E.）	*t*	*p*
實驗組 vs. 控制組	4.201*	1.322	3.178	0.006

排除前測分數對後測分數的影響後，自變項對依變項的影響效果檢定結果（F=10.100、p=0.003）達到顯著水準，表示經過持續安靜閱讀實驗處理的實驗組，在環境行為和控制組有顯著的差異，而實驗組後測調整後平均數（M=42.96）高於控制組（M=38.76），因此研究結果顯示持續安靜閱讀下的國小二年級學生閱讀環境行為顯著優於傳統式閱讀教學。

（八）單因子共變數分析程式

單因子共變數分析程式如下所示。

```
1.   #Filename: CH05_1.py
2.   import os
3.   os.chdir('D:\\DATA\\CH05\\')
4.   import pandas as pd
5.   sdata0 = pd.read_csv('CH05_1.csv')
6.
7.   print(sdata0.head())
8.   print(sdata0.tail())
9.
10.  sdata0.GROUP.value_counts()
11.  sdata0.GENDER.value_counts()
12.
13.  import researchpy as rp
14.  pgroup = rp.summary_cont(sdata0['BPRE'].groupby(sdata0['GROUP'])).round(4)
15.  print(pgroup)
16.  pgender = rp.summary_cont(sdata0['BPRE'].groupby(sdata0['GENDER'])).round(4)
17.  print(pgender)
18.
19.  from statsmodels.formula.api import ols
20.  from statsmodels.stats.anova import anova_lm
21.  interaction_model = ols('BPOST ~ BPRE * GROUP', data=sdata0).fit()
22.  result = anova_lm(interaction_model, type=3)
23.  print(result)
24.
25.  import pingouin as pg
26.  result = pg.ancova(data=sdata0, dv='BPOST', covar='BPRE', between='GROUP')
27.  print(result)
28.
29.  from statsmodels.formula.api import ols
30.  model = ols('BPOST ~ BPRE + GROUP', data=sdata0).fit()
31.  print(model.summary())
32.
33.  from plotly import express
34.  express.scatter(
35.      sdata0.assign(GROUP=sdata0['GROUP'].astype(str)),
36.      x='BPRE',
37.      y='BPOST',
38.      color='GROUP',
39.      trendline='ols',
40.      title='BPRE BPOST GROUP',
```

```
41.     template = "simple_white",
42.     height =600, width=800,
43.     labels={
44.         'BPRE':'BPRE DATA',
45.         'BPOST':'BPOST DATA'
46.     }
47. )
```

二、大學生新生逃避行為實驗共變數分析

下列資料爲針對大學新生，考驗行爲演練（behavioral rehearsal, BH）、行爲演練與認知重建（cognitive restructuring, CR）（BH+CR）在降低焦慮和促進社會技能上，所進行收集的資料。33 位受試者隨機分派至三組，每組有 11 位受試者，而這三組分別是 BH、BHCR 以及 CONTROL。其中的控制組（CONTROL）並未進行任何的實驗處理。

測量的變項爲逃避行爲，而所有的組別在未介入處理之前都先有逃避行爲的前測，實驗處理結束之後再同時進行逃避行爲的後測。

（一）讀取資料檔

設定工作目錄爲「D:\DATA\CH05\」。

```
>>> import os
>>> os.chdir('D:\\DATA\\CH05\\')
```

讀取資料檔「CH05_2.csv」，並將資料儲存至 sdata0 這個變項。

```
>>> import pandas as pd
>>> sdata0 = pd.read_csv('CH05_2.csv')
```

（二）檢視資料

　　檢視前 5 筆資料，如下所示。

```
>>> print(sdata0.head())
   GROUP  PRE  POST
0      1   91    70
1      1  107   121
2      1  121    89
3      1   86    80
4      1  137   123
```

　　檢視前 5 筆資料時，總共有三個欄位，包括 GROUP、PRE、POST 等。其中的 GROUP 即實驗組別包括 BH、BHCR、CONTROL，PRE 為前測分數、POST 為後測分數，以下檢視後 5 筆資料，如下所示。

```
> print(sdata0.tail())
    GROUP  PRE  POST
28      2  141   104
29      2  143   121
30      2  120    80
31      2  140   121
32      2   95    92
```

　　將群組（GROUP）這個變項屬性更改為類別性變項，如下所示。

```
>>> print(sdata0.info())
<class 'pandas.core.frame.DataFrame'>
RangeIndex: 33 entries, 0 to 32
Data columns (total 3 columns):
 #   Column  Non-Null Count  Dtype
___  _____  _____  _____
 0   GROUP   33 non-null     int64
 1   PRE     33 non-null     int64
 2   POST    33 non-null     int64
dtypes: int64(3)
```

　　將 GROUP 這個變項屬性變更為類別性變項，再將資料存回原檔案，如下所示。

```
>>> sdata0 = sdata0.astype({'GROUP':'object'})
>>> print(sdata0.info())
<class 'pandas.core.frame.DataFrame'>
RangeIndex: 33 entries, 0 to 32
Data columns (total 3 columns):
 #   Column  Non-Null Count  Dtype
___  _____  _____  _____
 0   GROUP   33 non-null     object
 1   PRE     33 non-null     int64
 2   POST    33 non-null     int64
dtypes: int64(2), object(1)
```

　　由上述的檢視結果，發現 GROUP 這個變項的屬性已經變更為類別性變項了，接下來檢視實驗組別的次數分配表。

```
>>> result = sdata0.GROUP.value_counts()
>>> print(result)
1    11
3    11
2    11
```

　　由上述的次數分配資料可以得知，受試者中 BH11 位、BHCR11 位、控制組 11 位，合計 33 位受試者。

　　檢視各組的描述性統計資料，如下所示。

```
>>> import researchpy as rp
>>> result = rp.summary_cont(sdata0['PRE'].groupby(sdata0['GROUP'])).round(4)
>>> print(result)
```

　　檢視結果，如下所示。

```
>>> print(result)
        N     Mean       SD      SE  95% Conf.  Interval
GROUP
1      11  116.9091  17.2305  5.1952   105.3335  128.4847
2      11  132.2727  16.1684  4.8750   121.4106  143.1348
3      11  105.9091  16.7896  5.0623    94.6297  117.1885
```

　　檢視後測分數各組的描述性統計資料，如下所示。

```
>>>result = rp.summary_cont(sdata0['POST'].groupby(sdata0['GROUP'])).round(4)
```

　　檢視後測分數各組描述性統計結果，如下所示。

```
>>> print(result)
        N     Mean       SD      SE  95% Conf.  Interval
GROUP
1      11  103.1818  20.2130  6.0944    89.6026  116.7611
2      11  113.6364  18.7151  5.6428   101.0634  126.2093
3      11  103.1818  17.2036  5.1871    91.6243  114.7393
```

（三）迴歸同質性檢定

進行共變數分析之前的基本假設為需符合迴歸同質性檢定，因此第一個步驟即進行迴歸同質性的檢定，首先建立模型並且列出變異數分析表的摘要表，如下所示。

```
>>> from statsmodels.formula.api import ols
>>> from statsmodels.stats.anova import anova_lm
>>> interaction_model = ols('POST ~ PRE * GROUP', data=sdata0).fit()
>>> result = anova_lm(interaction_model, type=3)
```

接下來利用 statsmodels 套件中的 anova() 列出 TYPE III 的變異數分析摘要表，anova() 函式只能列出 TYPE I 的變異數分析摘要表，而進行共變數分析需要列出 TYPE III 的變異數分析摘要表。

檢視模式的 TYPE III 變異數分析摘要表，如下所示。

```
>>> print(result)
            df      sum_sq       mean_sq           F       PR(>F)
GROUP      2.0   801.515152   400.757576    2.678296   8.687873e-02
PRE        1.0  6493.657552  6493.657552   43.397646   4.568420e-07
PRE:GROUP  2.0    14.108414     7.054207    0.047144   9.540285e-01
Residual  27.0  4040.052215   149.631564        NaN          NaN
```

由上述的變異數分析摘要表中可以得知，組內迴歸係數同質性考驗結果，組別與前測之交互作用未達顯著水準，F=0.047，p=0.954>0.05，接受虛無假設，表示三組迴歸線的斜率相同具平行的關係。所以共變項（前測分數）與依變項（後測分數）間的關係不會因自變項各處理水準的不同而有所不同，符合共變數組內迴歸係數同質性假設，可繼續進行共變數分析。

（四）共變數分析

接下來再次利用 ancova() 函式以 POST 後測分數為依變項，PRE 前測分數與 GROUP 實驗組別為共變項，來進行共變數分析，如下所示。

```
>>> import pingouin as pg
>>> result = pg.ancova(data=sdata0, dv='POST', covar='PRE', between='GROUP')
```

檢視分析結果，如下所示。

```
>>> print(result)
     Source         SS  DF          F        p-unc       np2
0     GROUP   708.664458   2    2.534590  9.672230e-02  0.148791
1       PRE  6493.657552   1   46.450076  1.748518e-07  0.615640
2  Residual  4054.160630  29        NaN           NaN       NaN
```

由上述的變異數分析摘要表中可以得知，PRE 前測的考驗結果達顯著水準（F=46.450、p<0.001），表示實驗組別的前測分數之共同斜率不為 0。另外，排除前測（共變項）對後測（依變項）的影響後，自變項對依變項的影響效果檢定之 F 值 =2.535、p=0.097>0.05，未達到顯著水準，表示受試者的逃避行為不會因不同組別而有所差異。因為實驗組別有三組，所以需進行事後比較，確定哪幾對組別在依變項的平均數差異值達到顯著水準。

（五）比較效果的差異

接下來將進行差異的比較，因為實驗組別有三組，所以需要進行事後比較。共變數分析程序中，如果符合組內迴歸係數同質性的假定，在排除共變數對依變項的影響下，各組實際後測成績會根據環境行為前測的高低進行調整，此調整後的平均數才是共變數分析時所要進行差異性比較的數值。

因為上述的共變數分析摘要表之中，排除前測的影響後，實驗組別之後測

分數並沒有差異，所以不用再進行事後比較。但本範例仍介紹如何進行事後比較，提供參考，接下來以實驗處理的效果來加以比對差異性，如下所示。

```
>>> model = ols('POST ~ PRE + GROUP', data=sdata0).fit()
```

利用 summary() 函式來檢視比對的結果。

```
>>> print(model.summary())
                            OLS Regression Results
==============================================================================
Dep. Variable:                   POST   R-squared:                       0.643
Model:                            OLS   Adj. R-squared:                  0.606
Method:                 Least Squares   F-statistic:                     17.39
Date:                Thu, 01 Sep 2022   Prob (F-statistic):           1.18e-06
Time:                        08:13:39   Log-Likelihood:                -126.21
No. Observations:                  33   AIC:                             260.4
Df Residuals:                      29   BIC:                             266.4
Df Model:                           3
Covariance Type:            nonrobust
==============================================================================
                 coef    std err          t      P>|t|      [0.025      0.975]
------------------------------------------------------------------------------
Intercept      0.4035     15.496      0.026      0.979     -31.289      32.096
GROUP[T.2]    -3.0521      5.417     -0.563      0.577     -14.131       8.027
GROUP[T.3]     9.6704      5.237      1.846      0.075      -1.041      20.382
PRE            0.8791      0.129      6.815      0.000       0.615       1.143
==============================================================================
Omnibus:                        0.088   Durbin-Watson:                   2.259
Prob(Omnibus):                  0.957   Jarque-Bera (JB):                0.031
Skew:                          -0.026   Prob(JB):                        0.985
Kurtosis:                       2.860   Cond. No.                         915.
==============================================================================

Notes:
[1] Standard Errors assume that the covariance matrix of the errors is correctly
specified.
```

　　調整後的平均數之計算可以由共同的斜率值（0.8791）以及前後測各組的平均數來加以計算，亦即 BH 組的調整平均數之計算如下。

　　首先前測 BH 組平均數為 116.9091，BHCR 組平均數為 132.2727，控制組的平均數為 105.9091，共同平均數為 (116.9091+132.2727+105.9091)÷3=118.3636。

　　所以 BH 組的調整平均數如下所示。

103.1818-0.8791(116.9091-118.3636)=104.4604

BHCR 組的調整平均數則如下所示。

113.6364-0.8791(132.2727-118.3636)=101.4089

控制組的調整平均數則如下所示。

103.1818-0.8791(105.9091-118.3636)=114.1306

　　上述的計算結果可以得知，實驗組別中 BH 的調整平均數為 104.4604，BHCR 組的調整平均數為 101.4089，控制組的調整平均數為 114.1306。

　　由上面可以得知，前測分數的共同斜率為 0.8791，實驗組 2（BHCR）比實驗組 1（BH）少了 3.052 個單位，控制組比實驗組 1（BH）多了 9.670 個單位。亦即由上述調整平均數 101.4089-104.4604=-3.0515，並且考驗結果 t=-0.563、p=0.577 未達顯著水準，表示並無差異。至於實驗組 1 與控制組之間的差異為 9.6702(114.1306-104.4604=9.6702)，平均數差異考驗結果 t=1.846、p=0.075 未達顯著水準，亦是平均數無差異，與上述共變數分析的結果相同。

（六）繪製圖形

　　接下來要進行的是單因子共變數分析結果的圖形繪製，因為實驗組別有三組，所以需要先將資料分為三組，再針對實驗組別這三組分別進行簡單迴歸，繪製迴歸線即可，進行步驟如下所示。

```
1.  from plotly import express
2.  express.scatter(
3.      sdata0.assign(GROUP=sdata0['GROUP'].astype(str)),
4.      x='PRE',
5.      y='POST',
6.      color='GROUP',
7.      trendline='ols',
8.      title='PRE POST GROUP',
9.      template = "simple_white",
10.     labels={
11.         'PRE':'PRE DATA',
12.         'POST':'POST DATA'
13.     }
14. )
```

共變數分析的結果如下圖所示。

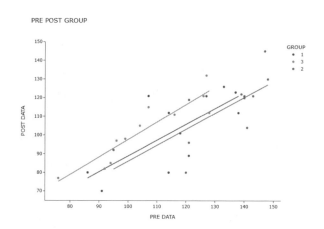

（七）單因子共變數分析結果報告

獨立樣本單因子共變數分析的結果整理如下所示。

表 5-3 不同組別與逃避行為的共變數分析結果摘要表

教學模式	成就分數			
	觀察平均數	標準差	調整平均數	人數
BH 組	103.18	20.21	104.46	11
BHCR 組	113.64	18.72	101.41	11
控制組	103.18	17.20	114.13	11
來源	SS	df	MS	F
前測	6493.7	1		46.45*
組別	708.7	2		2.53
誤差	4054.2	29		

p.s. $R^2=0.643$，調整後的 $R^2=0.606$，迴歸同質性檢定未達顯著水準（$F=0.047$，$p=0.954>0.05$），符合共變數分析的基本假設。
*$p<0.05$。

表 5-4 逃避行為後測控制下，不同組別的多重比較與平均數差異資料一覽表

比對	平均差異	標準誤差（S.E.）	t	p
BH vs. 控制組	-2.2100	2.917	-0.756	0.811
BH vs. BHCR	-3.0521	5.4171	-0.563	0.578
BHCR 控制組	-5.2582	3.4193	-1.538	0.325

　　排除前測分數對後測分數的影響後，自變項對依變項的影響效果檢定結果（$F=2.53$、$p=0.954$）未達到顯著水準，表示經過實驗處理後的實驗組 1（BH）、實驗組 2（BHCR），在逃避行為和控制組未有顯著的差異，三組的平均數差異比較亦皆未達顯著水準。因此研究結果顯示，實驗處理下的大學生其逃避行為與未進行任何實驗處理的學生並無不同。

（八）單因子共變數分析程式
　　單因子共變數分析程式如下所示。

```
1.  #Filename:CH05_2.py
```

```
2.   import os
3.   os.chdir('D:\\DATA\\CH05\\')
4.
5.   import pandas as pd
6.   sdata0 = pd.read_csv('CH05_2.csv')
7.
8.   print(sdata0.head())
9.   print(sdata0.tail())
10.
11.  print(sdata0.info())
12.  sdata0 = sdata0.astype({'GROUP':'object'})
13.  print(sdata0.info())
14.
15.  result = sdata0.GROUP.value_counts()
16.  print(result)
17.
18.  import researchpy as rp
19.  result = rp.summary_cont(sdata0['PRE'].groupby(sdata0['GROUP'])).round(4)
20.  print(result)
21.  result = rp.summary_cont(sdata0['POST'].groupby(sdata0['GROUP'])).round(4)
22.  print(result)
23.
24.  from statsmodels.formula.api import ols
25.  from statsmodels.stats.anova import anova_lm
26.  interaction_model = ols('POST ~ PRE * GROUP', data=sdata0).fit()
27.  result = anova_lm(interaction_model, type=3)
28.  print(result)
29.
30.  import pingouin as pg
31.  result = pg.ancova(data=sdata0, dv='POST', covar='PRE', between='GROUP')
32.  print(result)
33.
34.  model = ols('POST ~ PRE + GROUP', data=sdata0).fit()
35.  print(model.summary())
36.
37.  from plotly import express
38.  express.scatter(
39.      sdata0.assign(GROUP=sdata0['GROUP'].astype(str)),
40.      x='PRE',
```

```
41.        y='POST',
42.        color='GROUP',
43.        trendline='ols',
44.        title='PRE POST GROUP',
45.        template = "simple_white",
46.        height =600, width=800,
47.        labels={
48.            'PRE':'PRE DATA',
49.            'POST':'POST DATA'
50.        }
51.  )
```

三、閱讀流暢性教學實驗共變數分析

　　某位國小教師想要了解在持續安靜閱讀的教學法中不同性別學生的閱讀流暢性是否有所差異，其中男生有 9 位、女生有 15 位，合計 24 位。在使用教學法前有做一個閱讀流暢性的測驗，同時在使用教學法後，做了一個後測的測驗，其資料如下表所述。

女生		男生	
前測	後測	前測	後測
61.02	72.56	48.65	51.43
66.79	61.57	47.69	54.19
32.81	20.44	9.00	11.68
74.84	93.26	52.58	41.10
24.05	15.68	66.37	45.60
33.77	42.69	48.80	55.47
7.62	12.00	51.90	38.48
11.57	15.00	45.21	34.59
40.56	43.00	42.63	47.42

女生		男生	
前測	後測	前測	後測
30.66	23.57		
54.65	62.63		
33.45	36.92		
65.31	87.80		
61.90	83.41		
34.27	34.48		

（一）讀取資料檔

設定工作目錄為「D:\DATA\CH05\」。

```
>>> import os
>>> os.chdir('D:\\DATA\\CH05\\')
```

讀取資料檔「CH05_3.csv」，並將資料儲存至 sdata0 這個變項。

```
>>> import pandas as pd
>>> sdata0 = pd.read_csv('CH05_3.csv')
```

（二）檢視資料

檢視前 5 筆資料，如下所示。

```
>>> print(sdata0.head())
   GROUP    PRE   POST
0      0  61.02  72.56
1      0  66.79  61.57
2      0  32.81  20.44
3      0  74.84  93.26
4      0  24.05  15.68
```

檢視前 5 筆資料時，總共有三個欄位，包括 GROUP、PRE、POST 等，其中的 GROUP 包括實驗組與控制組，PRE 為前測分數，POST 為後測分數，以下檢視後 5 筆資料，如下所示。

```
>>> print(sdata0.tail())
    GROUP    PRE   POST
19      1  66.37  45.60
20      1  48.80  55.47
21      1  51.90  38.48
22      1  45.21  34.59
23      1  42.63  47.42
```

將 GROUP 轉換為類別變項，如下所示。

```
>>> print(sdata0.info())
<class 'pandas.core.frame.DataFrame'>
RangeIndex: 24 entries, 0 to 23
Data columns (total 3 columns):
 #   Column  Non-Null Count  Dtype
---  ------  --------------  -----
 0   GROUP   24 non-null     int64
 1   PRE     24 non-null     float64
 2   POST    24 non-null     float64
dtypes: float64(2), int64(1)
```

```
>>> sdata0 = sdata0.astype({'GROUP':'object'})
>>> print(sdata0.info())
<class 'pandas.core.frame.DataFrame'>
RangeIndex: 24 entries, 0 to 23
Data columns (total 3 columns):
 #   Column  Non-Null Count  Dtype
---  ------  --------------  -----
 0   GROUP   24 non-null     object
 1   PRE     24 non-null     float64
 2   POST    24 non-null     float64
dtypes: float64(2), object(1)
```

檢視組別的次數分配表，如下所示。

```
>>> sdata0.GROUP.value_counts()
0    15
1     9
```

由上述的次數分配資料可以得知，受試者中男生有 9 位、女生 15 位，合計 24 位受試者。

```
>>> import researchpy as rp
>>> result = rp.summary_cont(sdata0['PRE'].groupby(sdata0['GROUP'])).round(4)
>>> print(result)
         N    Mean      SD      SE  95% Conf.  Interval
GROUP
0       15  42.218  20.7008  5.3449    30.7543   53.6817
1        9  45.870  15.3769  5.1256    34.0503   57.6897
```

```
>>> result = rp.summary_cont(sdata0['POST'].groupby(sdata0['GROUP'])).round(4)
>>> print(result)
        N     Mean      SD      SE   95% Conf.  Interval
GROUP
0      15  47.0007  28.0529  7.2432    31.4655   62.5358
1       9  42.2178  13.4549  4.4850    31.8754   52.5602
```

（三）迴歸同質性檢定

　　進行共變數分析之前的基本假設為需符合迴歸同質性檢定，因此第一個步驟即進行迴歸同質性的檢定，首先建立模式並且列出變異數分析表的摘要表，如下所示。

```
>>> from statsmodels.formula.api import ols
>>> from statsmodels.stats.anova import anova_lm
>>> interaction_model = ols('POST ~ PRE * GROUP', data=sdata0).fit()
```

　　接下來利用 statsmodel 套件中的 anova() 列出 TYPE III 的變異數分析摘要表，anova() 函式只能列出 TYPE I 的變異數分析摘要表，而進行共變數分析需要列出 TYPE III 的變異數分析摘要表。

```
>>> result = anova_lm(interaction_model, type=3)
```

　　檢視模式的 TYPE III 變異數分析摘要表，如下所示。

```
>>> print(result)
              df        sum_sq        mean_sq            F         PR(>F)
GROUP        1.0     128.677647     128.677647    1.481584    2.376949e-01
PRE          1.0   10157.364795   10157.364795  116.951109    8.348434e-10
PRE:GROUP    1.0     571.374922     571.374922    6.578766    1.847437e-02
Residual    20.0    1737.027532      86.851377         NaN            NaN
```

　　由上述的變異數分析摘要表中可以得知，組內迴歸係數同質性考驗結果，組別與前測之交互作用達顯著水準，F=6.579、p=0.018<0.05，拒絕虛無假設，接受對立假設，表示二組迴歸線的斜率不同並不具平行的關係。因為迴歸係數不同質，不符合共變數分析的基本假設，所以無法繼續進行共變數分析，而改採用 Johnson 與 Neyman 的方法。

（四）繪製圖形

　　接下來要進行的是單因子共變數分析結果的圖形繪製，因為實驗組別有男生以及女生二組，所以只要先將資料分為男生與女生，再針對男生組與女生組分別進行簡單迴歸，繪製迴歸線即可，進行步驟如下所示。

```
1.   from plotly import express
2.   express.scatter(
3.       sdata0.assign(GROUP=sdata0['GROUP'].astype(str)),
4.       x='PRE',
5.       y='POST',
6.       color='GROUP',
7.       trendline='ols',
8.       title='PRE POST GROUP',
9.       template = "simple_white",
10.      height =600, width=800,
11.      labels={
12.          'PRE':'PRE DATA',
13.          'POST':'POST DATA'
14.      }
15.  )
```

共變數分析的結果如下圖所示。

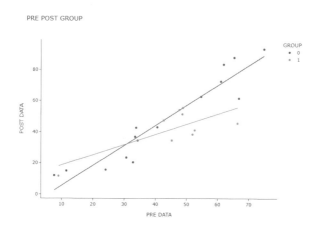

由上圖可以顯著發現有交互作用，未獨立。

（五）Johnson 與 Neyman 法

此時將資料輸入至作者自行撰寫的 EXCEL 程式（http://cat.nptu.edu.tw/），即可計算出 Johnson 與 Neyman 方法所計算出的結果，如下表。

Source	$SS_w(X_j)$	$SS_w(Y_j)$	CP_{wj}	df	$SS_{w'}(Y_j)$	df	b_{wj}	a_{wj}
實驗組	5999.33	11017.48	7713.08	14	1101.12	13	1.286	-7.277
控制組	1891.59	1448.28	1239.63	8	635.90	7	0.655	12.157
全體	7890.92	12465.77	8952.71	22	1737.03	20		

其中兩條迴歸線的交叉點 X_0=30.83、A=0.13、B=-0.43、C=-222.12、X_{d1}=43.93、X_{d2}=-37.59，所以在 43.93 以上實驗組明顯高於控制組，而在 -37.59 以下則是低於控制組，以下繪圖為共變數分析的結果。

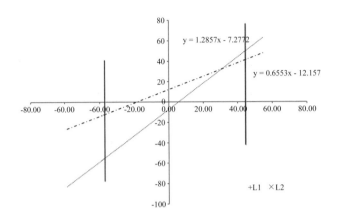

　　至於原始平均數與調整後的平均數，實驗組依變項的原始平均數為 47.00，控制組依變項的原始平均數為 42.22，而實驗組依變項調整後的平均數為 48.55，而控制組依變項調整後的平均數則為 39.63。

（六）單因子共變數分析結果報告

　　共變數分析後，撰寫分析結果格式可如下所示。

　　流暢性的檢定結果中得到 $F=6.579$、$p=0.018<0.05$，達顯著水準，因此接受對立假設，拒絕虛無假設，代表不符合共變數組內迴歸係數同質性假設，需要改採詹森－內曼法（Johnson-Neyman），統計結果如表 5-5 所示。

表 5-5　不同性別學生在「常見字流暢性測驗」詹森－內曼法摘要表

變異來源	$SS_w(X_j)$	$SS_w(Y_j)$	CP_{wj}	df	$SS_w(Y_j)$	df	b_{wj}	a_{wj}
男生	5999.33	11017.48	7713.08	14	1101.12	13	1.286	-7.277
女生	1891.59	1448.28	1239.63	8	635.90	7	0.655	12.157

　　由上表之資料，代入林清山（1994）所提出的詹森—內曼法（Johnson-Neyman）公式，可獲得兩條相交的迴歸線，其交叉點為 30.83，亦即流暢性前測分數 30.83 分，而男生與女生有顯著差異的兩個分數區間，為 43.93 與 -37.59，此區間無法宣稱男女生在流暢性後測分數有顯著差異。在流暢性前測分數 43.93 以上者，男生優於女生，而男生前測分數高於 43.93 有 6 人占 40%；女生前測分數高於 43.93 有 7 人占 78%，因此男生高分組的流暢性分數顯著高於女生，也就是持續安靜閱讀能顯著提升男生高分組的閱讀流暢性，研究假設部分獲得支持。

（七）單因子共變數分析程式

　　單因子共變數分析程式如下所示。

```
1.  #Filename: CH05_3.py
2.  import os
3.  os.chdir('D:\\DATA\\CH05\\')
4.  import pandas as pd
5.  sdata0 = pd.read_csv('CH05_3.csv')
6.
7.  print(sdata0.head())
8.  print(sdata0.tail())
9.
10. sdata0 = sdata0.astype({'GROUP':'object'})
11.
12. sdata0.GROUP.value_counts()
13.
14. import researchpy as rp
15. result = rp.summary_cont(sdata0['PRE'].groupby(sdata0['GROUP'])).round(4)
16. print(result)
17. result = rp.summary_cont(sdata0['POST'].groupby(sdata0['GROUP'])).round(4)
18. print(result)
19.
20. from statsmodels.formula.api import ols
21. from statsmodels.stats.anova import anova_lm
22. interaction_model = ols('POST ~ PRE * GROUP', data=sdata0).fit()
23. result = anova_lm(interaction_model, type=3)
24. print(result)
25.
```

```
26. from plotly import express
27. express.scatter(
28.     sdata0.assign(GROUP=sdata0['GROUP'].astype(str)),
29.     x='PRE',
30.     y='POST',
31.     color='GROUP',
32.     trendline='ols',
33.     title='PRE POST GROUP',
34.     template = "simple_white",
35.     height =600, width=800,
36.     labels={
37.         'PRE':'PRE DATA',
38.         'POST':'POST DATA'
39.     }
40. )
```

習題

研究者想要了解同儕交互指導（reciprocal peer tutoring, RPT）的策略對於學生數學素養能力的影響，研究設計是將受試者隨機分派至 RPT、Tutor Only、Test Only 以及控制組等四組。實驗介入前先實施數學素養能力的前測，實驗介入四週結束後再實施數學素養能力的後測，資料檔為 CH05_4.csv，請進行排除實驗介入前測分數的共變數分析，分析之後並做成實驗介入是否具有成效的結論。

相關與迴歸

對於研究中感興趣的變項之間，往往會想要了解之間的關係程度，這就是相關，相關可能會提示研究者猜測變項兩者之間的因果關係，或者是了解以某些變項來預測其他變項，預測的功能即是迴歸。本章首先說明變項之間的相關分析，再說明一個變項來預測另一個變項的簡單迴歸，最後會再說明由多個變項來預測一個變項的多元迴歸，以下將逐項分別說明。

以下為本章使用的 Python 套件。

1. os

2. pandas

3. scipy

4. matplotlib

5. seaborn

6. statsmodels

7. numpy

壹、相關與迴歸分析的基本概念

社會及行為科學研究者所收集的資料中，以連續變項最為常見，處理單獨一個連續變項時，可用次數分配表或圖示法來表現資料的特性，亦可以使用平均數、標準差等描述性統計量來描繪資料的集中與離散情況，而相關則是繼集中量數、變異量數及相對地位量數等單一描述統計量數後，開始針對二個以上的變項加以描述的統計方法。人文社會科學研究所涉及的議題，往往會同時牽涉到兩個以上連續變項之間關係的探討，此時，這兩個連續變項共同變化的情形，稱為共變（covariance），而共變即是連續變項相關分析的主要基礎，在線性關係假設成立的情況下，迴歸分析是以線性方程式來進行統計決策與應用，又稱為線性迴歸（linear regression）。在教育研究法中調查、相關以及實驗法為量化主要的研究方法，而相關研究即是其中主要研究方法之一，相關研究法中主要的統計方法

為相關、迴歸、複迴歸、淨相關、區辨分析、路徑分析、因素分析以及結構方程
模式。以下將介紹積差相關的原理與特性、變異數與共變數的差異、積差相關係
數、迴歸分析的概念以及迴歸係數的推導等（陳新豐，2015），再以實例來進行
相關與迴歸的量化資料分析。

一、積差相關的原理與特性

相關的概念可用於描述兩個連續變項的線性關係，而用來描述相關情形的統
計量數，即稱為相關係數（coefficient of correlation）。

由下列的公式中可以得知，相關係數的計算主要是以兩個變項的共變關係
為主，因為共變數（C_{xy}）與相關係數是息息相關的，另外與積差相關（product-
moment correlation）與離均差交乘積和（SP_{xy}）也是具有密切的關係。至於變異
數與共變數都是變數之間的變異情形，只是共變數所探討的是兩個變項交叉乘
積，而變異數則為自乘平方，以下將詳細說明變異數與共變數、積差相關係數等
之間的關係。

$$C_{xy} = \frac{\Sigma(X-\bar{X})(Y-\bar{Y})}{N-1}$$

$$r = \frac{C_{xy}}{s_x s_y} = \frac{\Sigma(X-\bar{X})(Y-\bar{Y})}{\sqrt{\Sigma(X-\bar{X})^2(Y-\bar{Y})^2}} = \frac{SP_{xy}}{\sqrt{SS_x SS_y}}$$

$$S_x^2 = \frac{\Sigma(X-\bar{X})^2}{N-1} = \frac{SS_x}{N-1}$$

二、變異數與共變數的差異

對於某一個具有 N 個觀察值的樣本，母體變異數的不偏估計數是將離均差平
方和（SS）除以 N-1 而得，亦即求取以平均數為中心的離散性的單位面積。

$$S_x^2 = \frac{\sum (X - \overline{X})^2}{N-1} = \frac{SS_x}{N-1}$$

現在若要以一個統計量數來描述兩個連續變項 X 與 Y 的分析情形，則因為兩個變項各有其不同的離散情形，故需各取離均差 $X - \overline{X}$ 與 $X - \overline{Y}$ 來反應兩者的離散性，兩個離均差相乘之後加總，得到積差和（sum of the cross-product），除以 N-1 後所得的離散量數，即為母體的兩個變項的共同變化不偏估計值，即共變數，共變數公式如下所示。

$$C_{xy} = \frac{\sum (X - \overline{X})(Y - \overline{Y})}{N-1} = \frac{SP_{xy}}{N-1}$$

三、積差相關係數

共變數就像變異數一樣，是帶有單位的量數，其數值沒有一定的範圍，會隨著單位的變化而變化。積差相關係數（product-moment correlation coefficient）：去除單位是以兩個變項的標準差作為分母，將共變數除以兩個變項的標準差，即得標準化關聯係數。

$$r = \frac{C_{xy}}{s_x s_y} = \frac{\sum (X - \overline{X})(Y - \overline{Y})}{\sqrt{\sum (X - \overline{X})^2 (Y - \overline{Y})^2}} = \frac{SP_{xy}}{\sqrt{SS_x SS_y}}$$

亦可將兩個變項轉換為標準 Z 分數來求得係數值。

$$r = \frac{\sum Z_x Z_y}{N-1} \qquad \because Z_x = \frac{X - \overline{X}}{S_x} \qquad Z_y = \frac{Y - \overline{Y}}{S_y}$$

四、迴歸分析的概念

　　迴歸分析（regression analysis）是繼相關分析後，除了想要了解兩個或多個變項間是否相關、相關方向與強度外，更進一步建立數學模型以便觀察特定變項來預測研究者感興趣變項的情形。迴歸分析是建立在自變項 X 與依變項 Y 之間關係的模型。簡單線性迴歸使用一個自變項 X，而複迴歸則是使用超過一個自變項以上。迴歸分析的緣起主要是來自於 1855 年，英國學者 Francis Galton 以「Regression toward mediocrity in hereditary stature」，分析孩童身高與父母身高之間的關係，發現父母的身高可以預測子女的身高，父母的身高雖然會遺傳給子女，但子女的身高卻有逐漸「迴歸到平均數」的現象。亦即當父母親身高很高，孩子不會比父母高，父母親身高很矮，則孩子的身高一般來說並不會比父母矮。

　　迴歸分析的原理是將連續變項的線性關係以一最具代表性的直線來表示，建立一個線性方程式，透過此一方程式，代入特定的 X 值，求得一個 Y 的預測值。此種以單一自變項 X 去預測依變項 Y 的過程，稱為簡單迴歸（simple regression），簡單迴歸的應用上，例如：以智力（X）去預測學業成就（Y）的迴歸分析，可獲得一個迴歸方程式，利用方程式所進行的統計分析，稱為 Y 對 X 的迴歸分析（Y regress on X）。

$$\hat{Y} = a + bX$$

　　其中的 b 稱為迴歸係數，而 a 則為截距項。

　　迴歸分析中是利用最小平方法來估計迴歸係數，觀察值（X、Y）中將 X 值代入方程式中，結果即為對 Y 變項的預測值，以 $\hat{y}$ 來加以表示，其間的差異 X 即為殘差（residual），殘差所代表的是由迴歸方程式中無法準確預測的誤差。所利用的最小平方法為計算殘差平方和最小化的一種估計迴歸的方法，利用此種最小平方法原理所求得的迴歸方程式，稱為最小平方迴歸線，迴歸方程式中的迴歸係數可以分為原始分數的迴歸係數以及標準化解的迴歸係數，以下將逐一加以說明。

五、迴歸係數

（一）迴歸係數的推導

根據數學家和統計學家計算的結果，X 變項預測 Y 變項時，b 值或 a 值正好如下列迴歸方程式。

$$\hat{Y} = b_{y.x}X + a_{y.x}$$

$$b_{y.x} = \frac{C_{xy}}{S_x^2} = \frac{\sum(X_i - \bar{X})(Y_i - \bar{Y})}{\sum(X_i - \bar{X})^2} = \frac{SP_{xy}}{SS_x} = \frac{\sum XY - \dfrac{\sum X \sum Y}{N-1}}{\sum X^2 - \dfrac{\left(\sum X\right)^2}{N-1}}$$

$$a_{y.x} = \bar{Y} - b\bar{X}$$

由於 X 與 Y 變項兩者都有可能作為依變項，所以使用迴歸線去推估 X 與 Y 的預測關係，分別有以 X 預測 Y（X → Y）以及以 Y 預測 X（Y → X）等兩種可能，此時的方程式可以分別表示如下。

$$\hat{Y} = b_{y.x}X + a_{y.x}$$
$$\hat{X} = b_{x.y}Y + a_{x.y}$$

以 X 去預測 Y 的迴歸係數 $b_{y.x}$ 與以 Y 去預測 X 的迴歸係數 $b_{x.y}$ 均是以 X 與 Y 的共變數為分子，除以預測變項的變異數而得。

$b_{y.x}$ 的意義是當 X 每變化一單位時，在 Y 改變的數量值。

$b_{x.y}$ 則表示當 Y 每變化一個單位時，在 X 改變的數量值。

對於任何兩個變項只有一個相關係數 r，但有兩個迴歸係數 $b_{y.x}$ 與 $b_{x.y}$，三者間具有 $r^2 = b_{y.x} \times b_{x.y}$ 之關係。

一般 r^2 被稱為決定係數，決定了迴歸的預測力。

$$r^2 = \left[\frac{C_{xy}}{s_x s_y} \right]^2 = \frac{C_{xy} C_{xy}}{s_x^2 s_y^2} = b_{y.x} \times b_{x.y}$$

（二）標準化迴歸係數

將 b 值乘以 X 變項的標準差再除以 Y 變項的標準差，即可去除單位的影響，得到一個不具特定單位的標準化迴歸係數（standardized regression coefficient）。標準化迴歸係數稱為 β（Beta）係數。β 係數是將 X 與 Y 變項所有數值轉換成 Z 分數後，所計算得到的迴歸方程式的斜率，計算推理過程如下所述。

$$\hat{Y} = bX + a = bX + (\overline{Y} - b\overline{X})$$

$$\hat{Y} = \overline{Y} + b(X - \overline{X}) = \overline{Y} + bx$$

$$\left(\hat{Y} - \overline{Y} \right) = bx$$

$$\hat{y} = bx \qquad \because x = X - \overline{X} \quad y = Y - \overline{Y} \qquad \therefore \hat{y} = \hat{Y} - \overline{Y}$$

$$\frac{\hat{y}}{S_Y} = b\frac{x}{S_Y} \qquad \because Z_Y = \frac{Y - \overline{Y}}{S_Y} \qquad \therefore \frac{\hat{y}}{S_Y} = \frac{\hat{Y} - \overline{Y}}{S_Y} = \hat{Z}_Y$$

$$\hat{Z}_Y = b\frac{x}{S_Y}\frac{S_X}{S_X}$$

$$\hat{Z}_Y = b\left(\frac{x}{S_X} \right)\frac{S_X}{S_Y} \quad \because Z_X = \frac{X - \overline{X}}{S_X} \qquad \therefore \frac{x}{S_X} = \frac{X - \overline{X}}{S_X} = Z_X$$

$$\hat{Z}_Y = \left(b\frac{S_X}{S_Y} \right)Z_X \quad \therefore b\frac{S_X}{S_Y} = \beta$$

$$\hat{Z}_Y = \beta Z_X \qquad \therefore \beta = b\frac{S_X}{S_Y}$$

β 係數具有與相關係數相似的性質，數值介於 -1 至 +1 之間。絕對值愈大者，表示預測能力愈強，正負向則代表 X 與 Y 變項的關係方向。

以下將以 Python 程式語言來進行相關與迴歸的實例分析。

貳、相關分析

以下的相關分析主要是以積差相關為主，說明如下。

一、讀取資料檔

設定工作目錄為「D:\DATA\CH06\」。

```
>>> import os
>>> os.chdir('D:\\DATA\\CH06\\')
```

讀取資料檔「CH06_1.csv」，並將資料儲存至 sdata0 這個變項。

```
>>> import pandas as pd
>>> sdata0 = pd.read_csv('CH06_1.csv')
```

二、檢視資料

檢視前 5 筆資料，如下所示。

```
>>> print(sdata0.head())
     ID  GENDER  JOB  A0101  A0102  A0103  A0104  A0105  A0106  A0201  ...  \
0  A0101       2    2      3      3      4      3      4      3      4  ...
1  A0103       2    4      3      3      3      3      3      3      3  ...
2  A0107       1    2      4      4      4      4      4      4      4  ...
3  A0108       1    1      4      4      4      4      4      4      4  ...
4  A0112       1    2      4      4      4      3      3      3      4  ...

   C0204  C0205  C0301  C0302  C0303  C0304  C0401  C0402  C0403  C0404
0      4      4      4      4      4      4      3      4      4      4
1      3      3      3      3      3      3      3      3      3      3
2      4      4      4      4      4      4      4      4      4      4
3      4      4      4      4      4      4      4      4      4      4
4      4      4      4      4      4      4      4      4      4      4
```

　　檢視前 5 筆資料時，資料檔總共有六十三個欄位變項。其中第 1 個欄位為使用者編號（ID）、第 2 個欄位為性別（GENDER）、第 3 個欄位則是工作職務（JOB）、第 4 至第 22 個欄位則是第一個量表教師領導問卷的反應資料，包括參與校務決策 6 題、展現教室領導 6 題、促進同儕合作 4 題、提升專業成長 3 題，合計為 19 題；第二個量表是教師專業學習社群參與量表 21 題，第三個量表則是教師專業發展 20 題，合計 60 題。以下為檢視後 5 筆資料，如下所示。

```
>>> print(sdata0.tail())
         ID  GENDER  JOB  A0101  A0102  A0103  A0104  A0105  A0106  A0201  ...  \
115  C2506       2    4      3      3      3      3      3      3      3  ...
116  C2507       2    4      3      3      3      3      3      3      3  ...
117  C2602       2    4      3      3      3      3      3      3      3  ...
118  C2604       2    3      3      2      3      2      2      2      3  ...
119  C2606       2    4      3      3      3      3      3      3      3  ...

     C0204  C0205  C0301  C0302  C0303  C0304  C0401  C0402  C0403  C0404
115      3      3      3      3      3      3      2      3      3      3
116      3      3      3      3      3      4      3      3      3      3
117      4      4      3      4      3      3      3      4      4      4
118      3      4      3      3      3      4      3      3      3      3
119      3      3      3      3      3      3      3      3      3      3
```

　　由後 5 筆資料可以得知，總共有六十三個變項資料。以下檢視資料檔的結構，如下所示。

```
>>> print(sdata0.info())
<class 'pandas.core.frame.DataFrame'>
RangeIndex: 120 entries, 0 to 119
Data columns (total 63 columns):
 #   Column  Non-Null Count   Dtype
---  ------  --------------   -----
 0   ID      120 non-null     object
 1   GENDER  120 non-null     int64
 2   JOB     120 non-null     int64
 3   A0101   120 non-null     int64
 4   A0102   120 non-null     int64
 5   A0103   120 non-null     int64
 6   A0104   120 non-null     int64
 7   A0105   120 non-null     int64
 8   A0106   120 non-null     int64
 9   A0201   120 non-null     int64
 10  A0202   120 non-null     int64
 11  A0203   120 non-null     int64
 12  A0204   120 non-null     int64
 13  A0205   120 non-null     int64
 14  A0206   120 non-null     int64
 15  A0301   120 non-null     int64
 16  A0302   120 non-null     int64
 17  A0303   120 non-null     int64
 18  A0304   120 non-null     int64
 19  A0401   120 non-null     int64
...
 62  C0404   120 non-null     int64
dtypes: int64(62), object(1)
```

三、計算分量表總和

　　接下來開始進行分量表變項的計分步驟，本範例是教師領導問卷得分，總共有 19 題四個分量表。第一分量表為參與校務決策 6 題，分別是第 4 至第 9 個欄位。第二分量表為展現教室領導 6 題，分別是第 10 至第 15 個欄位。第三分量表

是促進同儕合作 4 題，分別是第 16 至第 19 個欄位。第四分量表是提升專業成長 3 題，分別是第 20 至第 22 個欄位。全量表 19 題，分別是第 4 至第 22 個欄位，所以計算各分量表總分如下所示。

```
>>> sdata1['SA01']=sdata1[['A0101','A0102','A0103','A0104','A0105','A0106']].sum(axis='columns')
>>> sdata1['SA02']=sdata1[['A0201','A0202','A0203','A0204','A0205','A0206']].sum(axis='columns')
>>> sdata1['SA03']=sdata1[['A0301','A0302','A0303','A0304']].sum(axis='columns')
>>> sdata1['SA04']=sdata1[['A0401','A0402','A0403']].sum(axis='columns')
>>> sdata1['SA00']=sdata1[['SA01','SA02','SA03','SA04']].sum(axis='columns')
```

接下來計算單題平均數，分別從上述的總分轉為計算其平均數，如下所示。

```
>>> sdata1['A01']=sdata1[['A0101','A0102','A0103','A0104','A0105','A0106']].mean(axis='columns')
>>> sdata1['A02']=sdata1[['A0201','A0202','A0203','A0204','A0205','A0206']].mean(axis='columns')
>>> sdata1['A03']=sdata1[['A0301','A0302','A0303','A0304']].mean(axis='columns')
>>> sdata1['A04']=sdata1[['A0401','A0402','A0403']].mean(axis='columns')
>>> sdata1['A00']=sdata1[['A01','A02','A03','A04']].mean(axis='columns')
```

教師專業學習社群參與問卷得分，總共有 21 題四個分量表。第一分量表為建立共同目標願景 8 題，分別是第 23 至第 30 個欄位。第二分量表為進行協同合作學習 6 題，分別是第 31 至第 36 個欄位。第三分量表是分享教學實務經驗 4 題，分別是第 37 至第 40 個欄位。第四分量表是發展專業省思對話 3 題，分別是第 41 至第 43 個欄位。全量表 21 題，分別是第 23 至第 43 個欄位，所以計算各分量表總分及單題平均數如下所示。

```
>>> sdata1['SB01']=sdata1[['B0101','B0102','B0103','B0104','B0105','B0106','B0107',
'B0108']].sum(axis='columns')
>>> sdata1['SB02']=sdata1[['B0201','B0202','B0203','B0204','B0205','B0206']].
sum(axis='columns')
>>> sdata1['SB03']=sdata1[['B0301','B0302','B0303','B0304']].sum(axis='columns')
>>> sdata1['SB04']=sdata1[['B0401','B0402','B0403']].sum(axis='columns')
>>> sdata1['SB00']=sdata1[['SB01','SB02','SB03','SB04']].sum(axis='columns')
```

```
>>> sdata1['B01']=sdata1[['B0101','B0102','B0103','B0104','B0105','B0106','B0107',
'B0108']].mean(axis='columns')
>>> sdata1['B02']=sdata1[['B0201','B0202','B0203','B0204','B0205','B0206']].
mean(axis='columns')
>>> sdata1['B03']=sdata1[['B0301','B0302','B0303','B0304']].mean(axis='columns')
>>> sdata1['B04']=sdata1[['B0401','B0402','B0403']].mean(axis='columns')
>>> sdata1['B00']=sdata1[['B01','B02','B03','B04']].mean(axis='columns')
```

　　教師專業發展問卷得分，總共有 20 題四個分量表。第一分量表為教育專業自主 7 題，分別是第 44 至第 50 個欄位。第二分量表為專業倫理與態度 5 題，分別是第 51 至第 55 個欄位。第三分量表是教育專業知能 4 題，分別是第 56 至第 59 個欄位。第四分量表是學科專門知能 4 題，分別是第 60 至第 63 個欄位。全量表 20 題，分別是第 44 至第 63 個欄位，所以計算各分量表總分及單題平均數如下所示。

```
>>> sdata1['SC01']=sdata1[['C0101','C0102','C0103','C0104','C0105','C0106',
'C0107']].sum(axis='columns')
>>> sdata1['SC02']=sdata1[['C0201','C0202','C0203','C0204','C0205']].
sum(axis='columns')
>>> sdata1['SC03']=sdata1[['C0301','C0302','C0303','C0304']].sum(axis='columns')
>>> sdata1['SC04']=sdata1[['C0401','C0402','C0403','C0404']].sum(axis='columns')
>>> sdata1['SC00']=sdata1[['SC01','SC02','SC03','SC04']].sum(axis='columns')
```

```
>>> sdata1['C01']=sdata1[['C0101','C0102','C0103','C0104','C0105','C0106',
'C0107']].mean(axis='columns')
>>> sdata1['C02']=sdata1[['C0201','C0202','C0203','C0204','C0205']].
mean(axis='columns')
>>> sdata1['C03']=sdata1[['C0301','C0302','C0303','C0304']].mean(axis='columns')
>>> sdata1['C04']=sdata1[['C0401','C0402','C0403','C0404']].mean(axis='columns')
>>> sdata1['C00']=sdata1[['C01','C02','C03','C04']].mean(axis='columns')
```

　　檢視教師領導問卷、教師專業學習社群參與以及教師專業發展等三個問卷及其分量表的計算結果，如下所示。

```
>>> print(sdata1.head())
    ID   GENDER  JOB  A0101  A0102  A0103  A0104  A0105  A0106  A0201  ...  \
0  A0101       2    2      3      3      4      3      4      3      4  ...
1  A0103       2    4      3      3      3      3      3      3      3  ...
2  A0107       1    2      4      4      4      4      4      4      4  ...
3  A0108       1    1      4      4      4      4      4      4      4  ...
4  A0112       1    2      4      4      4      3      3      3      4  ...

        C01   C02  C03   C04       C00  SC01  SC02  SC03  SC04  SC00
0  3.428571   4.0  4.0  3.75  3.794643    24    20    16    15    75
1  2.857143   3.0  3.0  3.00  2.964286    20    15    12    12    59
2  4.000000   4.0  4.0  4.00  4.000000    28    20    16    16    80
3  3.857143   4.0  4.0  4.00  3.964286    27    20    16    16    79
4  3.857143   4.0  4.0  4.00  3.964286    27    20    16    16    79
```

檢視結果，已成功地將 sdata1 的內容加以計分。

四、進行相關分析

接下來利用 corr() 函式來加以進行相關分析，如下所示。

```
>>> x1=sdata1['SA01']
>>> y1=sdata1['SA02']
>>> result1=x1.corr(y1)
>>> print(result1)
0.5470608888475337
```

利用另一種 scipy 套件來加以計算積差相關，如下所示。

```
>>> import scipy.stats as stats
>>> result2=stats.pearsonr(x1,y1)
>>> print(result2[0])
0.5470608888475336
>>> print(result2[1])
1.014443694453538e-10
```

接下來繪製二個變項相關的散布圖，以下利用 pandas、matplotlib、seaborn 等三種方式來加以繪製，說明如下。

（一）pandas 套件

利用 pandas 的繪製散布圖函式程式，橫座標是 SA01、縱座標是 SA02，如下所示。

```
>>> sdata1.plot.scatter(x='SA01',y='SA02')
```

利用 pandas 繪製二個變項的散布圖，如下所示。

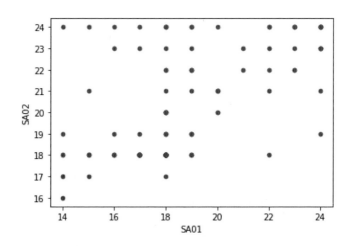

（二）matplotlib 套件

Python 的視覺化處理套件中，matplotlib 也是一個被使用者運用的套件，以下即是利用 matplotlib 套件來繪製散布圖的程式，如下所示。

```
>>> import matplotlib.pyplot as plt
>>> plt.scatter(sdata1['SA01'],sdata1['SA02'], c='darkblue', alpha=0.5)
>>> plt.show()
```

利用 matplotlib 套件所繪製二個變項的散布圖，如下所示。

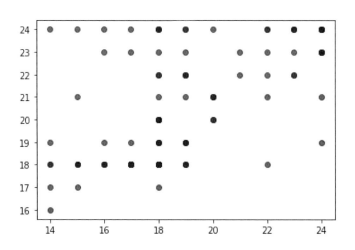

（三）seaborn 套件

　　Seaborn 背後的底層工具都仍然屬於 matplotlib，但透過封裝的方式大幅度地簡化許多設定上的細節，且也美化圖表本身的輸出。以下將利用 seaborn 套件來進行二個變項的散布圖繪製，即是以 SA01 為 X 軸、SA02 為 Y 軸的散布圖，程示如下所示。

```
>>> import seaborn as sns
>>> sns.scatterplot(x='SA01',y='SA02', data=sdata1)
```

　　利用 seaborn 套件所繪製的散布圖結果，如下所示。

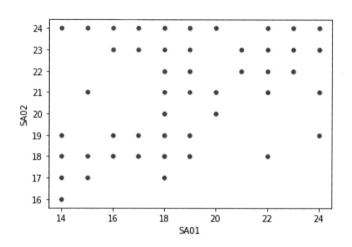

　　接下來是要計算變項的相關，一次即完成相關的分析工作，首先將需要計算相關的變項取出。

```
>>> result3 = sdata1[['SA01','SA02','SA03','SA04','SA00','SC01','SC02','SC03','SC04','SC00']].
corr().round(4)
>>> print(result3)
```

　　進行上述變項中所有分數的相關分析。

	SA01	SA02	SA03	SA04	SA00	SC01	SC02	SC03	SC04 \
SA01	1.0000	0.5471	0.5827	0.5987	0.8553	0.7148	0.5959	0.5272	0.5953
SA02	0.5471	1.0000	0.5373	0.5010	0.8105	0.6446	0.6870	0.7354	0.7334
SA03	0.5827	0.5373	1.0000	0.6388	0.8201	0.6275	0.6274	0.6171	0.6100
SA04	0.5987	0.5010	0.6388	1.0000	0.7902	0.6148	0.4814	0.5267	0.6632
SA00	0.8553	0.8105	0.8201	0.7902	1.0000	0.7985	0.7403	0.7383	0.7902
SC01	0.7148	0.6446	0.6275	0.6148	0.7985	1.0000	0.7442	0.7476	0.7268
SC02	0.5959	0.6870	0.6274	0.4814	0.7403	0.7442	1.0000	0.7851	0.8090
SC03	0.5272	0.7354	0.6171	0.5267	0.7383	0.7476	0.7851	1.0000	0.7938
SC04	0.5953	0.7334	0.6100	0.6632	0.7902	0.7268	0.8090	0.7938	1.0000
SC00	0.6863	0.7617	0.6849	0.6323	0.8484	0.9146	0.9122	0.9006	0.8989

	SC00
SA01	0.6863
SA02	0.7617
SA03	0.6849
SA04	0.6323
SA00	0.8484
SC01	0.9146
SC02	0.9122
SC03	0.9006
SC04	0.8989
SC00	1.0000

上述為總分相關分析結果矩陣，以下進行單題平均相關分析。

```
>>> result3 = sdata1[['A01','A02','A03','A04','A00','C01','C02','C03','C04',
'C00']].corr().round(4)
>>> print(result3)
```

下述為單題平均相關分析結果矩陣。

	A01	A02	A03	A04	A00	C01	C02	C03	C04	\
A01	1.0000	0.5471	0.5827	0.5987	0.8239	0.7148	0.5959	0.5272	0.5953	
A02	0.5471	1.0000	0.5373	0.5010	0.7681	0.6446	0.6870	0.7354	0.7334	
A03	0.5827	0.5373	1.0000	0.6388	0.8482	0.6275	0.6274	0.6171	0.6100	
A04	0.5987	0.5010	0.6388	1.0000	0.8459	0.6148	0.4814	0.5267	0.6632	
A00	0.8239	0.7681	0.8482	0.8459	1.0000	0.7874	0.7202	0.7250	0.7871	
C01	0.7148	0.6446	0.6275	0.6148	0.7874	1.0000	0.7442	0.7476	0.7268	
C02	0.5959	0.6870	0.6274	0.4814	0.7202	0.7442	1.0000	0.7851	0.8090	
C03	0.5272	0.7354	0.6171	0.5267	0.7250	0.7476	0.7851	1.0000	0.7938	
C04	0.5953	0.7334	0.6100	0.6632	0.7871	0.7268	0.8090	0.7938	1.0000	
C00	0.6687	0.7709	0.6827	0.6295	0.8308	0.8848	0.9170	0.9163	0.9168	

	C00
A01	0.6687
A02	0.7709
A03	0.6827
A04	0.6295
A00	0.8308
C01	0.8848
C02	0.9170
C03	0.9163
C04	0.9168
C00	1.0000

　　由上面二個矩陣可以發現，無論是利用總分或者是單題平均其相關平均是一樣無異的。

　　計算整體相關時，亦可將所有相關的變項存成另一個檔案之後，利用 corr() 亦可以完成，如下所示。

```
>>> sdata2 = sdata1[['A01','A02','A03','A04','A00','C01','C02','C03','C04','C00']]
>>> result31 = sdata2.corr().round(4)
>>> print(result31)
```

Python 可以利用 seaborn 套件將多個變項之間的相關,繪製成熱力圖（heatmap）來讓使用者了解變項之間的關係程度,如下所示。

```
>>> import seaborn as sns
>>> sns.heatmap(result3)
```

heatmap 的函式參數如下,seaborn.heatmap(data, *, vmin=None, vmax=None, cmap=None, center=None, robust=False, annot=None, fmt='.2g', annot_kws=None, linewidths=0, linecolor='white', cbar=True, cbar_kws=None, cbar_ax=None, square=False, xticklabels='auto', yticklabels='auto', mask=None, ax=None, **kwargs),其中的主要參數說明如下,data 為指定的數據資料,cmap 可以為 colormap 指定顏色,cbar 可以設定是否要呈現 colorbar。

所繪製的熱力圖如下所示。

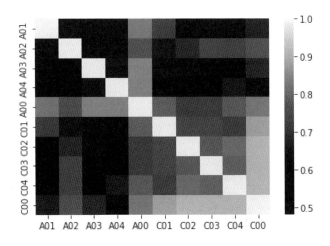

由上圖熱力圖的顏色深淺,即可判定其相關之程度。

五、相關考驗

接下來要進行的是考驗相關是否顯著，並且具信賴區間估計，利用 scipy. stats 套件中的 pearsonr() 來進行相關的考驗分析。

```
>>> import scipy.stats as stats
>>> result4=stats.pearsonr(sdata1['SA01'],sdata1['SA02'])
>>> print(result4[0])
0.5470608888475336
>>> print(result4[1])
1.014443694453538e-10
```

由上述相關考驗的分析結果可以得知，SA01 與 SA02 之間的相關為 0.5471，相關考驗 $p<0.001$ 達顯著水準，拒絕虛無假設，接受對立假設。亦即 SA01 與 SA02 之間的相關係數 0.5471 並不是零相關。

以下要說明的是一次可進行多個相關並進行考驗，利用 scipy 套件來進行多個相關的考驗。

```
1.  result40=[]
2.  result41=[]
3.  for i in sdata1[['SA01','SA02','SA03','SA04','SA00','SC01','SC02','SC03','SC04'
    ,'SC00']].columns:
4.      result_temp0=[]
5.      result_temp1=[]
6.      for j in sdata1[['SA01','SA02','SA03','SA04','SA00','SC01','SC02','SC03','S
    C04','SC00']].columns:
7.          result4=stats.pearsonr(sdata1[j],sdata1[i])
8.          result_temp0.append(result4[0])
9.          result_temp1.append(result4[1])
10.     result40.append(result_temp0)
11.     result41.append(result_temp1)
12. result40 = pd.DataFrame(result40)
13. result41 = pd.DataFrame(result41)
```

相關係數結果如下所示。

```
>>> print(result40.round(4))
        0       1       2       3       4       5       6       7       8  \
0  1.0000  0.5471  0.5827  0.5987  0.8553  0.7148  0.5959  0.5272  0.5953
1  0.5471  1.0000  0.5373  0.5010  0.8105  0.6446  0.6870  0.7354  0.7334
2  0.5827  0.5373  1.0000  0.6388  0.8201  0.6275  0.6274  0.6171  0.6100
3  0.5987  0.5010  0.6388  1.0000  0.7902  0.6148  0.4814  0.5267  0.6632
4  0.8553  0.8105  0.8201  0.7902  1.0000  0.7985  0.7403  0.7383  0.7902
5  0.7148  0.6446  0.6275  0.6148  0.7985  1.0000  0.7442  0.7476  0.7268
6  0.5959  0.6870  0.6274  0.4814  0.7403  0.7442  1.0000  0.7851  0.8090
7  0.5272  0.7354  0.6171  0.5267  0.7383  0.7476  0.7851  1.0000  0.7938
8  0.5953  0.7334  0.6100  0.6632  0.7902  0.7268  0.8090  0.7938  1.0000
9  0.6863  0.7617  0.6849  0.6323  0.8484  0.9146  0.9122  0.9006  0.8989

        9
0  0.6863
1  0.7617
2  0.6849
3  0.6323
4  0.8484
5  0.9146
6  0.9122
7  0.9006
8  0.8989
9  1.0000
```

檢視多個相關的考驗結果，如下所示。

```
>>> print(result41.round(4))
      0    1    2    3    4    5    6    7    8    9
0   0.0  0.0  0.0  0.0  0.0  0.0  0.0  0.0  0.0  0.0
1   0.0  0.0  0.0  0.0  0.0  0.0  0.0  0.0  0.0  0.0
2   0.0  0.0  0.0  0.0  0.0  0.0  0.0  0.0  0.0  0.0
3   0.0  0.0  0.0  0.0  0.0  0.0  0.0  0.0  0.0  0.0
4   0.0  0.0  0.0  0.0  0.0  0.0  0.0  0.0  0.0  0.0
5   0.0  0.0  0.0  0.0  0.0  0.0  0.0  0.0  0.0  0.0
6   0.0  0.0  0.0  0.0  0.0  0.0  0.0  0.0  0.0  0.0
7   0.0  0.0  0.0  0.0  0.0  0.0  0.0  0.0  0.0  0.0
8   0.0  0.0  0.0  0.0  0.0  0.0  0.0  0.0  0.0  0.0
9   0.0  0.0  0.0  0.0  0.0  0.0  0.0  0.0  0.0  0.0
```

上述爲考驗結果的 p 值矩陣，所有的值皆爲 0，代表 $p < 0.05$，亦即皆達顯著水準，拒絕虛無假設，接受對立假設，即所有相關係數皆與零相關有所不同。

六、相關分析結果報告

將上述相關分析的結果，撰寫成報告如下所示。

以下將以積差相關分析來探討教師領導與教師專業學習社群參與各層面與整體間之相關是否達到顯著水準，其相關係數的高低，將依下列標準判斷，$r < 0.30$ 爲低度相關，$0.31 < r < 0.70$ 爲中度相關，$0.71 < r < 0.80$ 爲高度相關，$r > 0.81$ 則爲非常高度相關（陳新豐，2015），茲將相關分析結果彙整如下表所示。

層面		教師專業學習社群參與				
		建立共同 目標願景	進行協同 合作學習	分享教學 實務經驗	發展專業 省思對話	教師專業 學習社群
教師領導	參與校務決策	0.715***	0.596***	0.527***	0.595***	0.686***
	展現教室領導	0.645***	0.687***	0.735***	0.733***	0.762***
	促進同儕合作	0.628***	0.627***	0.617***	0.610***	0.685***
	提升專業成長	0.615***	0.481***	0.527***	0.663***	0.632***
	教師領導總分	0.798***	0.740***	0.738***	0.790***	0.848***

***$p<0.001$

（一）教師領導與教師專業學習社群參與整體之相關分析

由上表可知，整體教師領導與整體教師專業學習社群之相關係數為 0.848，顯著性小於 0.001，達顯著高度正相關，代表整體教師領導與整體教師專業學習社群具有相關性，意即教師領導程度愈高，教師專業學習社群參與知覺愈高。

（二）教師領導各層面與教師專業學習社群參與各層面及整體相關分析

1.「參與校務決策」與教師專業學習社群參與各層面及整體之相關分析

「參與校務決策」與教師專業學習社群運作各層面之相關係數介於 0.527-0.715 之間，皆達顯著水準。其中以「建立共同目標願景」（r=0.715）相關係數得分最高，其次為「進行協同合作學習」（r=0.596），再其次為「發展專業省思對話」（r=0.595），「分享教學實務經驗」得分最低（r=0.527）。「參與校務決策」層面與「整體教師專業學習社群參與」相關係數為 0.686，達顯著水準。由此可知，教師領導的「參與校務決策」與教師專業學習社群參與各層面及整體呈現中度以上正相關。

2.「展現教室領導」與教師專業學習社群參與各層面及整體之相關分析

「展現教室領導」與教師專業學習社群運作各層面之相關係數介於 0.645-0.735 之間，皆達顯著水準。其中以「分享教學實務經驗」（r=0.735）相關係數

得分最高，其次為「發展專業省思對話」（r=0.733），再其次為「進行協同合作學習」（r=0.687），「建立共同目標願景」得分最低（r=0.645）。「展現教室領導」層面與「整體教師專業學習社群參與」相關係數為0.762，達顯著水準。由此可知，教師領導的「展現教室領導」與教師專業學習社群參與各層面及整體呈現中度正相關。

3.「促進同儕合作」與教師專業學習社群參與各層面及整體之相關分析

「促進同儕合作」與教師專業學習社群運作各層面之相關係數介於0.610-0.628之間，皆達顯著水準。其中以「建立共同目標願景」（r=0.628）相關係數得分最高，其次為「進行協同合作學習」（r=0.627），再其次為「分享教學實務經驗」（r=0.617），「發展專業省思對話」得分最低（r=0.610）。「促進同儕合作」層面與「整體教師專業學習社群參與」相關係數為0.685，達顯著水準，呈現高度正相關。

4.「提升專業成長」與教師專業學習社群參與各層面及整體之相關分析

「提升專業成長」與教師專業學習社群運作各層面之相關係數介於0.481-0.663之間，皆達顯著水準。其中以「發展專業省思對話」（r=0.663）相關係數得分最高，其次為「建立共同目標願景」（r=0.615），再其次為「分享教學實務經驗」（r=0.527），「進行協同合作學習」得分最低（r=0.481）。「提升專業成長」層面與「整體教師專業學習社群參與」相關係數為0.632，達顯著水準。由此可知，教師領導的「提升專業成長」與教師專業學習社群參與各層面及整體呈現中度正相關。

5.「整體教師領導」與教師專業學習社群參與各層面及整體之相關分析

「整體教師領導」與教師專業學習社群運作各層面之相關係數介於0.738-0.798之間，皆達顯著水準。其中以「建立共同目標願景」（r=0.798）相關係數得分最高，其次為「發展專業省思對話」（r=0.790），再其次為「進行協同合作學習」（r=0.740），「分享教學實務經驗」得分最低（r=0.738）。「整體教師領導」與「整體教師專業學習社群參與」相關係數為0.848，達顯著水準。由

此可知，「整體教師領導」與教師專業學習社群參與之「建立共同目標願景」層面及「整體教師專業學習社群參與」呈現高度正相關，而與教師專業學習社群參與其他層面呈現中度正相關。

　　驗證研究假設國民小學教師之教師領導與教師專業學習社群參與知覺上有顯著相關，獲得支持。

七、相關分析程式

　　以下為相關分析程式資料。

```
1.  #Filename:CH06_1.py
2.  import os
3.  os.chdir('D:\\DATA\\CH06\\')
4.  import pandas as pd
5.  sdata0 = pd.read_csv('CH06_1.csv')
6.  sdata1 = sdata0.copy()
7.  sdata1['A01']=sdata1[['A0101','A0102','A0103','A0104','A0105','A0106']].
    mean(axis='columns')
8.  sdata1['A02']=sdata1[['A0201','A0202','A0203','A0204','A0205','A0206']].
    mean(axis='columns')
9.  sdata1['A03']=sdata1[['A0301','A0302','A0303','A0304']].mean(axis='columns')
10. sdata1['A04']=sdata1[['A0401','A0402','A0403']].mean(axis='columns')
11. sdata1['A00']=sdata1[['A01','A02','A03','A04']].mean(axis='columns')
12.
13. sdata1['SA01']=sdata1[['A0101','A0102','A0103','A0104','A0105','A0106']].
    sum(axis='columns')
14. sdata1['SA02']=sdata1[['A0201','A0202','A0203','A0204','A0205','A0206']].
    sum(axis='columns')
15. sdata1['SA03']=sdata1[['A0301','A0302','A0303','A0304']].sum(axis='columns')
16. sdata1['SA04']=sdata1[['A0401','A0402','A0403']].sum(axis='columns')
17. sdata1['SA00']=sdata1[['SA01','SA02','SA03','SA04']].sum(axis='columns')
18.
19. sdata1['B01']=sdata1[['B0101','B0102','B0103','B0104','B0105','B0106','B0107',
    'B0108']].mean(axis='columns')
20. sdata1['B02']=sdata1[['B0201','B0202','B0203','B0204','B0205','B0206']].
    mean(axis='columns')
21. sdata1['B03']=sdata1[['B0301','B0302','B0303','B0304']].mean(axis='columns')
```

```
22. sdata1['B04']=sdata1[['B0401','B0402','B0403']].mean(axis='columns')
23. sdata1['B00']=sdata1[['B01','B02','B03','B04']].mean(axis='columns')
24.
25. sdata1['SB01']=sdata1[['B0101','B0102','B0103','B0104','B0105','B0106','B0107',
    'B0108']].sum(axis='columns')
26. sdata1['SB02']=sdata1[['B0201','B0202','B0203','B0204','B0205','B0206']].
    sum(axis='columns')
27. sdata1['SB03']=sdata1[['B0301','B0302','B0303','B0304']].sum(axis='columns')
28. sdata1['SB04']=sdata1[['B0401','B0402','B0403']].sum(axis='columns')
29. sdata1['SB00']=sdata1[['SB01','SB02','SB03','SB04']].sum(axis='columns')
30.
31. sdata1['C01']=sdata1[['C0101','C0102','C0103','C0104','C0105','C0106','C0107']].
    mean(axis='columns')
32. sdata1['C02']=sdata1[['C0201','C0202','C0203','C0204','C0205']].
    mean(axis='columns')
33. sdata1['C03']=sdata1[['C0301','C0302','C0303','C0304']].mean(axis='columns')
34. sdata1['C04']=sdata1[['C0401','C0402','C0403','C0404']].mean(axis='columns')
35. sdata1['C00']=sdata1[['C01','C02','C03','C04']].mean(axis='columns')
36.
37. sdata1['SC01']=sdata1[['C0101','C0102','C0103','C0104','C0105','C0106','C0107']].
    sum(axis='columns')
38. sdata1['SC02']=sdata1[['C0201','C0202','C0203','C0204','C0205']].
    sum(axis='columns')
39. sdata1['SC03']=sdata1[['C0301','C0302','C0303','C0304']].sum(axis='columns')
40. sdata1['SC04']=sdata1[['C0401','C0402','C0403','C0404']].sum(axis='columns')
41. sdata1['SC00']=sdata1[['SC01','SC02','SC03','SC04']].sum(axis='columns')
42.
43. x1=sdata1['SA01']
44. y1=sdata1['SA02']
45. result1=x1.corr(y1)
46. print(result1)
47.
48. import scipy.stats as stats
49. result2=stats.pearsonr(x1,y1)
50. print(result2[0])
51. print(result2[1])
52.
53. sdata1.plot.scatter(x='SA01',y='SA02')
54.
```

```
55.  import matplotlib.pyplot as plt
56.  plt.scatter(sdata1['SA01'],sdata1['SA02'], c='darkblue', alpha=0.5)
57.  plt.show()
58.
59.  import seaborn as sns
60.  sns.scatterplot(x='SA01',y='SA02', data=sdata1)
61.  result3 = sdata1[['SA01','SA02','SA03','SA04','SA00','SC01','SC02','SC03','SC04',
     'SC00']].corr().round(4)
62.  print(result3)
63.
64.  result3 = sdata1[['A01','A02','A03','A04','A00','C01','C02','C03','C04','C00']].
     corr().round(4)
65.  print(result3)
66.
67.  import scipy.stats as stats
68.  result4=stats.pearsonr(sdata1['SA01'],sdata1['SA02'])
69.  print(result4[0])
70.  print(result4[1])
71.
72.  result40=[]
73.  result41=[]
74.  for i in sdata1[['SA01','SA02','SA03','SA04','SA00','SC01','SC02','SC03','SC04','
     SC00']].columns:
75.      result_temp0=[]
76.      result_temp1=[]
77.      for j in sdata1[['SA01','SA02','SA03','SA04','SA00','SC01','SC02','SC03','SC0
     4','SC00']].columns:
78.          result4=stats.pearsonr(sdata1[j],sdata1[i])
79.          result_temp0.append(result4[0])
80.          result_temp1.append(result4[1])
81.      result40.append(result_temp0)
82.      result41.append(result_temp1)
83.  result40 = pd.DataFrame(result40)
84.  result41 = pd.DataFrame(result41)
85.  print(result40)
86.  print(result41)
```

參、迴歸分析

　　迴歸分析與相關分析都是在分析變項之間的關聯性，但是迴歸分析在分析變項的關聯時，將變項分為反應變項以及解釋變項，亦將反應變項稱為依變項，而解釋變項稱之為自變項。反應變項是研究者有興趣要了解的變項，而解釋變項中，研究者會利用解釋變項的變化解釋或預期反應變項的變化。以下將包含一個解釋變項來預測一個反應變項的簡單迴歸，以及從多個解釋變項來預測一個反應變項的多元迴歸等二個分析策略，說明如下。

一、讀取資料檔

　　設定工作目錄為「D:\DATA\CH06\」。

```
>>> import os
>>> os.chdir('D:\\DATA\\CH06\\')
```

　　讀取資料檔「CH06_1.csv」，並將資料儲存至 sdata0 這個變項。

```
>>> import pandas as pd
>>> sdata0 = pd.read_csv('CH06_1.csv')
```

二、檢視資料

　　檢視前 5 筆資料，如下所示。

```
>>> print(sdata0.head())
# A tibble: 6 x 63
      ID   GENDER   JOB  A0101  A0102  A0103  A0104  A0105  A0106  A0201 ...  \
0  A0101        2     2      3      3      4      3      4      3      4 ...
1  A0103        2     4      3      3      3      3      3      3 ...
2  A0107        1     2      4      4      4      4      4      4      4 ...
3  A0108        1     1      4      4      4      4      4      4      4 ...
4  A0112        1     2      4      4      4      3      3      3      4 ...


   C0204  C0205  C0301  C0302  C0303  C0304  C0401  C0402  C0403  C0404
0      4      4      4      4      4      4      3      4      4      4
1      3      3      3      3      3      3      3      3      3      3
2      4      4      4      4      4      4      4      4      4      4
3      4      4      4      4      4      4      4      4      4      4
4      4      4      4      4      4      4      4      4      4      4
```

　　檢視前 5 筆資料時，資料檔總共有二十二個欄位變項，其中第 1 個欄位為使用者編號（ID）、第 2 個欄位為性別（GENDER）、第 3 個欄位則是工作職務（JOB）、第 4 至第 22 個欄位則是教師領導問卷的反應資料，包括參與校務決策 6 題、展現教室領導 6 題、促進同僑合作 4 題、提升專業成長 3 題，合計為 19 題。以下為檢視後 5 筆資料，如下所示。

```
>>> print(sdata0.tail())
       ID   GENDER   JOB  A0101  A0102  A0103  A0104  A0105  A0106  A0201 ...  \
115  C2506        2     4      3      3      3      3      3      3 ...
116  C2507        2     4      3      3      3      3      3      3 ...
117  C2602        2     4      3      3      3      3      3      3 ...
118  C2604        2     3      3      2      3      2      2      2      3 ...
119  C2606        2     4      3      3      3      3      3      3 ...


     C0204  C0205  C0301  C0302  C0303  C0304  C0401  C0402  C0403  C0404
115      3      3      3      3      3      3      2      3      3      3
116      3      3      3      3      3      4      3      3      3      3
117      4      4      3      4      3      3      4      4      3      3
118      3      3      3      3      4      3      3      3      3      3
119      3      3      3      3      3      3      3      3      3      3
```

由後 5 筆資料可以得知，總共有二十二個變項資料。以下檢視資料檔的結構，如下所示。

```
>>> print(sdata0.info())
<class 'pandas.core.frame.DataFrame'>
RangeIndex: 120 entries, 0 to 119
Data columns (total 63 columns):
 #   Column  Non-Null Count   Dtype
---  ------  --------------   -----
 0   ID      120 non-null     object
 1   GENDER  120 non-null     int64
 2   JOB     120 non-null     int64
 3   A0101   120 non-null     int64
 4   A0102   120 non-null     int64
 5   A0103   120 non-null     int64
 6   A0104   120 non-null     int64
 7   A0105   120 non-null     int64
 8   A0106   120 non-null     int64
 9   A0201   120 non-null     int64
 10  A0202   120 non-null     int64
 11  A0203   120 non-null     int64
 12  A0204   120 non-null     int64
 13  A0205   120 non-null     int64
 14  A0206   120 non-null     int64
 15  A0301   120 non-null     int64
 16  A0302   120 non-null     int64
 17  A0303   120 non-null     int64
 18  A0304   120 non-null     int64
 19  A0401   120 non-null     int64
...
 62  C0404   120 non-null     int64
dtypes: int64(62), object(1)
```

三、計算分量表總和

接下來開始進行分量表變項的計分步驟，本範例是教師領導問卷得分，總共

有 19 題四個分量表。第一分量表爲參與校務決策 6 題，分別是第 4 至第 9 個欄位。第二分量表爲展現教室領導 6 題，分別是第 10 至第 15 個欄位。第三分量表是促進同儕合作 4 題，分別是第 16 至第 19 個欄位。第四分量表是提升專業成長 3 題，分別是第 20 至第 22 個欄位。全量表 19 題，分別是第 4 至第 22 個欄位，所以計算各分量表總分如下所示。

```
>>> sdata1 = sdata0.copy()
>>> sdata1['A01']=sdata1[['A0101','A0102','A0103','A0104','A0105','A0106']].sum(axis='columns')
>>> sdata1['A02']=sdata1[['A0201','A0202','A0203','A0204','A0205','A0206']].sum(axis='columns')
>>> sdata1['A03']=sdata1[['A0301','A0302','A0303','A0304']].sum(axis='columns')
>>> sdata1['A04']=sdata1[['A0401','A0402','A0403']].sum(axis='columns')
>>> sdata1['A00']=sdata1[['A01','A02','A03','A04']].sum(axis='columns')
```

接下來計算單題平均數，分別從上述的總分轉爲計算其平均數，如下所示。

```
>>> sdata1['SA01']=sdata1[['A0101','A0102','A0103','A0104','A0105','A0106']].mean(axis='columns')
>>> sdata1['SA02']=sdata1[['A0201','A0202','A0203','A0204','A0205','A0206']].mean(axis='columns')
>>> sdata1['SA03']=sdata1[['A0301','A0302','A0303','A0304']].mean(axis='columns')
>>> sdata1['SA04']=sdata1[['A0401','A0402','A0403']].mean(axis='columns')
>>> sdata1['SA00']=sdata1[['SA01','SA02','SA03','SA04']].mean(axis='columns')
```

教師專業學習社群參與問卷得分，總共有 21 題四個分量表。第一分量表爲建立共同目標願景 8 題，分別是第 23 至第 30 個欄位。第二分量表爲進行協同合作學習 6 題，分別是第 31 至第 36 個欄位。第三分量表是分享教學實務經驗 4 題，分別是第 37 至第 40 個欄位。第四分量表是發展專業省思對話 3 題，分別是第 41 至第 43 個欄位。全量表 21 題，分別是第 23 至第 43 個欄位，所以計算各分量表總分及單題平均數如下所示。

```
>>> sdata1['B01']=sdata1[['B0101','B0102','B0103','B0104','B0105','B0106','B0107',
'B0108']].sum(axis='columns')
>>> sdata1['B02']=sdata1[['B0201','B0202','B0203','B0204','B0205','B0206']].
sum(axis='columns')
>>> sdata1['B03']=sdata1[['B0301','B0302','B0303','B0304']].sum(axis='columns')
>>> sdata1['B04']=sdata1[['B0401','B0402','B0403']].sum(axis='columns')
>>> sdata1['B00']=sdata1[['B01','B02','B03','B04']].sum(axis='columns')
```

接下來計算單題平均數，如下所示。

```
>>> sdata1['SB01']=sdata1[['B0101','B0102','B0103','B0104','B0105','B0106','B0107',
'B0108']].mean(axis='columns')
>>> sdata1['SB02']=sdata1[['B0201','B0202','B0203','B0204','B0205','B0206']].
mean(axis='columns')
>>> sdata1['SB03']=sdata1[['B0301','B0302','B0303','B0304']].mean(axis='columns')
>>> sdata1['SB04']=sdata1[['B0401','B0402','B0403']].mean(axis='columns')
>>> sdata1['SB00']=sdata1[['SB01','SB02','SB03','SB04']].mean(axis='columns')
```

教師專業發展問卷得分，總共有 20 題四個分量表。第一分量表為教育專業
自主 7 題，分別是第 44 至第 50 個欄位。第二分量表為專業倫理與態度 5 題，分
別是第 51 至第 55 個欄位。第三分量表是教育專業知能 4 題，分別是第 56 至第
59 個欄位。第四分量表是學科專門知能 4 題，分別是第 60 至第 63 個欄位。全
量表 20 題，分別是第 44 至第 63 個欄位，所以計算各分量表總分及單題平均數
如下所示。

```
>>> sdata1['C01']=sdata1[['C0101','C0102','C0103','C0104','C0105','C0106',
'C0107']].sum(axis='columns')
>>> sdata1['C02']=sdata1[['C0201','C0202','C0203','C0204','C0205']].
sum(axis='columns')
>>> sdata1['C03']=sdata1[['C0301','C0302','C0303','C0304']].sum(axis='columns')
>>> sdata1['C04']=sdata1[['C0401','C0402','C0403','C0404']].sum(axis='columns')
>>> sdata1['C00']=sdata1[['C01','C02','C03','C04']].sum(axis='columns')
```

接下來計算單題平均數，如下所示。

```
>>> sdata1['SC01']=sdata1[['C0101','C0102','C0103','C0104','C0105','C0106',
'C0107']].mean(axis='columns')
>>> sdata1['SC02']=sdata1[['C0201','C0202','C0203','C0204','C0205']].
mean(axis='columns')
>>> sdata1['SC03']=sdata1[['C0301','C0302','C0303','C0304']].mean(axis='columns')
>>> sdata1['SC04']=sdata1[['C0401','C0402','C0403','C0404']].mean(axis='columns')
>>> sdata1['SC00']=sdata1[['SC01','SC02','SC03','SC04']].mean(axis='columns')
```

檢視教師領導問卷、教師專業學習社群參與以及教師專業發展等三個問卷及其分量表的計算結果。

```
>>> print(sdata1.head())
      ID  GENDER  JOB  A0101  A0102  A0103  A0104  A0105  A0106  A0201  ... \
0  A0101       2    2      3      3      4      3      4      3      4  ...
1  A0103       2    4      3      3      3      3      3      3      3  ...
2  A0107       1    2      4      4      4      4      4      4      4  ...
3  A0108       1    1      4      4      4      4      4      4      4  ...
4  A0112       1    2      4      4      4      3      3      3      4  ...

   C01  C02  C03  C04  C00       SC01  SC02  SC03  SC04       SC00
0   24   20   16   15   75   3.428571   4.0   4.0  3.75   3.794643
1   20   15   12   12   59   2.857143   3.0   3.0  3.00   2.964286
2   28   20   16   16   80   4.000000   4.0   4.0  4.00   4.000000
3   27   20   16   16   79   3.857143   4.0   4.0  4.00   3.964286
4   27   20   16   16   79   3.857143   4.0   4.0  4.00   3.964286
```

檢視結果，已成功地將 sdata1 的內容加以計分。

四、進行簡單迴歸分析

簡單迴歸，利用解釋變項來預測反應變項，以下將利用教師領導來預測教師專業學習社群參與，首先利用 pandas、matplotlib、seaborn 套件來繪製散布圖之後進行簡單迴歸分析。

（一）pandas

以下爲利用 pandas 所進行二個變項的散布圖繪製程式。

```
>>> sdata1.plot.scatter(x='A00',y='B00')
```

利用 pandas 所繪製的散布圖，結果如下所示。

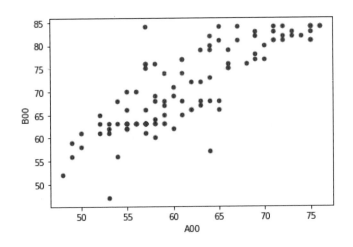

（二）matplotlib

以下爲利用 matplotlib 套件所進行二個變項的散布圖繪製程式。

```
>>> import matplotlib.pyplot as plt
>>> plt.scatter(sdata1['A00'],sdata1['B00'], c='darkblue', alpha=0.5)
>>> plt.show()
```

利用 matplotlib 套件所繪製的散布圖，結果如下所示。

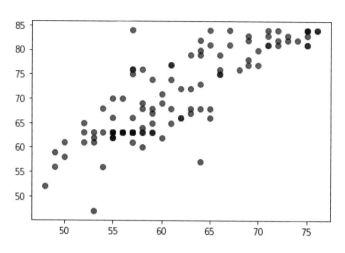

（三）seaborn

以下為利用 seaborn 套件所進行二個變項的散布圖繪製程式。

```
>>> import seaborn as sns
>>> sns.scatterplot(x='A00',y='B00', data=sdata1)
```

利用 seaborn 套件所繪製的散布圖，結果如下所示。

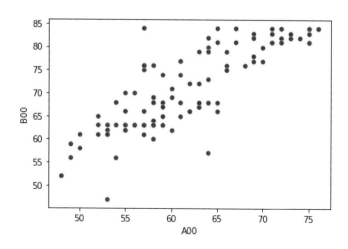

　　由上述三個圖一致發現呈現一定程度的線性關係，接下來利用 scipy 套件中的 linregress 函式來進行簡單迴歸分析，如下所示。

```
>>> import scipy.stats as stats
>>> result1 = stats.linregress(sdata1['A00'], sdata1['B00'])
```

　　檢視簡單迴歸的分析結果，如下所示。

```
>>> print(result1)
LinregressResult(slope=1.0657863624586033, intercept=4.888238367425515,
rvalue=0.84369786789927, pvalue=1.1404164027377738e-33, stderr=0.06242657832611858,
intercept_stderr=3.8397547533017606)
```

　　上述為原始分數的迴歸分析結果，估計結果斜率為 1.066，而截距項則為 4.888，標準化的迴歸係數則為 0.844。

　　以下是利用另一種套件來進行簡單迴歸的估計，說明如下。

```
>>> import statsmodels.api as sm1
>>> y=sdata1['B00']
>>> x=sdata1['A00']
>>> x_c=sm1.add_constant(x)
>>> result2=sm1.OLS(y,x_c).fit()
```

檢視估計結果，如下所示。

```
>>> print(result2.summary())
                            OLS Regression Results
==============================================================================
Dep. Variable:                    BOO   R-squared:                       0.712
Model:                            OLS   Adj. R-squared:                  0.709
Method:                 Least Squares   F-statistic:                     291.5
Date:                Fri, 26 Aug 2022   Prob (F-statistic):           1.14e-33
Time:                        06:37:44   Log-Likelihood:                -357.23
No. Observations:                 120   AIC:                             718.5
Df Residuals:                     118   BIC:                             724.0
Df Model:                           1
Covariance Type:            nonrobust
==============================================================================
                 coef    std err          t      P>|t|      [0.025      0.975]
------------------------------------------------------------------------------
const          4.8882      3.840      1.273      0.205      -2.716      12.492
A00            1.0658      0.062     17.073      0.000       0.942       1.189
==============================================================================
Omnibus:                       13.427   Durbin-Watson:                   1.875
Prob(Omnibus):                  0.001   Jarque-Bera (JB):               28.357
Skew:                           0.394   Prob(JB):                     6.96e-07
Kurtosis:                       5.247   Cond. No.                         540.
==============================================================================

Notes:
[1] Standard Errors assume that the covariance matrix of the errors is correctly
specified.
```

　　上圖中除了估計的係數外，尚有許多評估的係數指標可以提供使用者參考，其中的 Omnibus：為評估殘差是否常態的指標；Prob（Omnibus）：omnibus考驗的 p 值，若是達顯著水準則表示資料的殘差為常態；Skew：偏態係數；Kurtosis：峰度係數；Durbin-Watson：當獨立性假定被違反時，即表示每個殘

差值間具有關聯性存在，這種關聯性便稱作「自我相關」（autocorrelation），Durbin-Watson 即是考驗殘差的自我相關。

Jarque-Bera（JB）：另一種考驗殘差是否常態的方法；Prob（JB）：JB 考驗方法的 p 考驗統計值；Cond. No.：條件數為考驗多元迴歸方程式中，與 VIF 同為考驗多元共線性的指標，一般判斷多元迴歸是否大到嚴重影響多元共線性問題的參考值為 30（Lattin, Carrol, & Green, 2003），CN 超過 30 的意義相當於 VIF 超過 10 的意思一樣，但是 CN 的值超過 30 與否和最大 VIF 超過 10 之間未必具有完全對應的關係。

計算簡單迴歸還有另外一種寫法，如下所示。

```
>>> import statsmodels.formula.api as sm2
>>> result3 = sm2.ols('B00 ~ A00', sdata1).fit()
>>> print(result3.summary())
```

估計結果與上述一致，若要利用 statsmodels 套件來進行標準化迴歸係數的估計，則可以將資料先標準化後再估計，參考寫法如下。

```
>>> sdata2 = sdata1[['A00','B00']]
>>> zsdata2 = sdata2.apply(stats.zscore)
>>> result31 = sm2.ols('B00 ~ A00', zsdata2).fit()
>>> print(result31.summary())
```

標準化迴歸係數的估計結果如下所示。

```
                        OLS Regression Results
================================================================================
Dep. Variable:                 B00   R-squared:                      0.712
Model:                         OLS   Adj. R-squared:                 0.709
Method:              Least Squares   F-statistic:                    291.5
Date:             Fri, 26 Aug 2022   Prob (F-statistic):           1.14e-33
Time:                     06:45:25   Log-Likelihood:                -95.621
No. Observations:              120   AIC:                            195.2
Df Residuals:                  118   BIC:                            200.8
Df Model:                        1
Covariance Type:         nonrobust
================================================================================
                 coef    std err          t      P>|t|      [0.025      0.975]
--------------------------------------------------------------------------------
Intercept     7.633e-17    0.049   1.54e-15      1.000      -0.098       0.098
A00              0.8437    0.049     17.073      0.000       0.746       0.942
================================================================================
Omnibus:                    13.427   Durbin-Watson:                  1.875
Prob(Omnibus):               0.001   Jarque-Bera (JB):              28.357
Skew:                        0.394   Prob(JB):                    6.96e-07
Kurtosis:                    5.247   Cond. No.                       1.00
================================================================================

Notes:
[1] Standard Errors assume that the covariance matrix of the errors is correctly
specified.
```

還有一種利用 pingouin 套件來進行簡單迴歸分析的方法，如下所示。

```
>>> import pingouin as pg
>>> result4 = pg.linear_regression(sdata1['A00'],sdata1['B00'])
```

估計結果如下所示。

```
>>> print(result4.round(4))
        names    coef      se        T     pval      r2   adj_r2  CI[2.5%]  \
0   Intercept  4.8882  3.8398   1.2731  0.2055  0.7118  0.7094   -2.7155
1         A00  1.0658  0.0624  17.0726  0.0000  0.7118  0.7094    0.9422

   CI[97.5%]
0    12.4920
1     1.1894
```

　　讀者可以發現，無論利用何種套件，計算結果皆為一樣，讀者可以隨個人的喜好，挑選一種方式來進行簡單迴歸的參數估計。

　　以下繪製簡單迴歸的圖示。

```
1.  import matplotlib.pyplot as plt
2.  plt.rcParams['font.sans-serif']=['Microsoft JhengHei']
3.  plt.rcParams['axes.unicode_minus']=False
4.  plt.figure(figsize=(8,6))
5.  plt.scatter(x,y,c='k', marker='o')
6.  plt.plot(x,result2.params[0]+result2.params[1]*x,'r')
7.  plt.xlabel('教師領導')
8.  plt.ylabel('教師專業學習社群')
9.  plt.title('教師領導預測教師專業學習社群')
10. plt.grid()
```

　　上述程式中的第 2-3 行，主要是為了要顯示中文才要重新設定的顯示語言，結果如下所示。

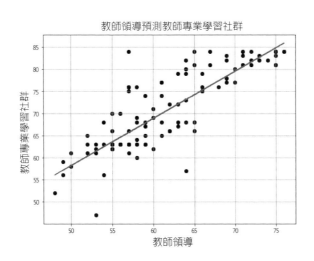

由上述的散布圖中可以發現，簡單迴歸的這二個變項呈現正相關的關係。

五、進行多元迴歸分析

多元迴歸分析是多個解釋變項來預測一個反應變項的模式，因為有多個自變項（反應變項），所以會有投入預測的順序選擇方式。以下主要介紹以理論為基礎的 ENTER 方法，另外則是以統計顯著性為主的逐步多元迴歸（STEPWISE）方法，逐項說明如下。

（一）ENTER

多元迴歸變項的投入若是以 ENTER 方法，則投入是以研究者自行決定順序，以下範例依序投入 A01、A02、A03、A04。

```
>>> import statsmodels.formula.api as sm2
>>> result51 = sm2.ols('B00 ~ A01+A02+A03+A04', sdata1).fit()
```

檢視多元迴歸中 ENTER 方式之分析結果。

```
>>> print(result51.summary())
                    OLS Regression Results
==============================================================================
Dep. Variable:                  BOO   R-squared:                       0.757
Model:                          OLS   Adj. R-squared:                  0.748
Method:               Least Squares   F-statistic:                     89.41
Date:              Fri, 26 Aug 2022   Prob (F-statistic):           2.25e-34
Time:                      08:19:54   Log-Likelihood:                -347.07
No. Observations:               120   AIC:                             704.1
Df Residuals:                   115   BIC:                             718.1
Df Model:                         4
Covariance Type:          nonrobust
==============================================================================
                 coef    std err          t      P>|t|      [0.025      0.975]
------------------------------------------------------------------------------
Intercept      7.4232      3.671      2.022      0.045       0.151      14.695
A01            0.8734      0.213      4.093      0.000       0.451       1.296
A02            0.3851      0.212      1.818      0.072      -0.034       0.805
A03            2.1859      0.296      7.386      0.000       1.600       2.772
A04            1.0605      0.383      2.769      0.007       0.302       1.819
==============================================================================
Omnibus:                       23.499   Durbin-Watson:                  1.619
Prob(Omnibus):                  0.000   Jarque-Bera (JB):              45.598
Skew:                           0.820   Prob(JB):                    1.25e-10
Kurtosis:                       5.536   Cond. No.                        289.
==============================================================================
```

　　由上述採用 ENTER 方法來選擇多元迴歸投入變項的方式，分析結果顯示除了 A02 變項之外，其餘均達顯著水準 p<0.001，因此將投入變項刪除 A02 之後再進行一次多元迴歸分析，如下所示。

```
>>> result52 = sm2.ols('B00 ~ A01+A03+A04', sdata1).fit()
>>> print(result52.summary())
                         OLS Regression Results
==============================================================================
Dep. Variable:                    B00   R-squared:                       0.750
Model:                            OLS   Adj. R-squared:                  0.743
Method:                 Least Squares   F-statistic:                     115.8
Date:                Fri, 26 Aug 2022   Prob (F-statistic):           9.70e-35
Time:                        08:21:40   Log-Likelihood:                -348.77
No. Observations:                 120   AIC:                             705.5
Df Residuals:                     116   BIC:                             716.7
Df Model:                           3
Covariance Type:            nonrobust
==============================================================================
                 coef    std err          t      P>|t|      [0.025      0.975]
------------------------------------------------------------------------------
Intercept     10.5812      3.267      3.239      0.002       4.111      17.051
A01            0.9821      0.207      4.748      0.000       0.572       1.392
A03            2.3140      0.290      7.972      0.000       1.739       2.889
A04            1.1555      0.383      3.015      0.003       0.396       1.914
==============================================================================
Omnibus:                       19.832   Durbin-Watson:                   1.542
Prob(Omnibus):                  0.000   Jarque-Bera (JB):               29.371
Skew:                           0.812   Prob(JB):                     4.19e-07
Kurtosis:                       4.799   Cond. No.                         198.
==============================================================================
```

由上述多元迴歸的分析結果，可以得知原始分數的迴歸方程式為 $B00=10.5812+0.9821 \times A01+2.3140 \times A03+1.1555 \times A04$，解釋力 R^2 為 0.750，調整過後的 R^2 為 0.743。

statsmodels 套件中，有關於迴歸分析中常用的函式，列述如下。首先要說明的是 params() 函式，主要的功能是顯示估計的係數，如下所示。

```
>>> print(result52.params)
Intercept    10.581177
A01           0.982145
A03           2.314018
A04           1.155457
dtype: float64
```

tvalues() 是顯示迴歸方程式中模式參數的信賴區間估計。

```
>>> print(result52.tvalues)
Intercept    3.239277
A01          4.747598
A03          7.972357
A04          3.015175
dtype: float64
```

接下來計算多元迴歸的標準化迴歸係數，如下所示。

```
>>> sdata2 = sdata1[['A01','A03','A04','B00']]
>>> zsdata2 = sdata2.apply(stats.zscore)
>>> result53 = sm2.ols('B00 ~ A01+A03+A04', zsdata2).fit()
```

檢視標準化迴歸係數的計算結果，如下所示。

```
>>> print(result53.summary())
                     OLS Regression Results
==============================================================================
Dep. Variable:                   B00   R-squared:                       0.750
Model:                           OLS   Adj. R-squared:                  0.743
Method:                Least Squares   F-statistic:                     115.8
Date:               Fri, 26 Aug 2022   Prob (F-statistic):           9.70e-35
Time:                       08:33:50   Log-Likelihood:                -87.167
No. Observations:                120   AIC:                             182.3
Df Residuals:                    116   BIC:                             193.5
Df Model:                          3
Covariance Type:           nonrobust
==============================================================================
                 coef    std err          t      P>|t|      [0.025      0.975]
------------------------------------------------------------------------------
Intercept     7.633e-17     0.046   1.64e-15      1.000      -0.092       0.092
A01            0.2911       0.061      4.748      0.000       0.170       0.413
A03            0.5090       0.064      7.972      0.000       0.383       0.635
A04            0.1953       0.065      3.015      0.003       0.067       0.324
==============================================================================
Omnibus:                      19.832   Durbin-Watson:                   1.542
Prob(Omnibus):                 0.000   Jarque-Bera (JB):               29.371
Skew:                          0.812   Prob(JB):                     4.19e-07
Kurtosis:                      4.799   Cond. No.                        2.48
==============================================================================
```

　　由上述多元迴歸標準化迴歸係數的分析結果，可以得知標準化的迴歸方程式為 B00=0.2911×A01+0.5090×A03+0.1953×A04，解釋力 R^2 為 0.750，調整過後的 R^2 為 0.743，與未標準化的多元迴歸方程式相同。

（二）STEPWISE

　　逐步多元迴歸（STEPWISE）的分析方法，自變項投入的順序是以顯著的程度來加以決定，如下所示，以 pandas、numpy 與 statsmodels 等套件來撰寫逐步多元迴歸變項的選擇。

```
>>> import pandas as pd
>>> import numpy as np
>>> import statsmodels.api as sm
```

逐步多元迴歸的函式如下所示。

```
1.  def stepwise_selection(X, y,
2.                         initial_list=[],
3.                         threshold_in=0.01,
4.                         threshold_out = 0.05,
5.                         verbose=True):
6.      included = list(initial_list)
7.      while True:
8.          changed=False
9.          excluded = list(set(X.columns)-set(included))
10.         new_pval = pd.Series(index=excluded)
11.         new_tval = pd.Series(index=excluded)
12.         for new_column in excluded:
13.             model = sm.OLS(y, sm.add_constant(pd.DataFrame(X[included+[new_
    column]]))).fit()
14.             new_pval[new_column] = model.pvalues[new_column]
15.             new_tval[new_column] = model.tvalues[new_column]
16.         best_pval = new_pval.min()
17.         best_tval = new_tval.max()
18.         if best_pval < threshold_in:
19.             best_feature = new_pval.idxmin()
20.             included.append(best_feature)
21.             changed=True
22.             if verbose:
23.                 print('Add  {:30} with p-value {:.6} t-value {:.6}'.format(best_
    feature, best_pval, best_tval))
24.         model = sm.OLS(y, sm.add_constant(pd.DataFrame(X[included]))).fit()
25.         pvalues = model.pvalues.iloc[1:]
26.         worst_pval = pvalues.max() # null if pvalues is empty
27.         if worst_pval > threshold_out:
28.             changed=True
29.             worst_feature = pvalues.idxmax()
30.             included.remove(worst_feature)
```

```
31.            if verbose:
32.                print('Drop {:30} with p-value {:.6}'.format(worst_feature, worst_
    pval))
33.        if not changed:
34.            break
35.    return included
```

進行逐步多元迴歸變項的選擇，如下所示。

```
>>> X=sdata1[['A01','A02','A03','A04']]
>>> y=sdata1[['B00']]
>>> result = stepwise_selection(X, y)
```

顯示逐步多元迴歸變項選擇的結果，如下所示。

```
>>> print(result)
['A03', 'A01', 'A04']
```

由上述可以得知 A02 未達顯著水準，因此刪除 A02 之後再進行一次多元迴歸分析，並且以迴歸係數之排序 A03、A01、A04 投入迴歸方程式，接下來進行各個模式的迴歸模型建立參數估計，如下所示。

```
>>> result63 = sm2.ols('B00 ~ A03+A01+A04', sdata1).fit()
>>> print(result63.summary())
                            OLS Regression Results
==============================================================================
Dep. Variable:                    B00   R-squared:                       0.750
Model:                            OLS   Adj. R-squared:                  0.743
Method:                 Least Squares   F-statistic:                     115.8
Date:                Fri, 26 Aug 2022   Prob (F-statistic):           9.70e-35
Time:                        14:32:44   Log-Likelihood:                -348.77
No. Observations:                 120   AIC:                             705.5
Df Residuals:                     116   BIC:                             716.7
Df Model:                           3
Covariance Type:            nonrobust
==============================================================================
                 coef    std err          t      P>|t|      [0.025      0.975]
------------------------------------------------------------------------------
Intercept     10.5812      3.267      3.239      0.002       4.111      17.051
A03            2.3140      0.290      7.972      0.000       1.739       2.889
A01            0.9821      0.207      4.748      0.000       0.572       1.392
A04            1.1555      0.383      3.015      0.003       0.396       1.914
==============================================================================
Omnibus:                       19.832   Durbin-Watson:                   1.542
Prob(Omnibus):                  0.000   Jarque-Bera (JB):               29.371
Skew:                           0.812   Prob(JB):                     4.19e-07
Kurtosis:                       4.799   Cond. No.                         198.
==============================================================================
```

　　由上述多元迴歸的分析結果，可以得知原始分數的迴歸方程式為 B00=10.5812+2.3140×A03+0.9821×A01+1.1555×A04，解釋力 R^2 為 0.750，調整過後的 R^2 為 0.743。

　　接下來進行逐步多元迴歸分析的標準化迴歸係數估計，如下所示。

```
>>> sdata2 = sdata1[['A03','A01','A04','B00']]
>>> zsdata2 = sdata2.apply(stats.zscore)
>>> result64 = sm2.ols('B00 ~ A03+A01+A04', zsdata2).fit()
>>> print(result64.summary())
```

```
                            OLS Regression Results
==============================================================================
Dep. Variable:                    B00   R-squared:                       0.750
Model:                            OLS   Adj. R-squared:                  0.743
Method:                 Least Squares   F-statistic:                     115.8
Date:                Fri, 26 Aug 2022   Prob (F-statistic):           9.70e-35
Time:                        14:34:00   Log-Likelihood:                 -87.167
No. Observations:                 120   AIC:                             182.3
Df Residuals:                     116   BIC:                             193.5
Df Model:                           3
Covariance Type:            nonrobust
==============================================================================
                 coef    std err          t      P>|t|      [0.025      0.975]
------------------------------------------------------------------------------
Intercept      7.633e-17     0.046   1.64e-15      1.000      -0.092       0.092
A03            0.5090        0.064      7.972      0.000       0.383       0.635
A01            0.2911        0.061      4.748      0.000       0.170       0.413
A04            0.1953        0.065      3.015      0.003       0.067       0.324
==============================================================================
Omnibus:                       19.832   Durbin-Watson:                   1.542
Prob(Omnibus):                  0.000   Jarque-Bera (JB):               29.371
Skew:                           0.812   Prob(JB):                     4.19e-07
Kurtosis:                       4.799   Cond. No.                         2.48
==============================================================================
```

　　由上述多元迴歸標準化迴歸係數的分析結果，可以得知標準化的迴歸方程式為 B00=0.5090×A03+0.2911×A01+0.1953×A04，解釋力 R^2 為 0.750，調整過後的 R^2 為 0.743，與未標準化的多元迴歸方程式相同。

因為目前的模式為 A03、A01 與 A04，所以之前的二個模式分別是 A03+A01 以及 A03，先計算 A03+A01 的模式，如下所示。

```
>>> result62 = sm2.ols('B00 ~ A03+A01', sdata1).fit()
>>> print(result62.summary())
                        OLS Regression Results
==============================================================================
Dep. Variable:                    B00   R-squared:                       0.730
Model:                            OLS   Adj. R-squared:                  0.725
Method:                 Least Squares   F-statistic:                     158.2
Date:                Fri, 26 Aug 2022   Prob (F-statistic):           5.34e-34
Time:                        14:31:47   Log-Likelihood:                -353.30
No. Observations:                 120   AIC:                             712.6
Df Residuals:                     117   BIC:                             721.0
Df Model:                           2
Covariance Type:            nonrobust
==============================================================================
                 coef    std err          t      P>|t|      [0.025      0.975]
------------------------------------------------------------------------------
Intercept     11.6906      3.356      3.483      0.001       5.044      18.337
A03            2.7039      0.269     10.063      0.000       2.172       3.236
A01            1.2080      0.199      6.059      0.000       0.813       1.603
==============================================================================
Omnibus:                       15.655   Durbin-Watson:                   1.603
Prob(Omnibus):                  0.000   Jarque-Bera (JB):               24.269
Skew:                           0.625   Prob(JB):                     5.37e-06
Kurtosis:                       4.814   Cond. No.                         183.
==============================================================================
```

計算標準化迴歸係數，如下所示。

```
>>> sdata2 = sdata1[['A03','A01','B00']]
>>> zsdata2 = sdata2.apply(stats.zscore)
>>> result621 = sm2.ols('B00 ~ A03+A01', zsdata2).fit()
```

檢視標準化迴歸係數計算結果，如下所示。

```
>>> print(result621.summary())
                            OLS Regression Results
==============================================================================
Dep. Variable:                    B00   R-squared:                       0.730
Model:                            OLS   Adj. R-squared:                  0.725
Method:                 Least Squares   F-statistic:                     158.2
Date:                Fri, 26 Aug 2022   Prob (F-statistic):           5.34e-34
Time:                        14:42:12   Log-Likelihood:                -91.695
No. Observations:                 120   AIC:                             189.4
Df Residuals:                     117   BIC:                             197.8
Df Model:                           2
Covariance Type:            nonrobust
==============================================================================
                 coef    std err          t      P>|t|      [0.025      0.975]
------------------------------------------------------------------------------
Intercept     7.633e-17      0.048   1.59e-15      1.000      -0.095       0.095
A03              0.5947      0.059     10.063      0.000       0.478       0.712
A01              0.3581      0.059      6.059      0.000       0.241       0.475
==============================================================================
Omnibus:                       15.655   Durbin-Watson:                   1.603
Prob(Omnibus):                  0.000   Jarque-Bera (JB):               24.269
Skew:                           0.625   Prob(JB):                     5.37e-06
Kurtosis:                       4.814   Cond. No.                         1.95
==============================================================================
```

由上述 A03+A01 多元迴歸的分析結果，可以得知原始分數的迴歸方程式
為 B00=11.6906+2.7039×A03+1.2080×A01，標準化迴歸分數的迴歸方程式
B00=0.5947×A03+0.3581×A01，解釋力 R^2 為 0.730，調整過後的 R^2 為 0.725，
與未標準化的多元迴歸方程式相同。以下則為 A03 的簡單迴歸方程式計算。

```
>>> result61 = sm2.ols('B00 ~ A03', sdata1).fit()
>>> print(result61.summary())
                        OLS Regression Results
==============================================================================
Dep. Variable:                  B00   R-squared:                       0.645
Model:                          OLS   Adj. R-squared:                  0.642
Method:               Least Squares   F-statistic:                     214.8
Date:              Fri, 26 Aug 2022   Prob (F-statistic):           2.47e-28
Time:                      14:30:38   Log-Likelihood:                -369.67
No. Observations:               120   AIC:                             743.3
Df Residuals:                   118   BIC:                             748.9
Df Model:                         1
Covariance Type:          nonrobust
==============================================================================
                 coef    std err          t      P>|t|      [0.025      0.975]
------------------------------------------------------------------------------
Intercept     21.7430      3.330      6.530      0.000      15.150      28.336
A03            3.6525      0.249     14.655      0.000       3.159       4.146
==============================================================================
Omnibus:                      9.252   Durbin-Watson:                   1.632
Prob(Omnibus):                0.010   Jarque-Bera (JB):               11.231
Skew:                         0.456   Prob(JB):                      0.00364
Kurtosis:                     4.189   Cond. No.                         92.2
==============================================================================
```

計算標準化迴歸係數，如下所示。

```
>>> sdata2 = sdata1[['A03','B00']]
>>> zsdata2 = sdata2.apply(stats.zscore)
>>> result611 = sm2.ols('B00 ~ A03', zsdata2).fit()
```

檢視標準化迴歸係數的分析結果，如下所示。

```
>>> print(result611.summary())
                    OLS Regression Results
==============================================================================
Dep. Variable:                  B00   R-squared:                       0.645
Model:                          OLS   Adj. R-squared:                  0.642
Method:               Least Squares   F-statistic:                     214.8
Date:              Fri, 26 Aug 2022   Prob (F-statistic):           2.47e-28
Time:                      14:47:15   Log-Likelihood:                 -108.07
No. Observations:               120   AIC:                             220.1
Df Residuals:                   118   BIC:                             225.7
Df Model:                         1
Covariance Type:          nonrobust
==============================================================================
                 coef    std err          t      P>|t|      [0.025      0.975]
------------------------------------------------------------------------------
Intercept     7.633e-17     0.055   1.39e-15      1.000      -0.109       0.109
A03              0.8034     0.055     14.655      0.000       0.695       0.912
==============================================================================
Omnibus:                      9.252   Durbin-Watson:                   1.632
Prob(Omnibus):                0.010   Jarque-Bera (JB):               11.231
Skew:                         0.456   Prob(JB):                      0.00364
Kurtosis:                     4.189   Cond. No.                         1.00
==============================================================================
```

　　由上述 A03 預測 B00 的簡單迴歸的分析結果，可以得知原始分數的迴歸方程式為 B00=21.7430+3.6525×A03，標準化迴歸分數的迴歸方程式 B00=0.8034×A03，解釋力 R^2 為 0.645，調整過後的 R^2 為 0.642，與未標準化的多元迴歸方程式相同。

六、判斷多元共線性

接下來判斷多元共線性的診斷，利用 statsmodels 套件撰寫診斷多元共線性 VIF 的程式。

```
1.  from statsmodels.formula.api import ols
2.  def vif(df, col_i):
3.      cols = list(df.columns)
4.      cols.remove(col_i)
5.      cols_noti = cols
6.      formula = col_i + '~' + '+'.join(cols_noti)
7.      r2 = ols(formula, df).fit().rsquared
8.      return 1. / (1. - r2)
```

自訂 vif() 函式計算整體的多元共線性參數 VIF，以下執行 VIF 以及容忍度（tolerance）的估計結果。

```
1.  vifdata = sdata1[['A03', 'A01', 'A04']]
2.  for i in vifdata.columns:
3.      pvif=vif(df=vifdata, col_i=i)
4.      ptot=1/pvif
5.      print(i, '\t', ptot, '\t', pvif)
```

檢視容忍度與 VIF 的參數估計結果，如下所示。

```
A03    0.5294152966788039        1.8888762872424134
A01    0.5738523808311762        1.7426084362525174
A04    0.5143028684033721        1.9443795892184126
```

上述的共線性輸出，第一欄為容忍度，第二欄則為 VIF，由其中的共線性診斷中發現三個自變項 A03、A01 以及 A04 的 VIF 值均小於 5，容忍值均大於 0.20，表示未呈現有共線性的情形發生。

七、迴歸分析結果報告

　　本節旨在探討教師領導、教師專業學習社群參與對教師專業發展之預測作用。本研究以教師領導的四個層面（參與校務決策、展現教室領導、促進同儕合作、提升專業成長）、教師專業學習社群參與的四個層面（建立共同目標願景、進行協同合作學習、分享教學實務經驗、發展專業省思對話）為預測變項，以教師專業發展整體及四個層面（教育專業自主、專業倫理與態度、教育專業知能、學科專門知能）為效標變項，進行逐步多元迴歸分析，以了解各預測變項的個別及聯合預測力。

　　在多元迴歸分析之各預測變項中，R^2 可被解釋的比例愈大，VIF 愈大，容忍值愈小，表示自變項相關愈高，共線性愈嚴重。當 VIF 大於 5，容忍值小於 0.20，自變項之間已有很高相關。VIF 大於 10，容忍值小於 0.10，表示共線性嚴重。而整體迴歸的共線性，如果條件指數低於 30，表示共線性緩和，指數 30 至 100 之間，表示具有中至高度共線性，指數 100 以上則有嚴重共線性（陳新豐，2015）。

　　以國民小學教師領導各層面對「整體教師專業發展」進行多元逐步迴歸分析。以「參與校務決策」、「展現教室領導」、「促進同儕合作」、「提升專業成長」為預測變項，而以「整體教師專業發展」為效標變項，進行逐步迴歸分析，結果如下表。

選入的變項	決定係數 R^2	增加解釋量 R^2	β	F	容忍度	VIF
促進同儕合作	0.645	0.645	0.5090	214.8***	0.529	1.889
參與校務決策	0.730	0.085	0.2911	158.2***	0.574	1.743
提升專業成長	0.749	0.020	0.1953	115.8***	0.514	1.944

***p<.001

　　由上表可以發現共有三個變項對「整體教師專業發展」具有顯著預測力，分別為「促進同儕合作」、「參與校務決策」與「提升專業成長」。其中以「促進同儕合作」的預測力最佳，個別解釋量為 64.54%；其次加入「參與校務決策」，可增加 8.47% 的解釋變異量；最後加入「提升專業成長」，可增加 1.93% 的解釋變異量。此三者共可有效解釋教師專業發展 74.94% 的變異量，而 VIF 值均小於 5，容忍值均大於 0.20，表示共線性緩和。

　　另外，「促進同儕合作」、「參與校務決策」、「提升專業成長」三個向度的 β 值均為正值，表示國民小學教師在教師領導中「促進同儕合作」、「參與校務決策」、「提升專業成長」對整體教師專業發展有正向預測力。代表國民小學教師在教師領導「促進同儕合作」、「參與校務決策」、「提升專業成長」三個層面之知覺程度愈高，對教師專業發展知覺程度愈高。

　　驗證研究假設國民小學教師在教師領導對教師專業發展知覺上有顯著預測力，部分獲得支持。

八、迴歸分析程式

　　以下為迴歸分析的完整程式。

```
1.  #Filename: CH06_2.py
2.  import os
3.  os.chdir('D:\\DATA\\CH06\\')
4.  import pandas as pd
5.  sdata0 = pd.read_csv('CH06_1.csv')
6.  sdata1 = sdata0.copy()
7.
8.  sdata1['A01']=sdata1[['A0101','A0102','A0103','A0104','A0105','A0106']].sum(axis='columns')
9.  sdata1['A02']=sdata1[['A0201','A0202','A0203','A0204','A0205','A0206']].sum(axis='columns')
10. sdata1['A03']=sdata1[['A0301','A0302','A0303','A0304']].sum(axis='columns')
11. sdata1['A04']=sdata1[['A0401','A0402','A0403']].sum(axis='columns')
12. sdata1['A00']=sdata1[['A01','A02','A03','A04']].sum(axis='columns')
13.
```

```
14.  sdata1['SA01']=sdata1[['A0101','A0102','A0103','A0104','A0105','A0106']].
     mean(axis='columns')
15.  sdata1['SA02']=sdata1[['A0201','A0202','A0203','A0204','A0205','A0206']].
     mean(axis='columns')
16.  sdata1['SA03']=sdata1[['A0301','A0302','A0303','A0304']].mean(axis='columns')
17.  sdata1['SA04']=sdata1[['A0401','A0402','A0403']].mean(axis='columns')
18.  sdata1['SA00']=sdata1[['SA01','SA02','SA03','SA04']].mean(axis='columns')
19.
20.  sdata1['B01']=sdata1[['B0101','B0102','B0103','B0104','B0105','B0106','B0107',
     'B0108']].sum(axis='columns')
21.  sdata1['B02']=sdata1[['B0201','B0202','B0203','B0204','B0205','B0206']].
     sum(axis='columns')
22.  sdata1['B03']=sdata1[['B0301','B0302','B0303','B0304']].sum(axis='columns')
23.  sdata1['B04']=sdata1[['B0401','B0402','B0403']].sum(axis='columns')
24.  sdata1['B00']=sdata1[['B01','B02','B03','B04']].sum(axis='columns')
25.
26.  sdata1['SB01']=sdata1[['B0101','B0102','B0103','B0104','B0105','B0106','B0107',
     'B0108']].mean(axis='columns')
27.  sdata1['SB02']=sdata1[['B0201','B0202','B0203','B0204','B0205','B0206']].
     mean(axis='columns')
28.  sdata1['SB03']=sdata1[['B0301','B0302','B0303','B0304']].mean(axis='columns')
29.  sdata1['SB04']=sdata1[['B0401','B0402','B0403']].mean(axis='columns')
30.  sdata1['SB00']=sdata1[['SB01','SB02','SB03','SB04']].mean(axis='columns')
31.
32.  sdata1['C01']=sdata1[['C0101','C0102','C0103','C0104','C0105','C0106','C0107']].
     sum(axis='columns')
33.  sdata1['C02']=sdata1[['C0201','C0202','C0203','C0204','C0205']].
     sum(axis='columns')
34.  sdata1['C03']=sdata1[['C0301','C0302','C0303','C0304']].sum(axis='columns')
35.  sdata1['C04']=sdata1[['C0401','C0402','C0403','C0404']].sum(axis='columns')
36.  sdata1['C00']=sdata1[['C01','C02','C03','C04']].sum(axis='columns')
37.
38.  sdata1['SC01']=sdata1[['C0101','C0102','C0103','C0104','C0105','C0106','C0107']].
     mean(axis='columns')
39.  sdata1['SC02']=sdata1[['C0201','C0202','C0203','C0204','C0205']].
     mean(axis='columns')
40.  sdata1['SC03']=sdata1[['C0301','C0302','C0303','C0304']].mean(axis='columns')
41.  sdata1['SC04']=sdata1[['C0401','C0402','C0403','C0404']].mean(axis='columns')
42.  sdata1['SC00']=sdata1[['SC01','SC02','SC03','SC04']].mean(axis='columns')
```

```
43.
44. sdata1.plot.scatter(x='A00',y='B00')
45.
46. import matplotlib.pyplot as plt
47. plt.scatter(sdata1['A00'],sdata1['B00'], c='darkblue', alpha=0.5)
48. plt.show()
49.
50. import seaborn as sns
51. sns.scatterplot(x='A00',y='B00', data=sdata1)
52.
53. import scipy.stats as stats
54. result1 = stats.linregress(sdata1['A00'], sdata1['B00'])
55. print(result1)
56.
57. import statsmodels.api as sm1
58. y=sdata1['B00']
59. x=sdata1['A00']
60. x_c=sm1.add_constant(x)
61. result2=sm1.OLS(y,x_c).fit()
62. print(result2.summary())
63.
64. import statsmodels.formula.api as sm2
65. result3 = sm2.ols('B00 ~ A00', sdata1).fit()
66. print(result3.summary())
67.
68. sdata2 = sdata1[['A00','B00']]
69. zsdata2 = sdata2.apply(stats.zscore)
70. result31 = sm2.ols('B00 ~ A00', zsdata2).fit()
71. print(result31.summary())
72.
73. import pingouin as pg
74. result4 = pg.linear_regression(sdata1['A00'],sdata1['B00'])
75. print(result4.round(4))
76.
77. import matplotlib.pyplot as plt
78. plt.rcParams['font.sans-serif']=['Microsoft JhengHei']
79. plt.rcParams['axes.unicode_minus']=False
80. plt.figure(figsize=(8,6))
81. plt.scatter(x,y,c='k', marker='o')
```

```
82.  plt.plot(x,result2.params[0]+result2.params[1]*x,'r')
83.  plt.xlabel(' 教師領導 ')
84.  plt.ylabel(' 教師專業學習社群 ')
85.  plt.title(' 教師領導預測教師專業學習社群 ')
86.  plt.grid()
87.
88.  result51 = sm2.ols('B00 ~ A01+A02+A03+A04', sdata1).fit()
89.  print(result51.summary())
90.
91.  result52 = sm2.ols('B00 ~ A01+A03+A04', sdata1).fit()
92.  print(result52.summary())
93.
94.  sdata2 = sdata1[['A01','A03','A04','B00']]
95.  zsdata2 = sdata2.apply(stats.zscore)
96.  result53 = sm2.ols('B00 ~ A01+A03+A04', zsdata2).fit()
97.  print(result53.summary())
98.
99.  import pandas as pd
100. import numpy as np
101. import statsmodels.api as sm
102. def stepwise_selection(X, y,
103.                        initial_list=[],
104.                        threshold_in=0.01,
105.                        threshold_out = 0.05,
106.                        verbose=True):
107.     included = list(initial_list)
108.     while True:
109.         changed=False
110.
111.         excluded = list(set(X.columns)-set(included))
112.         new_pval = pd.Series(index=excluded)
113.         new_tval = pd.Series(index=excluded)
114.         for new_column in excluded:
115.                 model = sm.OLS(y, sm.add_constant(pd.DataFrame(X[included+[new_
     column]]))).fit()
116.                 new_pval[new_column] = model.pvalues[new_column]
117.                 new_tval[new_column] = model.tvalues[new_column]
118.         best_pval = new_pval.min()
119.         best_tval = new_tval.max()
```

```
120.        if best_pval < threshold_in:
121.            best_feature = new_pval.idxmin()
122.            included.append(best_feature)
123.            changed=True
124.            if verbose:
125.                print('Add  {:30} with p-value {:.6} t-value {:.6}'.format(best_
     feature, best_pval, best_tval))
126.
127.        model = sm.OLS(y, sm.add_constant(pd.DataFrame(X[included]))).fit()
128.
129.        pvalues = model.pvalues.iloc[1:]
130.        worst_pval = pvalues.max() # null if pvalues is empty
131.        if worst_pval > threshold_out:
132.            changed=True
133.            worst_feature = pvalues.idxmax()
134.            included.remove(worst_feature)
135.            if verbose:
136.                print('Drop {:30} with p-value {:.6}'.format(worst_feature, worst_
     pval))
137.        if not changed:
138.            break
139.    return included
140.
141.X=sdata1[['A01','A02','A03','A04']]
142.y=sdata1[['B00']]
143.result = stepwise_selection(X, y)
144.print('resulting features:')
145.print(result)
146.
147.result63 = sm2.ols('B00 ~ A03+A01+A04', sdata1).fit()
148.print(result63.summary())
149.
150.sdata2 = sdata1[['A03','A01','A04','B00']]
151.zsdata2 = sdata2.apply(stats.zscore)
152.result631 = sm2.ols('B00 ~ A03+A01+A04', zsdata2).fit()
153.print(result631.summary())
154.
155.result62 = sm2.ols('B00 ~ A03+A01', sdata1).fit()
156.print(result62.summary())
```

```
157.
158. sdata2 = sdata1[['A03','A01','B00']]
159. zsdata2 = sdata2.apply(stats.zscore)
160. result621 = sm2.ols('B00 ~ A03+A01', zsdata2).fit()
161. print(result621.summary())
162.
163. result61 = sm2.ols('B00 ~ A03', sdata1).fit()
164. print(result61.summary())
165.
166. sdata2 = sdata1[['A03','B00']]
167. zsdata2 = sdata2.apply(stats.zscore)
168. result611 = sm2.ols('B00 ~ A03', zsdata2).fit()
169. print(result611.summary())
170.
171. from statsmodels.formula.api import ols
172. def vif(df, col_i):
173.     cols = list(df.columns)
174.     cols.remove(col_i)
175.     cols_noti = cols
176.     formula = col_i + '~' + '+'.join(cols_noti)
177.     r2 = ols(formula, df).fit().rsquared
178.     return 1. / (1. - r2)
179.
180. vifdata = sdata1[['A03', 'A01', 'A04']]
181. for i in vifdata.columns:
182.     pvif=vif(df=vifdata, col_i=i)
183.     ptot=1/pvif
184.     print(i, '\t', ptot, '\t', pvif)
```

習題

　　某個班級有 10 名國小學生，其閱讀興趣、閱讀行為與習慣的調查資料，研究者想要了解這些變項對於閱讀行為的影響，甚至加入性別的作用，則為一個多元迴歸的範例，資料列述如下。

學生編號	1	2	3	4	5	6	7	8	9	10
性別	男	男	女	男	男	女	女	男	女	女
興趣	1.20	1.00	2.40	2.20	1.40	3.80	2.40	2.60	3.20	3.20
行為	2.57	2.11	2.52	2.79	2.24	3.21	2.72	2.98	2.93	3.15
習慣	1.50	2.08	2.17	2.17	1.33	2.83	2.75	2.33	2.33	2.25

請以上述資料進行多元迴歸分析，並且計算出閱讀興趣、閱讀習慣對於閱讀行為的非標準化及標準化迴歸方程式，並做適當的結果解釋。

Chapter

07

卡方考驗

　　人文社會科學的問卷調查中，常常會遇到許多類別變項，例如：性別、社經水準、職業聲望、學習風格等。這些類別變項測量結果的描述性統計，即是計算各類別所占的比例等統計量。而類別變項的假設考驗中，則是可以利用各類別的次數比例，以卡方分配來進行假設考驗，也因此稱之為卡方考驗，包括適合度考驗、同質性考驗以及獨立性考驗等。

　　卡方分配屬於無母數考驗（nonparametric tests），亦即當參數的假設無法符合常態與變異數同質性時即可以使用無母數考驗來進行假設考驗。

　　本章將介紹如何運用 Python 語言來進行卡方考驗，以下為本章使用的 Python 套件。

　　1. os

　　2. pandas

　　3. scipy

壹、卡方分配

　　卡方考驗適用於處理人數、次數等類別變項資料，調查研究時常用此方法來進行資料的考驗。研究上，常須檢定研究所宣稱的期望值是否為真。例如：某教師自編測驗中宣稱其題目中選擇題四個選項的比率皆相等，亦即 1：1：1：1，此時進行卡方考驗即可判定此題目是否如編製者宣稱的選項的出現次數或比率相等是否成立。卡方考驗可說是各行各業，不論在管理、經濟、社會、教育、心理、生物、醫學、農業……，理論與實務研究上都是相當好用的考驗分析工具。

　　類別變項除了次數分配表及列聯表的呈現外，可進一步以卡方考驗來進行推論統計檢定，因為卡方考驗以細格次數來進行交叉比較，因此又稱為交叉表分析。且由於列聯表中的細格不是次數便是百分比，所以卡方考驗又可稱為百分比考驗。其檢定原理是考驗「樣本的觀察次數或百分比」與「理論或母群體的次數或百分比，亦即期望次數」之間是否有顯著的差異。以下將從卡方的分配、卡方的定義等二個部分來加以說明。

一、卡方的分配

　　卡方分配主要應用於名義、類別變項等，卡方考驗在於比較觀察次數、理論或期望次數的殘差。例如：投擲 200 次公平的硬幣，理論上應該是 100 次正面以及 100 次反面，但是若出現 96 次正面、104 次反面時，是否此時的硬幣就是不公平了，又例如：有一個公正的六面骰子，投擲 300 次，各個點數出現的次數如下表所示。

點數	次數
1	38
2	56
3	44
4	56
5	66
6	40

　　根據上述的例子，是否可以做成這個骰子是不公正的結論呢？

　　卡方分配的來源可自常態化的隨機變項中說起，若從一個隨機變項 X 中，任意選取一個樣本，並將 X 值轉換成標準分數，再將此標準分數平方，此時平方的標準分數即是定義爲 1 的卡方隨機變項。自由度爲 1 的卡方值呈現正偏態分配，而非對稱的分配，若自由度大於 1 時，卡方分配的形狀也會隨之改變。以下爲當自由度爲 1、2、5、10 時的卡方分配圖示。

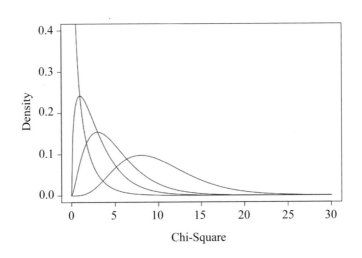

由上面卡方分配的圖形中可以得知，卡方分配當自由度愈多時，即會愈接近常態分配。

二、卡方的定義

由上述的二個例子中，可以利用卡方考驗來加以檢定，此時的卡方考驗中比較觀察與期望次數的公式定義如下。

$$\chi^2 = \sum_{i=1}^{k} \frac{(O-E)^2}{E}$$

其中的 O 所代表的是觀察次數，E 所代表的是理論期望次數，至於 k 則是類別的次數。利用卡方考驗的公式來計算上述硬幣與骰子的二個例子。下表 7-1 為投擲硬幣時一覽表。

表 7-1　投擲硬幣範例計算卡方值一覽表

	O	E	$O-E$	$(O-E)^2$	$(O-E)^2/E$
正面	96	100	-4	16	0.16
反面	104	100	4	16	0.16
小計	200	200	0		0.32

下表 7-2 為投擲骰子時其計算卡方值一覽表。

表 7-2　投擲骰子範例計算卡方值一覽表

	O	E	$O-E$	$(O-E)^2$	$(O-E)^2/E$
1	38	50	-12	144	2.88
2	56	50	6	36	0.72
3	44	50	-6	36	0.72
4	56	50	6	36	0.72
5	66	50	16	256	5.12
6	40	50	-10	100	2.00
小計	300	300	0	608	12.16

貳、適合度考驗

　　當研究者關心一個自變項，例如：性別、年齡、社經地位、身心特徵等，考驗其分配狀況是否與某個理論或母群的分配相符合，便可以利用卡方考驗來進行統計檢定，這種考驗稱為適合度考驗（goodness of fit test）。由於適合度考驗僅涉及一個自變項，亦被稱為單因子分類考驗（one-way classification test）。

　　適合度考驗的目的在於考驗單一自變項的實際觀察次數分配與某理論的期望

次數分配是否相符合；若統計量考驗即卡方值未達顯著差異，則稱樣本在該自變項的分布與理論母群並無差異。反之，則說樣本在該自變項的測量上與母群並不相同，或者可說是一個特殊的樣本。例如：考驗某國小學生性別之比例是否為2 比 1，此時即可運用「適合度考驗」。以下適合度考驗的範例是某個研究調查982 位社會各階層的人數，分別是農人 192 位、勞工 302 位、公務人員 318 位、自由業 132 位、經理人員 38 位。此樣本母群的分配比例是農人占 20%、勞工占30%、公務人員占 30%、自由業占 15%、經理人員占 5%。以下即是利用適合度考驗來考驗所抽出的樣本與母群的分配情形是否相同？分析步驟如下。

一、撰寫統計假設

上述適合度考驗的範例中，母群分配的比例是 0.20、0.30、0.30、0.15 與0.05，所以統計假設中的虛無假設與對立假設可分別描述如下。

$H_0 = P1：P2：P3：P4：P5 = 0.20：0.30：0.30：0.15：0.05$

$H_1 = P1：P2：P3：P4：P5 \neq 0.20：0.30：0.30：0.15：0.05$

二、設定拒絕虛無假設的決斷值

根據以上的統計假設，若要決定是否拒絕虛無假設，有二種方式，第一種即為計算拒絕虛無假設的決斷值，另外一種則是在卡方分配中，計算出大於卡方值的機率值。本範例的類別數是 5，所以自由度為類別數減 1，即自由度為 4，在卡方分配中，α 在 0.05 的決斷值為 9.487729，此決斷值可利用 Python 中的 scipy套件的 chi2.ppf() 來加以完成，亦即輸入 stats.chi2.ppf(0.95,4) 即會計算出此決斷值 9.487729。

```
>>> from scipy import stats
>>> print(stats.chi2.ppf(0.95,4))
9.487729036781154
```

三、計算卡方值

利用卡方值的計算公式，計算本範例適合度考驗的卡方值，如下表所示。

職業	O	E	$O-E$	$(O-E)^2$	$(O-E)^2/E$	R
農人	192	196.40	-4.40	19.36	0.10	-0.31
勞工	302	294.60	7.40	54.76	0.18	0.43
公務人員	318	294.60	23.40	547.56	1.86	1.36
自由業	132	147.30	-15.30	234.09	1.59	-1.26
經理人員	38	49.10	-11.10	123.21	2.51	-1.58
小計	982	982	0.00	978.98	6.24	-1.36

由上表計算卡方值的結果可以得知，本範例適合度考驗的卡方值為 6.24。

另外一種決定是否拒絕虛無假設的方法即為計算出卡方分配下，大於此卡方值的機率值，此機率值即為 p 值，在 Python 語言 scipy 套件中，輸入 1-stats.chi2.cdf(6.24,4)=0.18。

四、做成統計決定

由上述的計算結果中可以得知，本範例的適合度考驗結果，卡方值為 6.24，自由度為 4，人數 982，p 值為 0.18，大於 0.05，未達顯著水準，代表需要接受虛無假設，拒絕對立假設。另外由決斷值 9.487729，而計算的卡方值為 6.24，並未大於決斷值，得到相同的結論。亦即表示這 982 位社會各階層人士，與樣本母群農人 20%、勞工 30%、公務人員 30%、自由業 15%、經理人員 5% 等分配比例並無差異。

參、獨立性考驗

　　卡方考驗中，若要同時考驗兩個類別變項之間是否具有特殊的關係時，例如：要探討大學學生其父母社經水準分布與教育程度分布的關係，即可利用卡方考驗來進行統計檢定，此時的卡方考驗稱為獨立性考驗（test of independence）。卡方考驗中的獨立性考驗的目的在於考驗樣本的二個變項觀察值，是否具有特殊的關聯程度。如果二個類別變項沒有互動關係，亦即卡方值不顯著，則可說二變項相互獨立。相對的，當二個變項有相互作用時，亦即當卡方值達顯著水準時，拒絕虛無假設、承認對立假設，表示二個變項之間是不獨立的，也就是有所關聯。

　　獨立性考驗中的二個變項代表兩個不同的概念或母群體，獨立性考驗必須同時處理雙變項的母群體特性，因此可稱為「雙因子考驗」或「雙母數考驗」，且此時雙母數指的是兩個變項所代表的概念母數，而非人口學上的母體（邱皓政，2002）。例如：某研究者利用 200 名學生為受試者，每人都接受閱讀理解與學習風格二種測驗，考驗二種測驗之間是否獨立，即可運用獨立性考驗。

　　以下範例為調查 210 位國中教師是否支持諮商政策，其中有 110 位男生、100 位女生，支持者有 172 位、反對者有 38 位。利用卡方考驗中的獨立性考驗來考驗國中教師性別與諮商政策的支持態度之間是否獨立無關？

	支持	反對	小計
男	88(90.10)	22(19.90)	110
女	84(81.90)	16(18.10)	100
小計	172	38	210

一、撰寫統計假設

$H_0 = P_{ij} = P_i \times P_j$　　　　　　（互為獨立）

$H_1 = H_0$ 不成立　　　　　　（不是互為獨立）

二、設定拒絕虛無假設的決斷值

　　根據以上的統計假設，若要決定是否拒絕虛無假設，有二種方式。第一種即為計算拒絕虛無假設的決斷值，另外一種則是在卡方分配中，計算出大於卡方值的機率值。本範例獨立性考驗中，自由度為 (2-1)×(2-1)=1，在卡方分配中，α 在 0.05 的決斷值為 3.841459，此決斷值可利用 Python 語言 scipy 套件中的 stats.chi2.ppf() 來加以完成，亦即輸入 stats.chi2.ppf(0.95,1) 即會計算出此決斷值 3.841459。

三、計算卡方值

　　利用卡方值的計算公式，計算本範例獨立性考驗的卡方值，如下表所示，首先計算期望次數。

	支持	反對
男	$\dfrac{110\times172}{210}=90.0952$	$\dfrac{110\times38}{210}=19.9048$
女	$\dfrac{100\times172}{210}=81.9048$	$\dfrac{100\times38}{210}=18.0952$

　　接下來計算卡方值，如下所示。

	O	E	$O-E$	$(O-E)^2$	$(O-E)^2/E$	R
1/1	88	90.0952	-2.0952	4.3900	0.0487	-0.2207
1/2	22	19.9048	2.0952	4.3900	0.2205	0.4696
2/1	84	81.9048	2.0952	4.3900	0.0536	0.2315
2/2	16	18.0952	-2.0952	4.3900	0.2426	-0.4926
小計	210	210	0	17.5600	0.5655	-0.0122

　　由上述可以得知，所計算的卡方值爲 0.5655，另外亦可由下列公式加以計算卡方值，亦得到相同的結果。

	支持	反對
男	88(A)	22(B)
女	84(C)	16(D)

　　下列公式中的 A、B、C、D 即爲上述表格中的細格位置。

$$\chi^2 = \frac{n(AD-BC)^2}{(A+B)(C+D)(A+C)(B+D)}$$
$$= \frac{210\times(88\times16-22\times84)^2}{(88+22)(84+16)(88+84)(22+16)}$$
$$= \frac{40656000}{71896000}$$
$$= 0.5655$$

　　另外一種決定是否拒絕虛無假設的方法即爲計算出卡方分配下，大於此卡方值的機率值，此機率值即爲 p 值，在 Python 語言 scipy 套件中，輸入 1-stats.chi2.cdf(0.5655,1)=0.45。

四、做成統計決定

　　由上述的計算結果可以得知，本範例獨立性考驗結果，卡方值爲 0.5655，自由度爲 1，人數 210，p 值爲 0.45，大於 0.05，未達顯著水準，代表需要接受虛無假設，拒絕對立假設。另外由決斷值 3.84，而計算的卡方值爲 0.5655，並未大於決斷值，得到相同的結論，亦即表示研究者調查這 210 位國中教師不同性別與是否支持諮商政策之間，獨立無關。

肆、同質性考驗

卡方考驗收集到的資料可以設計為 I 個橫列和 J 個縱行的表格，稱為「交叉表」或「列聯表（contingency table）」，其中卡方考驗進行同質性考驗（test for homogeneity）的目的，在於考驗受試的 J 組樣本在 I 個反應中選擇某一選項的百分比是否有顯著差異（林清山，1994）。

獨立性考驗與同質性考驗的差異，主要是獨立性考驗是同一個樣本的二個變項關聯情形的考驗，同質性考驗則是二個或二個以上樣本在同一個變項的分布狀況的考驗。例如：一般大學與軍事院校大學學生性別分布上的比較，從兩個樣本背後所代表兩個母群體，包括一般大學與軍事院校在性別的自變項上是否有類似的分布情形，或者是否具有相同的性別特質（邱皓政，2002）。

例如：調查 100 名國一學生、200 名國二學生和 150 名國三學生，「有」或「無」閱讀過武俠小說的經驗。考驗三個年級學生閱讀過武俠小說的人數百分比是否相同，即可運用「同質性考驗」。以下範例來自於林清山（1994，p. 289）的資料，其中有 31 位家長、43 位教師、20 位心理專家與 91 位學生有關於懲罰的意見，調查問題為「成績退步的學生應該受到老師的懲罰 □贊成 □沒意見 □反對」。以下為收集資料形成交叉表的情形，利用考驗這四組，受試者對此一題目的贊成百分比是否相同？

	家長	教師	心理專家	學生
贊成	23	27	5	31
沒意見	5	4	6	10
反對	3	12	9	50

一、撰寫統計假設

$H_0 = P_1 = P_2 = P_3 = P_4$ （四組受試者贊成百分比相同）

$H_1 = H_0$ 不成立 （至少有二組受試者贊成百分比不同）

二、設定拒絕虛無假設的決斷值

根據以上的統計假設，若要決定是否拒絕虛無假設，有二種方式。第一種即為計算拒絕虛無假設的決斷值，另外一種則是在卡方分配中，計算出大於卡方值的機率值。本範例同質性考驗中，自由度為 $(3-1) \times (4-1) = 6$，在卡方分配中，α 在 0.05 的決斷值為 12.59159，此決斷值可利用 Python 程式語言 scipy 套件中的 stats.chi2.ppf() 來加以完成，亦即輸入 stats.chi2.ppf(0.95,6) 即會計算出此決斷值 12.59159。

三、計算卡方值

利用卡方值的計算公式，計算本範例獨立性考驗的卡方值，如下表所示。

	O	E	$O-E$	$(O-E)^2$	$(O-E)^2/E$	R
1/1	23.0000	14.4108	8.5892	73.7744	5.1194	2.2626
1/2	27.0000	19.9892	7.0108	49.1513	2.4589	1.5681
1/3	5.0000	9.2973	-4.2973	18.4668	1.9863	-1.4093
1/4	31.0000	42.3027	-11.3027	127.7510	3.0199	-1.7378
2/1	5.0000	4.1892	0.8108	0.6574	0.1569	0.3961
2/2	4.0000	5.8108	-1.8108	3.2790	0.5643	-0.7512
2/3	6.0000	2.7027	3.2973	10.8722	4.0227	2.0057
2/4	10.0000	12.2973	-2.2973	5.2776	0.4292	-0.6551
3/1	3.0000	12.4000	-9.4000	88.3600	7.1258	-2.6694
3/2	12.0000	17.2000	-5.2000	27.0400	1.5721	-1.2538

3/3	9.0000	8.0000	1.0000	1.0000	0.1250	0.3536
3/4	50.0000	36.4000	13.6000	184.9600	5.0813	2.2542
小計	185	185	0	590.5898	31.6618	0.3637

由上述可以得知，所計算的卡方值為 31.6618。

另外一種決定是否拒絕虛無假設的方法即為計算出卡方分配下，大於此卡方值的機率值，此機率值即為 p 值，在 Python 語言 scipy 套件中，輸入 1-stats.chi2.cdf(31.6618,6)=1.895×10^{-5}。

四、做成統計決定

由上述的計算結果中可以得知，本範例同質性考驗結果，卡方值為 31.6618，自由度為 6，人數 100，p 值為 1.895×10^{-5}，小於 0.05，達顯著水準，代表需要拒絕虛無假設，接受對立假設。另外由決斷值 12.59159，而計算的卡方值為 31.6618，大於決斷值，亦得到相同的結論。即表示研究者調查這 185 位針對成績退步學生是否應該受到懲罰的態度，四組（家長、教師、心理專家、學生）受試者的贊成比例並不相同。

伍、應用卡方考驗注意事項

進行卡方考驗時，需要注意的事項主要有以下幾點：

一、每位受試者在細格中只能提供一個反應。

二、同質性與獨立性考驗中，反應資料應該大到足夠有 2×2 的列聯表中，不會出現少於 10 的期望次數，或者是大於 2×2 的列聯表中不會少於 5 的期望次數。否則即需要收集更多資料，或者是使用其他的檢定方法，例如：費雪精確檢定（Fisher's exact test）（Kiess & Green, 2016）。

三、適合度考驗中，如果僅有二個細格，儲存格的最小期望次數不應小於

5。Kiess 與 Green（2016）指出，如果只有二個細格，最小期望次數不應小於 10。如果有三個以上的細格，期望次數不能小於 5，否則不能進行卡方考驗。

　　四、適合度考驗中，細格有二個以上時，期望次數小於 5 的細格不能超過總細格數的 20%，否則不能進行卡方考驗。如果期望次數小於 5 的細格超過 20% 以上，可以利用合併類別的方式來解決。

陸、卡方考驗的範例解析

　　卡方考驗主要可分為適合度考驗、百分比同質性考驗以及獨立性考驗，以下將說明卡方考驗中各種類型如何利用 Python 程式語言來進行分析及其報告。

一、適合度考驗

　　以下將分為期望比例相同與不同等二個例子說明如下。

（一）期望比例相同

　　適合度考驗的例子是以投擲公平的硬幣時，出現正面與反面的次數。首先切換至工作目錄 D:\DATA\CH07，如下所示。

```
>>> import os
>>> os.chdir('D:\\DATA\\CH07\\')
```

　　建立資料，投擲 200 次的硬幣，正面 96 次、反面 104 次，考驗正面與反面的比例是否相同。

```
>>> sdata0 = [96,104]
```

　　檢視資料，如下所示。

```
>>> print(sdata0)
[96, 104]
```

進行卡方考驗，引入 scipy 套件，如下所示。

```
>>> import scipy.stats as stats
>>> result1=stats.chisquare(sdata0)
```

下列為卡方考驗結果。

```
>>> print(result1)
Power_divergenceResult(statistic=0.32, pvalue=0.5716076449533314)
```

　　由上述卡方考驗的結果可以得知，卡方值為 0.32，自由度為 1，考驗結果的顯著性 p 值為 0.5716，大於 0.05 表示接受虛無假設，拒絕對立假設，表示正面與反面出現的比率並無不同。下列為另一種卡方考驗進行的方法，因為本範例是考驗各類別的比例相同，有二種可能，所以期望次數分別為 100 與 100，總數為 200，因此可以撰寫如下所示。

```
>>> result11=stats.chisquare(sdata0, [100,100])
```

　　上述二種卡方考驗的語法都會得到相同的結果，以下將說明當卡方考驗各類別的比例不同時的範例。

（二）期望比例不同

　　首先建立卡方考驗所需資料，以下的資料為 200 位受試者對於諮詢服務的滿意度調查，其中有 168 位表示滿意、32 位表示不滿意，而期望人數則為 180 與 20，如下所示。

```
>>> sdata11 = [168,32]
>>> sdata12 = [180,20]
```

進行卡方考驗，觀察資料變項為 sdata11，期望次數資料變項為 sdata12，撰寫語法格式如下所示。

```
>>> result2=stats.chisquare(sdata11, sdata12)
```

檢視卡方考驗，各類別期望次數比例不同情形下的結果。

```
>>> print(result2)
Power_divergenceResult(statistic=8.0, pvalue=0.004677734981047276)
```

由上述的結果可以得知，此範例的卡方值為 8，自由度為 1，顯著性 p 值為 0.004678，達 $\alpha=0.05$ 的顯著水準，亦即拒絕虛無假設，接受對立假設，表示滿意諮詢服務的受試者與不滿意者的人數有所差異。

二、獨立性考驗

以下範例為調查 210 位國中教師是否支持諮商政策，其中有 110 位男生、100 位女生，支持者有 172 位、反對者有 38 位。利用卡方考驗中的獨立性考驗來考驗國中教師性別與諮商政策的支持態度之間是否獨立無關？讀取資料，如下所示。

```
>>> import pandas as pd
>>> sdata31 = pd.DataFrame()
>>> sdata31 = [[88,22],[84,16]]
```

檢視資料，如下所示。

```
>>> print(sdata31)
[[88, 22], [84, 16]]
```

由上述資料可以得知，男生為 88+22=110，女生為 84+16=100，支持者為 88+84=172，反對者為 22+16=38。

進行獨立性考驗，如下所示。

```
>>> result3=stats.chi2_contingency(sdata31)
>>> print(result3)
(0.32779640035607027, 0.5669595374151087, 1, array([[90.0952381, 19.9047619],
[81.9047619, 18.0952381]]))
```

上述結果，卡方值為 0.3278，顯著性 p 值為 0.5670，自由度為 1，因為此範例是 2×2 列聯表，所以需要進行葉慈校正（Yates' correction），亦即 correction 要設定為 False，如下所示。

```
>>> result3=stats.chi2_contingency(sdata31, correction=False)
>>> print(result3)
(0.5654834761321914, 0.4520592653257175, 1, array([[90.0952381, 19.9047619],
[81.9047619, 18.0952381]]))
```

由上述獨立性考驗的結果可以得知，卡方考驗結果的卡方值為 0.5655，自由度為 1，顯著性 p 值為 0.4521，未達顯著水準，亦即承認虛無假設，拒絕對立假設，表示這 210 位國中教師性別與諮商政策的支持態度之間獨立無關。

三、百分比同質性考驗

　　以下同質性考驗的範例來自於林清山（1994，p. 289）的資料，其中有 31 位家長、43 位教師、20 位心理專家與 91 位學生有關於懲罰的意見，調查問題為「成績退步的學生應該受到老師的懲罰 □贊成 □沒意見 □反對」。以下為收集資料形成交叉表的情形，利用考驗這四組，受試者對此一題目的贊成百分比是否相同？首先讀取資料，如下所示。

```
>>> import pandas as pd
>>> sdata4 = pd.DataFrame()
>>> sdata4 = [[23,27,5,31],[5,4,6,10],[3,12,9,50]]
```

　　檢視資料，如下所示。

```
>>> print(sdata4)
[[23, 27, 5, 31], [5, 4, 6, 10], [3, 12, 9, 50]]
```

　　進行同質性考驗，如下所示。

```
>>> result4=stats.chi2_contingency(sdata4, correction=False)
```

　　檢視卡方考驗的結果，如下所示。

```
>>> print(result4)
(31.661760216440513, 1.8943062118006324e-05, 6, array([
[14.41081081, 19.98918919,  9.2972973 , 42.3027027 ],
[ 4.18918919,  5.81081081,  2.7027027 , 12.2972973 ],
[12.4        , 17.2        ,  8.        , 36.4        ]]))
```

　　卡方考驗結果，卡方值為 31.662，p<0.001，自由度為 6，因為達顯著水準，所以需要進行事後比較，其中有三種態度、四個團體，因此自由度為 df=(3−1)×(4−1)=2×3=6，臨界值 stats.chi2.ppf(0.95,6)=12.5916。

　　事後比較需要計算標準化殘差值，標準化殘差公式如下所示。

$$AR_{i.j} = \frac{O_{i.j} - E_{i.j}}{\sqrt{E_{i.j} \times \left(1 - \dfrac{R_i}{n}\right) \times \left(1 - \dfrac{C_j}{n}\right)}}$$

　　上述標準化殘差公式中，i 下標代表的是列，j 下標代表的是行，$O_{i.j}$ 是觀察次數，$E_{i.j}$ 則是期望次數，n 是觀察值總數。
　　下列公式為計算行值的總數，以及計算行數。

```
>>> cl= sdata4.sum()
>>> print(cl)
0    31
1    43
2    20
3    91
```

　　計算結果可以得知各行的總和，分別是 31、43、20、91。

```
>>> ncols=len(cl)
>>> print(ncols)
4
```

　　上述計算結果為 4 行，接下來則是計算各列總和以及列數。

```
>>> r1=sdata4.sum(axis=1)
>>> print(r1)
0    86
1    25
2    74
```

計算結果可以得知各列的總和，分別是 86、25、74。

```
>>> nrows=len(r1)
>>> print(nrows)
3
```

上述計算結果為 3 列，接下來計算矩陣中，各細格的總和。

```
>>> n=sum(r1)
>>> print(n)
185
```

計算結果，各細格總和為 185，以下為各細格的期望值，並指定為 exp 變項。

```
>>> exp=result4[3]
>>> print(exp)
[[14.41081081 19.98918919  9.2972973  42.3027027 ]
 [ 4.18918919  5.81081081  2.7027027  12.2972973 ]
 [12.4        17.2         8.         36.4        ]]
```

接下來利用標準化的殘差公式來計算各細格的標準化殘差，公式如下所示。

```
1.  for i in range(nrows):
2.      for j in range(ncols):
3.          adjres = (sdata4.iloc[i,j]-exp[i,j])/(exp[i,j]*(1-r1[i]/n)*(1-c1[j]/
    n))**0.5
4.          print(adjres)
```

計算結果如下所示。

```
3.3900158687630233
2.446699410762375
-2.039995455733772
-3.332640372220531
0.46688069881844513
-0.9219816460129078
2.2836457428392607
-0.9882348737878052
-3.777173113151441
-1.8475882303171989
0.4833072093253509
4.0825783555429975
```

將資料轉為表格比較容易閱讀，程式改寫如下。

```
1.  phres = pd.DataFrame(columns=['Row','Col','adjres'])
2.  for i in range(nrows):
3.      for j in range(ncols):
4.          adjres = (sdata4.iloc[i,j]-exp[i,j])/(exp[i,j]*(1-r1[i]/n)*(1-c1[j]/
    n))**0.5
5.          phres=phres.append({'Row':sdata4.index[i],'Col':sdata4.columns[j],'adjr
    es':adjres},ignore_index=1)
6.  print(phres)
```

結果整理如下所示。

```
     Row   Col     adjres
0    0.0   0.0   3.390016
1    0.0   1.0   2.446699
2    0.0   2.0  -2.039995
3    0.0   3.0  -3.332640
4    1.0   0.0   0.466881
5    1.0   1.0  -0.921982
6    1.0   2.0   2.283646
7    1.0   3.0  -0.988235
8    2.0   0.0  -3.777173
9    2.0   1.0  -1.847588
10   2.0   2.0   0.483307
11   2.0   3.0   4.082578
```

標準化殘差被視為 Z 分數，所以利用標準化常態分配計算 p 值 /sig 值，利用 scipy.stats 中的 norm.cdf() 進行計算。

```
>>> from scipy.stats import norm
>>> phres['sig']=2*(1-norm.cdf(abs(phres['adjres'])))
```

計算結果如下所示。

```
>>> print(phres)
    Row  Col     adjres         sig
0   0.0  0.0   3.390016    0.000699
1   0.0  1.0   2.446699    0.014417
2   0.0  2.0  -2.039995    0.041351
3   0.0  3.0  -3.332640    0.000860
4   1.0  0.0   0.466881    0.640585
5   1.0  1.0  -0.921982    0.356538
6   1.0  2.0   2.283646    0.022392
7   1.0  3.0  -0.988235    0.323038
8   2.0  0.0  -3.777173    0.000159
9   2.0  1.0  -1.847588    0.064662
10  2.0  2.0   0.483307    0.628878
11  2.0  3.0   4.082578    0.000045
```

進行 Bonferroni 的事後校正。

```
>>> phres['adjsig']=phres.shape[0]*phres['sig']
>>> print(phres)
    Row  Col     adjres         sig      adjsig
0   0.0  0.0   3.390016    0.000699    0.008387
1   0.0  1.0   2.446699    0.014417    0.173005
2   0.0  2.0  -2.039995    0.041351    0.496209
3   0.0  3.0  -3.332640    0.000860    0.010323
4   1.0  0.0   0.466881    0.640585    7.687023
5   1.0  1.0  -0.921982    0.356538    4.278458
6   1.0  2.0   2.283646    0.022392    0.268708
7   1.0  3.0  -0.988235    0.323038    3.876452
8   2.0  0.0  -3.777173    0.000159    0.001903
9   2.0  1.0  -1.847588    0.064662    0.775943
10  2.0  2.0   0.483307    0.628878    7.546531
11  2.0  3.0   4.082578    0.000045    0.000534
```

　　檢視上述調整後的值，發現部分值大於 1，在理論中是不可能的，所以將它取代為上限值 1，如下所示。

```
>>> phres.loc[phres['adjsig']>1,'adjsig']=1
>>> print(phres)
    Row  Col    adjres       sig    adjsig
0   0.0  0.0  3.390016  0.000699  0.008387
1   0.0  1.0  2.446699  0.014417  0.173005
2   0.0  2.0 -2.039995  0.041351  0.496209
3   0.0  3.0 -3.332640  0.000860  0.010323
4   1.0  0.0  0.466881  0.640585  1.000000
5   1.0  1.0 -0.921982  0.356538  1.000000
6   1.0  2.0  2.283646  0.022392  0.268708
7   1.0  3.0 -0.988235  0.323038  1.000000
8   2.0  0.0 -3.777173  0.000159  0.001903
9   2.0  1.0 -1.847588  0.064662  0.775943
10  2.0  2.0  0.483307  0.628878  1.000000
11  2.0  3.0  4.082578  0.000045  0.000534
```

由以上可以得知在態度 0 方面，主要的差異來自於 0，態度 1 方面，主要的差異來自於 2，而態度 2 的差異則來自於 3。

四、卡方考驗結果報告

上述的範例中，卡方考驗結果報告可如下所述。

（一）適合度考驗

1. 期望比例相同

研究者投擲 200 次硬幣計算正面與反面出現的次數後，經卡方考驗中適合度考驗，考驗結果 χ^2(df=1, N=200)=0.32，p=0.5716，未達 0.05 的顯著水準，亦即需接受虛無假設，拒絕對立假設。表示 200 次的硬幣投擲後，正面與反面比與 1：1 並無顯著差異。

2. 期望比例不同

研究者調查 200 位受試者對於諮詢服務的滿意度態度後，經卡方考驗中適合度考驗，考驗結果 χ^2(df=1, N=200)=8.00，p=0.005，達 0.05 的顯著水準，亦即需

拒絕虛無假設，接受對立假設。表示 200 位受試者對於諮詢服務的滿意與不滿意的比率，與 9：1 有顯著不同。

（二）獨立性考驗

　　研究者調查 210 位國中教師不同性別與是否支持諮商政策的資料，經卡方考驗中獨立性考驗，考驗結果 χ^2(df=1, N=210)=0.56548，p=0.4521，未達 0.05 的顯著水準，亦即需接受虛無假設，拒絕對立假設。表示 210 位國中教師不同性別與諮商政策的支持態度之間獨立無關。

（三）同質性考驗

　　研究者調查 185 位受試者針對成績退步學生是否應該受到老師懲罰的態度，經卡方考驗中同質性考驗，考驗結果 χ^2(df=6, N=185)=31.662，p<0.001，達 0.05 的顯著水準，亦即需拒絕虛無假設，接受對立假設。表示 185 位四組受試者對此項目的贊成比例並不相同，繼續進行事後比較發現，四組受試者間對此項目贊成比例的差異主要來自於家長與其他群組意見不同，而針對反對意見的主要差異是來自於學生與其他群組的意見不同。整體而言，卡方考驗值達 0.05 的顯著水準，主要是這四組受試者中家長與心理專家、家長與學生以及教師與學生的意見不同所致。

五、卡方考驗分析程式

　　卡方考驗分析程式如下所示。

```
1.   # Filename:CH07_1.py
2.   from scipy import stats
3.   print(stats.chi2.ppf(0.95,4))
4.   print(1-stats.chi2.cdf(6.24,4))
5.   print(stats.chi2.ppf(0.95,1))
6.   print(1-stats.chi2.cdf(0.5655,1))
7.   print(stats.chi2.ppf(0.95,6))
8.   print(1-stats.chi2.cdf(31.6618,6))
9.
```

```
10. import os
11. os.chdir('D:\\DATA\\CH07\\')
12.
13. sdata0 = [96,104]
14. import scipy.stats as stats
15. result1=stats.chisquare(sdata0)
16. print(result1)
17.
18. result11=stats.chisquare(sdata0, [100,100])
19. print(result11)
20.
21. sdata11 = [168,32]
22. sdata12= [180,20]
23. result2=stats.chisquare(sdata11, sdata12)
24. print(result2)
25.
26. import pandas as pd
27. sdata31 = [[88,22],[84,16]]
28. sdata31 = pd.DataFrame(sdata31)
29. result3=stats.chi2_contingency(sdata31)
30. print(result3)
31. result3=stats.chi2_contingency(sdata31, correction=False)
32. print(result3)
33.
34. sdata4 = [[23,27,5,31],[5,4,6,10],[3,12,9,50]]
35. sdata4 = pd.DataFrame(sdata4)
36. result4=stats.chi2_contingency(sdata4, correction=False)
37. print(result4)
38.
39. print(stats.chi2.ppf(0.95,6))
40. cl= sdata4.sum()
41. ncols=len(cl)
42. rl=sdata4.sum(axis=1)
43. nrows=len(rl)
44. n=sum(rl)
45. exp=result4[3]
46.
47. phres = pd.DataFrame(columns=['Row','Col','adjres'])
48. for i in range(nrows):
```

```
49.      for j in range(ncols):
50.          adjres = (sdata4.iloc[i,j]-exp[i,j])/(exp[i,j]*(1-r1[i]/n)*(1-c1[j]/
         n))**0.5
51.          phres=phres.append({'Row':sdata4.index[i],'Col':sdata4.columns[j],'adjres
         ':adjres},ignore_index=1)
52.
53. from scipy.stats import norm
54. phres['sig']=2*(1-norm.cdf(abs(phres['adjres'])))
55. phres['adjsig']=phres.shape[0]*phres['sig']
56. phres.loc[phres['adjsig']>1,'adjsig']=1
57. print(phres)
```

習題

　　以下有一個隨機 40 筆來自於國小一年級的資料，內容包括這些學童是否入學前曾參加至少一年的幼稚園學習課程，交叉表結果如下，需進行的卡方考驗為考驗性別與參加至少一年的幼稚園學習課程是否有所關聯？

	男	女
參加幼稚園	12	10
未參加幼稚園	8	10

• 參考文獻 •

李爭宜（2014）。國民小學教師領導、教師專業學習社群參與與教師專業發展之關係研究（未出版之學位論文）。國立屏東教育大學，屏東縣。

林清山（1994）。心理與教育統計學。臺北市：東華出版公司。

邱皓政（2002）。量化研究與統計分析（第五版）。臺北市：五南圖書出版公司。

陳正昌、張慶勳（2007）。量化研究與統計分析。臺北市：新學林出版公司。

陳新豐（2015）。量化資料分析：SPSS與EXCEL。臺北市：五南圖書出版公司。

Cohen, J. (1988). *Statistical power analysis for the behavioral sciences* (2nd Ed.). Hillsdale, NJ: Erlbaum.

Hair, J. F., Black, W. C., Babin, B. J., & Anderson, R. E. (2009). *Multivariate data analysis* (7th Ed.). Upper Saddle River, NJ: Prentice Hall.

Kiess, H. O., & Green, B. A. (2016). *Statistical concepts for the behavioral sciences* (4th Edition). Boston, NY: Allyn & Bacon.

Kline, R. B. (2011). *Principles and practice of structural equation modeling.* New York, NY: The Guilford Press.

Lattin, J. M., Carroll J. D., & Green, P. E. (2003). *Analyzing multivariate data.* Belmont, CA: Thomson Brooks.

國家圖書館出版品預行編目（CIP）資料

量表編製與統計分析：使用Python語言/陳新豐
著. -- 初版. -- 臺北市：五南圖書出版股份有限
公司, 2023.04
　　面；　公分
ISBN 978-626-343-928-3(平裝)

1.CST: Python(電腦程式語言) 2.CST: 統計分析

312.32P97　　　　　　　　　112003544

1H3L

量表編製與統計分析：
使用Python語言

作　　　者 — 陳新豐

發 行 人 — 楊榮川

總 經 理 — 楊士清

總 編 輯 — 楊秀麗

主　　　編 — 侯家嵐

責任編輯 — 吳瑀芳

文字校對 — 陳俐君

封面設計 — 姚孝慈

出 版 者：五南圖書出版股份有限公司

地　　　址：106臺北市大安區和平東路二段339號4樓

電　　　話：(02)2705-5066　　傳　　真：(02)2706-6100

網　　　址：https://www.wunan.com.tw

電子郵件：wunan@wunan.com.tw

劃撥帳號：01068953

戶　　　名：五南圖書出版股份有限公司

法律顧問：林勝安律師

出版日期：2023年 4 月初版一刷

定　　　價：新臺幣520元

經典永恆·名著常在

五十週年的獻禮——經典名著文庫

五南，五十年了，半個世紀，人生旅程的一大半，走過來了。

思索著，邁向百年的未來歷程，能為知識界、文化學術界作些什麼？

在速食文化的生態下，有什麼值得讓人雋永品味的？

歷代經典·當今名著，經過時間的洗禮，千錘百鍊，流傳至今，光芒耀人；

不僅使我們能領悟前人的智慧，同時也增深加廣我們思考的深度與視野。

我們決心投入巨資，有計畫的系統梳選，成立「經典名著文庫」，

希望收入古今中外思想性的、充滿睿智與獨見的經典、名著。

這是一項理想性的、永續性的巨大出版工程。

不在意讀者的眾寡，只考慮它的學術價值，力求完整展現先哲思想的軌跡；

為知識界開啟一片智慧之窗，營造一座百花綻放的世界文明公園，

任君遨遊、取菁吸蜜、嘉惠學子！